『環境法研究』創刊にあたって

2013年5月

大塚　直

　2011年3月の東日本大震災及び福島第1原発事故は，わが国の環境法学にも大きな影響をもたらした。1960年代，70年代の公害を克服したかに見えたわが国は，新たな莫大な負の遺産を背負うことになった。放射性物質を含んだ土壌や廃棄物の除染や処理は今後何十年にもわたって取り組まなければならない課題である。また，この事故の後わが国が脱原発，減原発への方向を模索する中で，エネルギー問題を検討する際に温暖化対策に関心を集中させることは難しくなっている。もっとも，温暖化の影響は既に始まっており，これを放置するわけにもいかない。予防原則及び持続可能な発展原則に基づく環境法の構築及び実施がますます必要になっているといえよう。

　環境法の研究は，法政策と訴訟の両分野によって構成されている。いずれについても，外国法の研究が行われるべきであるし，法政策の分野においては科学技術的な情報や様々な関係者の状況を踏まえた判断が相当の重要性を有する。外国法を踏まえたしっかりした基礎をもつ研究が必要である一方，法政策においてわが国の問題状況を十分に踏まえた議論を行う配慮も欠くことはできない。また，環境法の研究は，行政法，民法，国際法等の研究の一環として行われることも多いが，環境法が独自の科目として育っていくためには，環境法自体の観点からの研究がなされることが必要不可欠である。

　こうした中，信山社から，環境法学の発展に寄与しうるような雑誌を刊行したいというご相談を受けた。従来の法律雑誌や大学の紀要等に掲載された論文には，環境法独自の観点を踏まえつつ，しかも国内における法状況・問題状況や外国法を総合的に検討したものは少ない。環境法の政策・立法の基礎となる研究の充実は急務であり，それを支える雑誌の存在は，環境法学の発展にとって極めて重要であるといえよう。

　この『環境法研究』が環境法研究者の皆様のご協力を得て号を重ね，学界や立法，政策に有効な寄与をなしうることを期待したい。

［環境法研究 第8号（2018. 7）］

環境法研究 第8号

はしがき

　本号では，「原子力賠償，気候変動，景観・里山訴訟」を主に扱った。

　大塚論文「平穏生活権概念の展開 —— 福島原発事故訴訟諸判決を題材として」は，福島原発事故訴訟諸判決を題材として，平穏生活権概念の変遷について扱う。平穏生活権概念は比較的新しいものであるが，元来，被害者の主観や不安が関連する事件で用いられてきた。また，損害賠償よりも差止で多く用いられてきた面もある。福島原発事故損害賠償訴訟では，避難のタイプを区別せず，包括的生活利益としての平穏生活権侵害の構成を受け入れる裁判例が見られた。本論文では平穏生活権に焦点をあて，この概念の変遷を辿り，また，原発事故損害賠償請求訴訟においてこの概念をどのように用いることが適切か，別の概念（包摂的生活利益概念，自己決定権概念，居住地決定権概念）との関係をどう考えるべきか等について，理論的側面を論じた。

　石野論文「米国大気清浄法に基づく火力発電所炭素汚染排出規則のトランプ政権下での見直しと訴訟の動向」は，アメリカのトランプ政権における，火力発電所対策の変貌を扱う。アメリカでは，オバマ政権時に制定されたクリーンパワープランが，反対派の訴訟提起の結果，連邦最高裁によって執行停止されていたが，トランプが大統領となり，同プランが大気清浄法の解釈を誤っていたとして撤回され，事態は混沌としている。今度は環境保護団体が新たな規則に対して訴訟を提起する構えである。「司法による行政のコントロール」が実現されているアメリカであればこそ，気候変動政策の浮き沈みの激しさは尋常ではない。石野論文はまさに現在進行しているアメリカの法状況を的確に伝えてくれる。アメリカ大使館に長期滞在の経験のある同教授ならではの好論文である。

　下村論文「気候変動時代の環境法の課題」は，アメリカ法を素材として，環境法の重点が気候変動の適応に移ることによって，環境法がこれまで重視してきた事前対応から，事後対応へ転換を迫られ，それは，同時に，従来の（行政の規則による）硬直的な環境法から柔軟な環境法への転換，環境影響評価等を中心とする事前対応から（環境以外の）幅広い分野に及ぶ適応管理への転換を

はしがき

迫るという。そして，その際，法の支配や法的安定性，裁量の濫用危険と統制といった伝統的な法学とのバランスをどのようにとるかをより深く議論する必要が生じるとする。折りしもわが国では今年の6月に気候変動適応法が制定された。私自身は気候変動影響のうち適応策をとりうるものはかなり限定される可能性が高いと見ているが，── 限定されるとしても ── 上記のような変化に環境法がどう対応するかという視点は重要であろう。特に，従来は，違法な開発行為に対しては環境の原初状態への回復が目標とされてきたが，気候変動により自然の恒常性が失われると，原状回復はそもそも不可能になり，回復の目標をどこにおくべきかが問題となるとの指摘は，われわれに無視できない課題を突きつけている。

日置論文「景観・まちづくり訴訟の動向」は，景観・まちづくり訴訟を，景観を巡る訴訟，都市計画や建築確認を巡る訴訟，まちづくり権訴訟の出現に分け，現状を概説する。景観を巡る訴訟については，民事訴訟では，行政規制のないことが景観の規制ルールがないことにつながり，救済手段として機能する場面が極めて限定される。景観法施行後に当該地域に景観計画も景観地区も指定されていない状況では，そのような地域での民事的な景観保護の必要性は否定されがちであるし，景観計画については，行政が計画を許容する場合にはなんら処分が行われないため義務付け訴訟となるが，その場合にはどのような変更を命じるかに関して裁量の余地が大きいこと，景観地区については指定区域が限定的であり，そもそも近隣紛争が生じる事態は想定しにくいことが指摘される。この分野における裁判例の状況を概観する実務家の第一人者による論稿である。

越智論文「里山訴訟の現状分析」は，里山訴訟を，「都市部に存在する自然の保護に関連する訴訟」と定義し，隣接領域訴訟（まちづくり訴訟と自然保護訴訟が含まれる）との関係を含めて，いかなるアプローチで勝訴に導けるかという実践的観点に配慮しつつ，理論的な整理を試みる。まちづくり訴訟と重なり合う領域では，都市計画法の開発許可や建築基準法の建築確認などが争われるが，民事訴訟を含め，純粋自然でない（自然景観を含めた）都市の景観を対象とする景観利益の法的保護性を積極に解する方向性が定着すれば，里山訴訟が有効となる余地があるとする。また，自然保護訴訟は対象となる自然や係争施設によって適用される個別法が異なるが，むしろ入会権，水利権など一定の権利利益の主張可能性がある里山訴訟の方が，純粋な自然保護訴訟よりも有効

iii

［環境法研究　第 8 号（2018. 7 ）］

な訴訟戦略となる事案もあるとする。分析の結果，里山訴訟は，①隣接領域訴訟の単なる流用にすぎない場合，②隣接領域訴訟の法的構成に別の要素を付加する場合，③里山訴訟独自の法的構成ができる場合に大別されるとし，①及び②は隣接領域訴訟のモデルに包摂されるとし，③は第一次産業の衰退を反映し，里山訴訟が有効に提起されているとはいいがたい（この点，漁業権のある里海とは大きな相違がある）とする。里山訴訟に対する筆者の真摯な取り組みが伝わってくる好論文である。

　翻訳の 2 論文は，2017年早稲田大学での WS をもとにしている。

　Boutonnet 論文「民事責任法における生態学的損害の回復」は，生物多様性，自然及び景観の回復についての2016年 8 月 8 日法により，フランス法に創設されるに至った新しい環境関連の民事責任制度を概観する。この法律は，民法典中に，もっぱら自然に生じた損害の回復に向けられた新しい制度を挿入したものである。この結果，フランスでは，環境に対する侵害に関する訴訟は，①特定の者により一般的に提起される，環境の悪化から生じた個人的な損害を回復するための個人的な訴訟，② NGO 又は行政機関のような，法によって指名された特定の人によって提起される環境上の利益に対する侵害を回復するための集団訴訟，③生態学的損害を回復するための特別な新しい訴訟，④環境のグループ訴訟の 4 種類になったのである。

　Dubois 論文「環境損害に関する国際訴訟と国家責任」は，国際法における環境損害に対する対処に関する近時の発展を扱う。環境分野では国際裁判という紛争解決メカニズムの活用には消極的な傾向があるが，ここ数年，重要な発展が見られるという。筆者は，それを，①伝統的な国家責任の拡大，②ソフトな責任の実施，③健全な環境に対する人権の国際的保護の発展の 3 つに分けて論じる。

　伊藤論文「放射性物質による環境汚染と環境法・組織の変遷」は，環境省で活躍された筆者の実体験に基づく貴重な論文である。わが国の原子力行政のはじまりから，今日に至るまでの問題を丁寧に説明される。教授は，1993年の環境基本法の制定の頃，同法の担当者の一人であったが，「放射性物質による公害の防止のための措置だけでなく，事業者や国の責務規定等を含め，放射性物質については全面的に適用除外にすること（環境省が一切関わらないこと）」を通商産業省及び科学技術庁から要請され，条文上は公害対策基本法と同様の規定をおくにとどめ，要請を容れなかった。しかし，実際には，放射性物質に

はしがき

よる環境汚染対策の一切は両省庁に委ねられた。2011年に東日本大震災及び福島原発事故により，放射性物質を含む災害廃棄物が大量に発生したときに，筆者は廃棄物リサイクル対策部長であった。両省庁から「自らの所管する法律では対処できない」といわれたときに，唖然とされたのではないか。火山国・地震国といった特徴を備えながら，リスクに対するしなやかな対処がうまくなく，事業者や役所の短期的な利害でことが決まっていくわが国の傾向をいかに変えていくか。制度の問題と個々人の自覚の問題の双方が重要であろう。

2018年7月

大 塚 　 直

目　次

第8号

〈目　次〉

はしがき（大塚直）

特集　原子力賠償，気候変動，景観・里山訴訟

〈原子力賠償〉

◆1◆　**平穏生活権概念の展開**
　　　── 福島原発事故訴訟諸判決を題材として …………大塚　直…*1*

　　Ⅰ　序（*2*）
　　Ⅱ　平穏生活権概念の誕生と展開（*4*）
　　Ⅲ　原子力損害賠償紛争審査会中間指針における整理（*8*）
　　Ⅳ　福島原発事故損害賠償訴訟における平穏生活権（*10*）
　　Ⅴ　平穏生活権の展開と福島原発訴訟判決 ── 分析と展開（*34*）

〈気候変動〉

◆2◆　**米国大気清浄法に基づく火力発電所炭素排出規則の**
　　　トランプ政権下での見直しと訴訟の動向
　　　　………………………………………………石野耕也…*47*

　　Ⅰ　トランプ政権発足後の環境規制緩和に向けた動き（*48*）
　　Ⅱ　大統領令後，訴訟の動き（*52*）
　　Ⅲ　Clean Power Plan 撤回案（*56*）
　　Ⅳ　規則提案事前告知の公表，その後（*72*）

◆3◆　**気候変動時代の環境法の課題**
　　　　………………………………………………下村英嗣…*83*

　　Ⅰ　はじめに（*84*）
　　Ⅱ　気候変動の影響と適応（*85*）
　　Ⅲ　気候変動時代の環境法（*92*）

目　次

　　IV　気候変動に対する環境法の適応能力（*96*）

　　V　気候変動に適応するための環境法の主な課題（*103*）

　　VI　むすびにかえて ―― 将来の展望（*109*）

〈景観・里山訴訟〉

◆**4**◆　**景観・まちづくり訴訟の動向**………………日置雅晴…*111*

　　I　は じ め に（*112*）

　　II　景観を巡る訴訟の動向（*112*）

　　III　都市計画や建築確認を巡る訴訟の動向（*120*）

　　IV　まちづくり権訴訟の出現（*126*）

◆**5**◆　**里山訴訟の現状分析**………………………越智敏裕…*127*

　　I　概　　観（*128*）

　　II　若干の裁判例の検討（*129*）

　　III　ま　と　め（*139*）

〈翻訳〉

◆**6**◆　**民事責任法における生態学的損害の回復**

　　　Mathilde Hautereau-Boutonnet Professeure à l'Université Jean
　　　Moulin, Lyon 3

　　　　　………………M. オトロー=ブトネ［大塚直＝佐伯誠 訳］…*143*

　　I　生態学的損害回復制度の実体的要件（*147*）

　　II　生態学的損害回復制度の手続的要件（*150*）

◆**7**◆　**環境損害に関する国際訴訟と国家責任**

　　　―― 最近の発展と展望

　　　Sandrine Maljean-Dubois, Director of research at CNRS

　　　　　…………S. マリジャン=デュボア［鶴田順＝小島恵 訳］…*159*

　　I　「伝統的な」国家責任の拡大（*162*）

　　II　ソフトな責任の進展（*172*）

　　III　健全な環境に対する権利の国際的保護の展開（*180*）

vii

目　次

立法研究

放射性物質による環境汚染と環境法・組織の変遷

···伊藤哲夫···*189*

は じ め に（*190*）

第1章　原子力基本法の体系下における取組（*191*）

I　原子力発電の利用の始まりと日本の対応（*191*）

II　科学技術庁による原子力行政の一元的実施（*194*）

III　原子力行政に対する不信の増大と権限の移行（*198*）

第2章　環境法体系下における放射性物質による汚染
　　　　問題の位置づけ（*207*）

I　旧公害対策基本法体系下における位置づけ（*207*）

II　環境基本法及び循環型社会形成推進基本法における
　　位置づけ（*213*）

第3章　福島第一原子力発電所の事故後明らかとなっ
　　　　たこととその後の対応（*217*）

I　放射性物質によって汚染されたおそれがある廃棄物
　　等の処理（*217*）

II　原子力規制委員会の設置と原子力に係る安全規制の
　　一元化（*221*）

お わ り に（*227*）

執筆者紹介
(執筆順)

大塚　直 (おおつか・ただし)

1981 (昭和56) 年東京大学法学部卒業後，直ちに同大学法学部助手，学習院大学法学部助教授，同教授を経て，現在，早稲田大学法学部教授，同大学院法務研究科教授。

〈主要著作〉『環境法 [第 3 版]』(有斐閣，2010年)，『土壌汚染と企業の責任』(編著，有斐閣，1996年)，『循環型社会科学と政策』(共著，有斐閣，2000年)，『地球温暖化をめぐる法政策』(編著，昭和堂，2004年)，『環境リスク管理と予防原則』(共同監修著，有斐閣，2010年)，『国内排出枠取引と温暖化対策』(岩波書店，2011年)，『震災・原発事故と環境法』(共編著，民事法研究会，2013年)，『環境法 BASIC〔第 2 版〕』(有斐閣，2016年)

石 野 耕 也 (いしの・こうや)

中央大学法科大学院教授

1977年東京大学法学部卒業，環境庁入庁。環境省大臣官房秘書課長，財務省名古屋税関長，環境省大臣官房審議官 (総合環境政策局担当)，滋賀県立大学環境科学部教授を経て，2009年から現職。

〈主要著作〉「自動車排出ガスによる環境リスク管理の課題と展望」，「環境基本法の意義と課題」(共著，『環境法大系』(商事法務，2012年)，「自然公園法」『ロースクール環境法〔第 2 版〕』(共著，成文堂，2010年)，『国際環境事件案内』(共編，信山社，2001年)

下 村 英 嗣 (しもむら・ひでつぐ)

広島修道大学人間環境学部教授

1990年立教大学法学部法学科卒業，大和證券株式会社・フリーター経験の後，1999 (平成11) 年北海道大学大学院法学研究科公法専攻博士後期課程単位取得満期退学。

〈主要著作〉「高レベル放射性廃棄物処分場に関する規制」環境法研究創刊 1 号 (信山社，2014年)，「公害紛争処理と公害被害補償」『環境保全の法と理論』(共著，北海道大学出版会，2014年)，『レクチャー環境法 (第 3 版)』(共著，法律文化社，2016年)，『18歳からはじめる環境法 (第 2 版)』(共著，法律文化社，2018年)

日 置 雅 晴 (ひおき・まさはる)

弁護士，早稲田大学・立教大学法科大学院講師

1980年東京大学法学部卒業。

〈主要著作〉『日本の風景計画』(共著，学芸出版社，2003年)，『自治体都市計画の最前線』(共著，学芸出版社，2007年)，『新・環境法入門』(共著，法律文化社，2007年)，『改正行政不服審査法と不服申立実務』(共著，民事法研究会，2015年)

越 智 敏 裕 (おち・としひろ)

上智大学法科大学院教授

1994年同志社大学文学部卒業，1996年弁護士登録。2000年東京大学大学院法学政治学研究科修了，2001年 UC バークレー校ロースクール修了 (LL. M)，2003年上智大学大学院博士課程単位取得退学，法学博士。弁護士。

〈主要著作〉『行政紛争処理マニュアル』(共編著，新日本法規，2016年)，『環境訴訟法』(日本評論社，2015年)，『アメリカ行政訴訟の対象』(弘文堂，2008年)

伊 藤 哲 夫（いとう・てつお）

京都大学公共政策大学院特別教授

1979年3月京都大学経済学部卒業。環境庁入庁。財務省長崎税関長，環境省水環境担当審
議官，廃棄物・リサイクル対策部長，自然環境局長を経て，2015年から現職。

〈主要著作〉"The UK and EU Emissions Trading Schemes—Lessons for Japan", East West
Center, June 18, 2004,「産業公害から都市・生活型公害へ」増原義剛編著『地球化時代の
環境戦略　自治体地域の環境戦略 I 』（共著，ぎょうせい，1994年），「パリ協定の限界と
今後の課題（上）（下）」INDUST 359号，360号（2017年）

M. Hautereau-Boutonnet（M. オトロー=ブトネ）

1998年 Université d'Orléans 法学修士，2003年 Université d'Orléans PhD 取得。Aix Marseille
Université 准教授を経て，2016年9月から Lyon 第3大学（l'Université Jean Moulin）教授。

〈主要著作〉L'après Fukushima, regards juridiques franco-japonais, dir. M. Boutonnet, PUAM,
2014, Le contrat et l'environnement dans l'ordre interne, international et européen, dir.
M.Boutonnet, PUAM, Coll. Droit（s）de l'environnement, 2014, Le principe de précaution en
droit de la responsabilité civile, préface Prof. C. Thibierge, LGDJ 2005, Tome 444, ouvrage
honoré par l'Académie des Sciences Morales et Politiques (prix Henri Texier I), « Les Codes
d'éthique en droit de l'environnement », dans un numéro special sur les codes d'éthique, JCP
E, Cahiers du droit de l'entreprise, 2014

Sandrine Maljean-Dubois（S. マリジャン=デュボア）

1996年 Aix-Marseille University 法学博士，現在フランス国立科学研究センター（CNRS）
研究ディレクター。

〈主要著作〉Quel droit pour l'environnement ? Hachette, Paris, Les fondamentaux, 2008. La
diplomatie climatique de Rio 1992 à Paris 2015. Pedone, Paris, 2015 (2nd ed.), with Matthieu
Wemaere,Environmental Protection and Sustainable Development from Rio to Rio+20.
Protection de l'environnement et développement durable de Rio à Rio+20. Co-ed. with
Malgosia Fitzmaurice and Stefania Negri, 2014, Brill. La mise en œuvre du droit international
de l'environnement / Implementation of International Environmental Law, ed. with Lavanya
Rajamani, The Hague Academy of International Law, 2011, Martinus Nijhoff

【翻訳】

佐伯　誠（さえき・まこと）　早稲田大学大学院法学研究科博士後期課程

鶴田　順（つるた・じゅん）　明治学院大学法学部グローバル法学科准教授

小島　恵（こじま・めぐみ）　都留文科大学教養学部地域社会学科専任講師

〈原子力賠償〉

◆ **1** ◆

平穏生活権概念の展開
―― 福島原発事故訴訟諸判決を題材として

大 塚　　直

Ⅰ　序
Ⅱ　平穏生活権概念の誕生と展開
Ⅲ　原子力損害賠償紛争審査会中間指針における整理
Ⅳ　福島原発事故損害賠償訴訟における平穏生活権
Ⅴ　平穏生活権の展開と福島原発訴訟判決 ― 分析と展開

［環境法研究 第8号（2018.7）］

Ⅰ　序

　近時，平穏生活権の概念が福島原発事故損害賠償訴訟に関する裁判例で用いられる場面が増加している。この概念は比較的新しいものであるが，元来，被害者の主観や不安が関連する事件で用いられてきた。また，平穏生活権は，損害賠償よりも差止で多く用いられてきた面もある。

　他方，福島原発事故損害賠償訴訟では，原告が包括的生活利益としての平穏生活権侵害[1]を主張し，一部の裁判例をその構成を受け入れている。また，同訴訟においては，①政府の避難指示により強制的に避難させられた者，②自主的避難者，さらに，③自主的避難等対象区域等における滞在者など，様々なタイプの者が原告になっているが，このうち放射線リスクとの関係で不安を感じたことから損害が発生しているのは主に②と③であり，①は強制的に避難させられているため，放射線リスクとの関係での不安が新たな損害を発生することはなく，むしろ強制によって生活基盤を破壊された点で，権利侵害に基づく損害賠償の請求に何の障害もないケースであるという相違点があるが，この点は一連の訴訟において必ずしも重視されているわけではない（もっとも，筆者は両者の理論的な相違を主張しているだけであり，両者の損害賠償額に差異を認めることを意図しているわけではないことについては，後述Ⅴ（2），（5），（8）参照）。

　平穏生活権については学界でも取り上げられ[2]，一定の支持を得られた状況にあるが[3]，今般の一連の福島原発事故訴訟の裁判例が出される中で，こ

（1）　この概念が従来の平穏生活権概念と異なることについては，この概念を推奨する淡路教授も指摘されている（淡路剛久「福島原発事故損害賠償『群馬訴訟判決』について」論究ジュリ22号（2017年）106頁）。

（2）　潮見佳男『不法行為』（信山社，1999年）60，83頁，淡路剛久「廃棄物処分場をめぐる裁判の動向」環境と公害31巻2号（2001年）9頁，須加憲子「高度な危険性を有する（バイオハザード）研究施設による『不安感・恐怖感』と『平穏生活権』について」早稲田法学78巻1号（2002年），吉村良一「『平穏生活権』の意義」『行政と国民の権利』（法律文化社，2011年）232頁以下，大塚直「予防的科学訴訟と要件事実」伊藤滋夫編『環境法の要件事実』（以下，『要件事実』とする。日本評論社，2009年）139頁，同「公害・環境，医療分野における権利利益侵害要件」NBL936号（2010年）43頁，同「環境民事差止訴訟の現代的課題」大塚直ほか編『社会の発展と権利の創造（淡路剛久先生古稀祝賀）』（以下，『淡路古希』とする）（有斐閣，2012年）541頁以下，同『環境法BASIC〔第2版〕』（有斐閣，2016年）421頁。

2

の概念について改めて論じ，いくつかの点を確認しておくことには，学理上それなりの意味を有すると考える。

すなわち――，第1に，一般的に権利利益侵害を709条の要件として重視する近時の学説の立場からも各権利利益の内容を一定のものとして画定することは必要であり，このことは平穏生活権にも当てはまると考えられる[4]。

第2に，平穏生活権が裁判例によって用いられてきた時期にはかなり斑があり，対象も異なっており，その概念を整理しておくことは必要不可欠であろう。近時の原発事故損害賠償請求訴訟で原告側を支援する学者グループにおいて，この概念の用い方が変化しているとみられる点[5]も注目されるところである。

そこで，本稿では，平穏生活権概念の変遷を辿り，近時の原発事故損害賠償請求訴訟において用いられている（包括的生活利益としての）平穏生活権概念をどのように位置づけるべきか（この点は，従来平穏生活権概念の展開に多少の関わりをもってきた[6]筆者にとって，特に重要な課題である），さらに，原発事故損害賠償訴訟においてこの概念をどのように用いることが適切か，別の概念（例えば，包摂的生活利益概念，自己決定権概念，居住地決定権概念）を用いる方が適切か等について論じることにしたい。

本稿では個々の判決の救済の内容・あり方（特に損害額）について評価することはせず，平穏生活権概念に関する理論的な観点に焦点を当てる。ちなみに，本稿は私の研究者としての個人的分析・検討を示すものであり，当然のことながら原子力損害賠償紛争審査会とは全く関係がないことをお断りしておく。

（3）　窪田充見編『新注釈民法（15）』（有斐閣，2017年）365頁（橋本佳幸執筆）。

（4）　この点に関し，訴訟においてある権利利益をどのような形で構成するかは原告の自由であるとする主張もあろうが，学理的には各権利利益の内容を一定のものとして画定することは必須であり，そうでないと709条の権利利益侵害要件の内実について的確な議論は困難になろう。

（5）　原発損害賠償訴訟の原告側を支援する学者グループにおいては，当初は，本件原発事故の損害論を「身体権に直結した平穏生活権」侵害のケースとしていたが，後に「包括的生活利益としての平穏生活権」侵害のケースとされ，その中に財産侵害も包摂するように立場を変えられたようである（吉村良一「総論――福島第一原発事故被害賠償をめぐる法律課題」法時86巻2号（2014年）56頁以下，淡路剛久「『包括的生活利益』の侵害と損害」淡路剛久ほか『福島原発事故賠償の研究』（以下，『研究』とする）（日本評論社，2015年）23頁）。そこには，後述する潮見佳男教授の見解（後掲注（9））が関係しているようである。

（6）　大塚・前掲注（2）『要件事実』参照。

［環境法研究 第 8 号 (2018. 7)］

II 平穏生活権概念の誕生と展開

（1）平穏生活権概念の誕生

平穏生活権概念が用いられた初期の代表的な裁判例は，暴力団事務所の存在により周辺住民が生活の平穏を侵害されたとして，事務所の使用差止や損害賠償を求めた事件に関するものである。「何人にも生命，身体，財産等を侵されることなく平穏な日常生活を営む自由ないし権利があり」これは物権と同様に排他性を有する固有の権利であり，受忍限度を超えて違法に侵害され，またはされるおそれがある場合には差止請求ができるとされた（静岡地浜松支決昭和62・10・9判時1254号45頁。東京高判昭和61・11・17判タ623号70頁及び，その上告審判決である最判昭和62・7・17判タ644号97頁は，マンションの明け渡しを命じた）。

その後，廃棄物処分場の設置・操業の差止訴訟に関する下級審裁判例において，飲用・生活用水に当てるべき適切な質量の水の確保や，生存・健康を損なうことのない水の確保が疑われる場合について，この概念を根拠として認容するものが現れた（仙台地決平成 4・2・28判時1429号109頁，熊本地決平成 7・10・31判時1569号101頁など。他方，この概念に否定的なものとして，千葉地判平成19・1・31判時1988号66頁）。そこでは，生命・身体に対する侵害の危険が，一般通常人を基準として，不快感等の精神的苦痛だけでなく，平穏な生活を侵害していると評価される場合には，人格権の一種としての平穏生活権の侵害として差止請求権が生じることが判示されている。

他方，P 4（バイオハザードレベル 4）施設周辺住民が，同施設内の実験室でP 4 レベルの遺伝子組換え実験を行うことの差止と損害賠償を求めた訴訟で，平穏生活権を理由に差止を請求しうる場合があるとしても，その侵害が通常人が一般に受忍すべき限度を超え，客観的な蓋然性があることが必要であるが，原告の主張しているのは「被害の抽象的な可能性」であり，受忍限度を超えた平穏生活権侵害とはいえないとしたもの（水戸地土浦支判平成 5・6・15判時1467号 3 頁）などが現れるが[7]，いずれについても，この種の平穏生活権侵害

（7） 訴訟によるものでないが，公害等調整委員会裁定平成24・5・11判時2154号 3 頁（神栖市砒素汚染健康被害事件裁定）も，具体的な不安との関係で損害賠償の申請について平穏生活権侵害を認めた。

4

には，（生命・健康に関する）リスクとそれに伴う不安を基礎としているという特色があった。さらに，平穏生活権という概念を用いることにより，健康等に対する侵害を含む（通常の）人格権侵害に比べて，権利利益侵害という因果関係の帰着点を前倒しにしうる点にこの概念の大きな意義があったといえる[8]。

他方で，横田基地訴訟控訴審判決（東京高判昭和62・7・15判時1245号3頁）が，米軍機による騒音・振動等の被害に対し，人は「人格権の一種として，平穏で安全な生活を営む権利」を有しており，これが損害賠償及び差止の根拠となりうるとしたように，特に平穏生活権という必要がなかった，通常の騒音に対する損害賠償・差止訴訟で用いられる場合もあった。騒音が一種のリスクともいえること，平穏生活権という表現が種々の利益を取り込むことができたことが，この事件でこの概念が用いられた理由であろう（平穏生活権概念という（種々の利益を取り込むという意味での）ブラックボックス的可能性を秘めた表現の影響力は，今般の福島原発事故訴訟でも活用されることになる）。

これらの裁判例における平穏生活権の特徴は次の2点にある。第1は，健康・身体リスク（及びそれに対する不安・恐怖感）が関連している点である。第2は，損害賠償訴訟で用いた例もあるが，多くは差止訴訟で用いられたことである。第1点に関する平穏生活権の意義は，不確実性を伴うリスクに関する事案において最も問題となる「不安・恐怖感」を通常人を基準として法の世界に取り込んだことにある。

もっとも，ある時期からこのタイプの平穏生活権侵害を取り上げる裁判例は少なくなったこともあり，不安という主観的利益だけを基礎として差止を認めてよいか，——不安・恐怖感の原因を作り出したのはまさに被告であることからすれば，原告に具体的危険の要求まですることは公平の観点から問題があるが——不安が単なる危惧感ではなく，一定の科学的合理性を踏まえた社会的合理性を要求すべきではないかという点については，学説上議論がなされていた[9]。

---

(8) 大塚・前掲注（2）『要件事実』148頁，同・前掲注（2）NBL936号44頁，同・前掲注（2）『淡路古希』546頁，同「不法行為・差止訴訟における科学的不確実性（序説）」高翔龍ほか編『日本民法学の新たな時代（星野英一先生追悼）』（以下，『星野追悼』とする）（有斐閣，2015年）805頁。この点は，窪田編・前掲注（3）365頁（橋本執筆）でも承認されている。

(9) 平穏生活権の「再構成」の議論である（大塚・前出注2）『淡路古希』548頁，550頁（原発事故避難者について），同・前掲注（8）『星野追悼』830頁）。

［環境法研究 第8号 (2018. 7)］

(2) 他分野での平穏生活権

　平穏生活権侵害は，別の分野でも不法行為訴訟で用いられた。囚われの聞き手事件 (最判昭和63・12・20判時1302号94頁における伊藤補足意見。一般の公共の場所では本件放送がプライバシー侵害の問題を生ずるものとは考えられないとする) が嚆矢であろう。

　その後，自衛官合祀訴訟 (最判昭和63・6・1民集42巻5号277頁。静謐な環境の下で信仰生活を送るべき利益)，水俣病待たせ賃訴訟 (平成3・4・26民集45巻4号653頁。水俣病患者認定申請をした者が相当期間内に応答処分されることにより焦燥，不安の気持ちを抱かされない利益) で，平穏生活権に関連する利益が取り上げられた。また，葬儀場の入出棺等の様子が見えることから，目隠しを高くすること及び慰謝料の支払いを請求した事件について，最高裁は，原告の利益を「平穏に日常生活を送るという利益」と構成しつつ，「専ら原告の主観的な不快感にとどまる」とし，社会生活上受忍すべき程度を超えて同利益を侵害しているとはいえないとした (最判平成22・6・29判時2089号74頁)[10]。各判決で表現は微妙に異なるが，これらを平穏生活権 (利益) 侵害の裁判例とみることができよう[11]。

(3) 小　　括

　平穏生活権に (1), (2) の2つのタイプがあることについては，かねて指摘されてきた。筆者によるものであるが，2009年の段階で，「裁判例が用いる平穏生活権には，種々のものが含まれている。通常の人格権にあたるもの，生命・健康侵害に対する不安・恐怖感 (暴力団事務所による不安・恐怖感もこれに含まれる)，プライバシーに関するもの，騒音による侵害，家庭生活に関連する平穏 (愛人の面会を拒否する利益) 等である。別の観点からみると，平穏生活権は，精神的な人格権・利益と，生命身体の関連する不安・恐怖感の2つに大別されよう。このうち，精神的な人格権・人格的利益は従来も損害賠償・差止の対象とされてきたものであり，通常の人格権・人格的利益として保護すれば足りる

---

(10)　同葬儀場が行政法規に違反していないこと等が認定されている。

(11)　なお，プライバシー侵害についても「私生活の平穏」がプライバシーの利益として法的に保護される (東京地判平成10・11・30判時1686号68頁)。もっとも，これについてはプライバシーの権利が今日権利として画定しているとみられることから，わざわざ平穏生活権と呼称する必要は乏しいと見られる。

と考えられる。これに対し，生命・健康侵害に対する不安・恐怖感は，それ自体については従来必ずしも保護されてこなかったのではないか（例外として，航空機等の墜落に伴う死の恐怖感について，受傷による通常の慰謝料とは別個に精神的苦痛を評価算定したものとして，東京地判昭和61・9・16判時1206号7頁）。このようなものに焦点をあてたところに平穏生活権の意義があると思われる」としていた[12]。生命・健康侵害に対する不安・恐怖感を基礎とする権利利益侵害だけを平穏生活権と呼ぶかどうかはともかくとして，平穏生活権にこのような2つのタイプがあることについては，学界でも承認されてきたといえよう[13]。本稿では，（1）のタイプを「健康リスク型平穏生活権」，（2）のタイプを「内心型平穏生活権」と呼ぶことにしたい。

　もっとも，平穏生活権について初期から注目された潮見教授は，「平穏」「生活」の表現になじむ種々の利益を取り込む姿勢を示している[14]。平穏生活権の表現のブラックボックス的可能性を積極的に承認する立場を採用するものといえよう。

（4）不法行為訴訟における様々な主観的利益の登場

　なお，このような平穏生活権概念の展開は，昭和60年代頃から平成に入り，不法行為訴訟において様々な主観的利益が登場したことと関連している。この点について一言しておきたい。

　上記（2）にあげた最高裁判決以外にも，期待権侵害（最判平成20・6・12民集62巻6号1656頁。取材で得られた素材が一定の内容，方法で放送に使用される期待），首相の靖国参拝による内心の利益の侵害（最判平成18・6・23。原告は「戦没者をどのように回顧し祭祀するか，しないかに関して自ら決定し，行い権利ない

---

(12)　大塚・前掲注（2）『要件事実』147頁。

(13)　淡路・前掲注（5）『研究』22頁，窪田充見編・前掲注（3）693頁以下（吉村良一執筆）。

(14)　潮見佳男『不法行為Ⅰ〔第2版〕』（信山社，2009年）196頁。原子力損害賠償との関係では，自己決定権と結びついた平穏生活権，財産の利用と結びついた平穏生活権，事業活動をその地域で展開する平穏生活権，身体や健康に直結した平穏生活権などを認める（潮見「原子力損害賠償とわが国の不法行為法」一橋大学環境法政策講座編『原子力損害賠償の現状と課題』（商事法務，2015年）82頁，同「福島原発賠償に関する中間指針等を踏まえた損害賠償法理の構築」淡路ほか『福島原発事故賠償の研究』108頁。なお，潮見「中島肇著『原発賠償　中間指針の考え方』を読んで」NBL1009号（2013年）46頁以下）。

［環境法研究 第8号（2018. 7）］

し利益」の侵害を主張した），景観利益侵害（国立景観訴訟判決（最判平成18・3・30民集60巻3号948頁）。もっとも，同判決は客観的に良好な景観であることを要件とした）など，主観的利益性の強いものについて訴訟が提起され，判例が生み出された。人権意識の高まり，社会における価値観の変化等によりこのような新たな法益が主張されたこと（「被侵害利益の主観化」であり，その「公共化」とともに論じられた）(15)は，従来のように709条について「過失」の判断に集中しているだけでは対応しきれない状況を生み，その中で同条の「権利利益侵害」要件に再度注目が集まるようになったのである。

　もっとも，保護法益の主観化が不快感，不安感，期待などの主観的利益を不法行為法に直接取り込むときには，個人の活動の自由を大きく阻害することから，これを法的にどう評価し，不法行為法に取り込むかが検討されてきた。実際，上記の裁判例においても請求が棄却されたものは少なくない。法益の主観性の程度に応じて，709条の権利利益侵害を認めるか，違法性との関係をどう判断するかが問題となったといえよう(16)。

Ⅲ　原子力損害賠償紛争審査会中間指針における整理

　平穏生活権に相当する考え方は，原子力損害賠償紛争審査会（以下，「紛争審査会」という）の中間指針にも現れた。ただ，中間指針自体は，平穏生活権という語を用いているわけではないことは明記しておく必要があろう(17)。

（1）中間指針第1次追補（2011年12月6日）における自主的避難者等の避難費用等の賠償

第1次追補は，この点に関して次の3タイプに分けて賠償を認めた。

---

(15)　吉田克己「現代不法行為法学の課題」法科35号（2005年）143頁。

(16)　1つの考え方は，709条の「利益」の中でも，違法性が要求される利益（第1種利益），「著しい違法性がある場合や権利濫用の場合にのみ」損害賠償が認められる利益（第2種利益），さらに，そもそも709条の保護法益に含まれない利益があるとし，それらをどう区分すべきかを検討することであった（大塚・前掲注（2））NBL936号50頁以下）。

(17)　さらに，中島肇『原発賠償　中間指針の考え方』（商事法務，2013年）は平穏生活権に関する潮見説（前掲注(14)）を採用するようであるが，同書は第2次追補後の検討を含んでおり，中間指針に関する原子力損害賠償紛争審査会の審議がこの見解を前提として行われたわけではないことも指摘しておく。

1　平穏生活権概念の展開〔大塚　直〕

①　事故発生当初の時期に，情報がない中で放射線被ばくへの恐怖や不安
からその危険を回避しようとして避難した者　　一人当たり8万円
②　事故発生からしばらく経過した後，一定の情報を入手できるように
なった状況下で，放射線被ばくへの恐怖や不安を抱き，その危険を回避
しようとして避難した場合　　少なくとも子供・妊婦については2011年
末までの損害として一人当たり40万円
③　滞在者　　②と同様

第1次追補では，自主的避難等対象区域を定め，自主的避難等対象区域では，
住民が放射線被ばくへの恐怖，不安を抱いたことに相当の理由があり，自主的
避難を行ったことについてもやむをえない面があるとした。

なお，自主的避難者に対する賠償は「最終的には個々の事案毎に判断すべき
ものであるが，…賠償が認められるべき一定の範囲を示すこととす」るとし，
「中間指針追補で対象とされなかったものが直ちに賠償の対象とならないとい
うものではなく…」としている点も重要である。

（2）中間指針第2次追補（2012年3月16日）における自主的避難者等の避
　　難費用等の賠償

第2次追補は，2012年1月以降の自主的避難等に係る損害について，「個別
の事例又は類型によって…放射線被ばくへの相当程度の恐怖や不安を抱き，ま
た，その危険を回避するために自主的避難を行うような心理が，平均人・一般
人を基準としつつ，合理性を有していると認められる場合には賠償の対象とす
る」とした。

この基準については，3点指摘しておきたい。第1は，「合理性」を要件と
したため，単に平均人・一般人の心理だけで判断されるものではないことであ
る。第2に，平均人・一般人を基準とすることについては，自主的避難者等の
避難の合理性の判断が，風評損害における合理性の判断（名古屋高金沢支判平
成元・5・17判時1322号99頁中間指針）と類似しているとの発想が採られたため
であることである。第3に，第1次追補とは異なり，自主的避難等対象区域は
定めなかったことである。だからこそ賠償するかについての基準を打ち出した
ともいえる。自主的避難者等にとっては，（1）に比べると損害の証明が難しく
なった面はあろう。

9

［環境法研究 第8号（2018.7）］

（3）学界の評価

中間指針が，従来不法行為法で認められてきたものを部分的に拡大した点はいくつかあるが[18]，自主的避難者の避難費用等の賠償，滞在者の賠償は，その中でも（それに対する賛否はともかくとして）特筆に値するものであった[19]。従来の裁判例との関係では，これは健康リスク型の平穏生活権にあたりうるが，このタイプの平穏生活権については，従来差止が中心であって，損害賠償が認められたケースは少なかったからである。

中間指針が自主的避難者等の避難費用等の賠償を認めたことについては，学界では支持するものが多いように見受けられるが，不安に基づく賠償を認めたものとして一部からは強い批判がある。他方，逆に，自主的避難等対象区域を定めた賠償は2011年末に終わり，その後は判断基準を打ち出すにとどまったことについては，自主的避難者等に対する賠償を事実上打ち切るものであるとの批判も見られた。後者の批判については，打ち切っているわけではないが，いずれにせよ，中間指針に対してはいわば左右両方からの批判が見られることを確認しておきたい。

（4）中間指針の性格

なお，中間指針の性格について一言しておく必要があろう。中間指針は，いわば最低限の賠償枠組みを提示したものであり，裁判でそれを超える賠償がなされる可能性は当初より織り込み済みである。中間指針は，被災者の事情に配慮するよう努めて作成されてはいるが，一律の指針であることから，被災者個々人の事情まで汲み取れているとは限らないのである。

Ⅳ　福島原発事故損害賠償訴訟における平穏生活権

それでは，福島原発事故損害賠償訴訟に関する諸判決では，平穏生活権はどのように扱われたであろうか。一連の訴訟の中でもインパクトがある点で集団訴訟判決（東京電力に対する部分のみ）に限定しつつ，平穏生活権と関連する部分を取り上げる。すなわち，各判決について，原告の主張と救済，被害法益（な

---

(18)　大塚直「福島第一原子力発電所事故による損害賠償」高橋滋＝大塚直編著『震災・原発事故と環境法』（民事法研究会，2013年）103頁。

(19)　大塚・前掲注(18)86頁以下参照。

いし損害），避難の合理性（相当性）の各点を簡潔に摘出し，若干のコメントを付することにする[20]。

（1）群馬判決（前橋地判平成29・3・17判時2339号3頁）

（ア）原告の請求と救済

原告は，①政府に避難指示をされた者と②自主避難者の両方であり，国の中間指針を超える被害があった①19名（最高額350万円），②43名（最高額73万円）の計62名について合計3,855万円を認容した。

（イ）被害法益

被侵害法益は平穏生活権であり，これは多くの権利法益を内包するが，「自己実現に向けた自己決定権を中核とした人格権であり…（i）放射性被ばくへの恐怖不安にさらされない利益，（ii）人格発達権，（iii）居住移転の自由及び職業選択の自由，（iv）内心の静穏な感情を害されない利益を包摂する権利」であるとする。いったん侵害されると，元通りに復元することができないため，「侵害の継続性ではなく，侵害の有無が主たる争点となる」。

（ウ）自主的避難者の避難の合理性

本件事故と権利侵害及び損害との相当因果関係を検討するに当たっては「通常人ないし一般人の見地に立った社会通念を基礎として」生活の本拠の移転が本件事故との関係で法的に相当であるといえるかどうかを検討するのであるから，「当該移転をしないことによって具体的な健康被害が生じることが科学的に確証されていることまでは必要ないものの，科学的知見やその他当該移転者の接した情報を踏まえ，健康被害について，単なる不安感や危惧感にとどまらない程度の危険を避けるために生活の本拠を移転したものといえるかどうかが重要」である。i) 本件事故発生の最中及びその直後については，自主的避難は，通常人ないし一般人において合理的な行動というべきである。他方，ii) 本件事故発生の最中及びその直後を除いた時期の避難について，個々の原告が被った平穏生活権の侵害及び損害と本件事故との相当因果関係の有無を判断するに当たっては「本件事故によって，生活において被ばくすると想定される放射線量が相当なものへ高まったかどうかや，年齢，性別，職業，避難に至った時期

---

(20)　本稿では，あくまでも平穏生活権の観点から原発損害賠償訴訟判決を取り上げるにすぎず，その全体を取り上げるものではないことをお断りしておく。

［環境法研究　第8号（2018.7）］

及び経緯等の事情並びに接した情報のもとにおいて，生活の本拠の移転が，本件事故との関係で法的に相当といえるかどうかについて個別的に検討することが適切である」。

なお，避難の継続については，本件訴訟における被侵害利益がいったん侵害されると，元通りに復元できない性質のものであることから，帰還を当初から念頭におかずに生活の本拠を移転した者や，生活基盤を移したことにより再度の移転が困難な者の損害が格別に小さいとはいえないとする[21]。

（エ）コメント

本判決は，（原告の主張する「包括的生活利益としての平穏生活権」[22]の構成については肯定してはいないがそれに類似する）包摂的な平穏生活権として4つの権利をあげつつ，自己決定権が中核であるとした。自己決定権が中核であるとする点は，損害の認定を低く抑えることにつながったとして，批判されている[23]。この点は重要な指摘であるが，さらに次の点をあげることができよう。

---

(21)　関連して，周囲の住民の避難者の割合を考慮すべきかについて，本判決は次のように言う。「同様の放射線量の被曝が想定される状況下においても，その優先する価値によっては，避難を選択する者もいれば，避難しないことを選択する者もおり，これらが，通常人ないし一般人の見地に立った社会通念から見て，いずれも合理的ということがあり得る。そして，このような場合には，避難先及び避難先での生活の見通しを確保できたかどうかといった経済的な事情が避難決断の決め手となることもあるのであるから，周囲の住民が避難している割合の高低をもって，避難の合理性の有無を判断すべきではなく，個別の原告が置かれた状況を具体的に検討することが相当である」

(22)　この概念の提唱者である淡路教授がこれが従来の平穏生活権とは異なることを示唆されていることについては，前掲注（1）参照。

(23)　淡路・前掲注（1）107頁以下（自己決定権の侵害によって原発事故被害者が被った被害の全てを評価できるわけではない，侵害の継続性が評価されないことなどを指摘する），吉村良一「福島第一原発事故について国の責任を認めた群馬訴訟判決」法教441号（2017年）56頁，同「福島原発事故賠償集団訴訟群馬判決の検討」環境と公害46巻4号（2017年）59頁（自己決定権を中核とした精神的被害において，避難生活にともなう物心両面の不自由や苦悩等の被害，コミュニティの破壊やふるさと喪失による精神的な打撃，問題の根源にあった放射線被曝による恐怖・不安を適切に把握することはできないとする），若林三奈「原発事故訴訟における損害論の課題」法時89巻8号（2017年）69頁（平穏生活権侵害を自己決定権侵害と中核とすることにより「原告らの被害全体…が十分に受け止められなかったと言わざるを得ない」とする），大坂恵里「福島原発事故賠償訴訟の意義と課題 ── 群馬訴訟地裁判決の検討を中心に」現代法学33号（2017年）63頁。

1　平穏生活権概念の展開〔大塚　直〕

　第1に，本判決が政府指示によらない自主的避難者についても賠償を認めたことは，中間指針ですでに示されていたとはいえ，集団訴訟の判決としては初めてであり，前述したように，民法学界でも様々な見解があることからすると（さらに，平成23年8月末以降の自主避難に伴う損害を認めないものとして，京都地判平成28・2・18判時2337号49頁），画期的な意義があったといえよう。

　第2は，本判決は平穏生活権として4つの権利・利益をあげるが，政府指示避難と自主的避難とでは，4つの権利・利益(要素)の意味が異なることである。すなわち，政府指示避難の場合には，ii～ivは常に問題となるが，iが問題となるかはケースによる。そして，これらの要素は並列的な関係（それぞれが権利利益侵害であり，損害項目といってもよい）にあり，それぞれが同時に発生する関係にある。これに対し，自主的避難の場合には，iこそが中心であり，iの権利侵害が認められた場合にはじめて，（財産的損害であるが）交通費，住宅費用さらにii～iv等がそこから派生する損害として認定されうることになる。つまり，ii～ivもiの権利侵害から派生する<u>損害</u>と見ることが適当であろう（なお，ii～ivをiから派生する<u>権利侵害</u>と見ることも不可能ではない）。すなわち，自主的避難の場合は，iが中核であり，ii～ivはiを基礎として発生しうるものであり，この点が政府指示避難の場合とは全く異なっている。権利侵害の構成をする際には，このような相違に配慮すべきであろう。

　第3に，自己決定権は一般的に重要な権利と考えられ，政府指示避難の場合も自主的避難の場合も基礎には自己決定権の問題があるが，自主的避難の場合には放射線との関係である意味で自己決定はしたということも可能ではあり（むしろ自己決定が困難な状態に陥れたことが問題である），自主的避難の場合には上述したようにiの権利侵害こそが中核というべきであろう。また，政府指示避難の場合には自己決定権侵害が基礎にあるといえるが，それはiiiとほぼ重複しているし，自己決定権侵害だけでは損害額はわずかしか得られず，損害額の算定に当たっては実体としての権利利益侵害こそが重要であると思われる。

　第4に，政府指示避難の場合の精神的損害としては，筆者は，①平穏な日常生活の喪失，②自宅に帰れない苦痛，③避難生活の不便さ，④先の見通しのつかない不安が中心的な損害と考えているが，これらはi～ivのうちiii，ivと一部重なるものの，すべてiii，ivに含まれるものとは考えにくい。このことは，政府指示避難の場合の精神的損害については，無理に平穏生活権概念に押し込める必要はなく，（一種の）人格権侵害に基づき精神的損害を賠償することとし，

［環境法研究 第 8 号 （2018. 7 ）］

その損害の内容としてはどのような要素が考えられるかを検討すれば足りることを意味しているのではないか（もちろん，本判決がいう i 〜 iv も損害に含めることを考えるべきであろう）。

　第 5 に，自主的避難の場合に避難の合理性を相当因果関係の問題とすることには注意すべき点があると考える。すなわち，本判決は，自主的避難の合理性について「単なる不安感や危惧感にとどまらない程度の危険を避けるために生活の本拠を移転したもの」であることを要求し，判断要素を挙げるが，これを不法行為の相当因果関係の問題として扱っている。確かに避難の相当性という点で，相当因果関係に類似するようにも見えるが，本判決も指摘する「単なる不安感や危惧感」にとどまるか否かは相当に重要な問題であり，この点は権利侵害要件の問題として扱うべきではないか。さらに，（従来，平穏生活権の主要な適用場面であった）差止に思いをいたすときには，「単なる不安感や危惧感」だけでは権利侵害要件を満たすわけではないことは，かなり重要な問題であろう(24)。（科学的不確実性を前提としつつ不安を抱くことについて）合理性（相当性）のある場合のみを権利侵害に当たる（ i の権利侵害に当たる）と構成すべきであろう（その上で， ii 〜 iv の権利侵害は，合理性のある不安に伴う平穏生活権侵害（ i の権利侵害）を基礎とする包摂的生活利益の侵害であり，損害項目と考えることができる）。避難すること自体の相当性は権利侵害の有無の問題であり，避難の仕方の相当性の問題（例えば，アメリカや沖縄に避難した結果生じた交通費が賠償範囲に入るか）が相当因果関係の問題であると考えられる。

　第 6 に，本判決は，平穏生活権を自己決定権を中核とした権利とするため，侵害の継続性ではなく，侵害の有無が主たる争点となるとし，帰還しない事情によってはそれを損害の程度に反映させることが適切な場合もあるものの，慎重に行うべきであるとする。しかし，自主的避難の場合にはそもそも自己決定権侵害とはいいがたく（上述したように，自己決定がしにくい状況に陥れたことは問題となる），また i こそが中核的であるため， i を検討することになるが，これについては（科学的不確実性の中での）避難の一定の合理性を検討する必要があろう。すなわち，放射線が「相当の」不安を与えない状態に至るまで（自己決定がしにくい状況がなくなるまで）は損害は継続するのであり，その意味で継続的損害ということになる。 ii, iv も i を基礎とする継続的損害ということに

───────────

　(24)　筆者によるものとして，大塚・前掲注（ 2 ）『淡路古希』548頁参照。

なろう。他方，政府指示避難の場合は自己決定権侵害もあるが，第2点に触れたように，実体的な権利利益侵害を重視すべきであるとすれば，i～ivを検討すればよく，ii～ivは継続的損害とみることができよう。

第7に，避難の合理性の判断においては，通常人において，「科学的に不適切とまではいえない見解を基礎として」滞在者に生ずる危険を，「単なる不安感や危惧感にとどまらない重いものと受け止めることも無理もない」としており，（科学的不確実性を前提として，不適切とまではいえない程度の）科学的合理性を踏まえつつ，避難の合理性が判断されており，きめ細やかな判断をしたものとして適切であるといえよう。

（2）千葉判決（千葉地判平成29・9・22）

（ア）原告の請求と救済

原告は①避難指示対象区域からの避難者（区域内避難者），②自主的避難等対象区域からの避難者，③その他（福島県内）からの避難者（②と③が区域外避難者）である。裁判所は計42名に対し合計約3億7600万円の賠償を認容した。①区域内避難者について，避難に伴う慰謝料のほか，ふるさと喪失慰謝料最高額1000万，最低額50万円，財産的損害等を認めた。ふるさと喪失慰謝料については，帰還困難区域のみでなく，居住制限区域，避難解除準備区域，旧緊急時避難準備区域の旧居住者，さらに平成23年4月に千葉県から帰還困難区域に移住予定であった者にも認めた。②については既払金を超えないとされ，③のうち4名について各30万円を認容した。

（イ）被害法益

①避難指示等により避難を余儀なくされた者（区域内避難者）は，「居住・移転の自由を侵害されるほか，生活の本拠及びその周辺の地域コミュニティにおける日常生活の中で人格を発展，形成しつつ，平穏な生活を送る利益」（憲法13条，22条1項，原賠法）を侵害されたとする。区域内避難者の精神的損害には，「避難生活に伴う慰謝料」（精神的苦痛の要素としては，i平穏な日常生活の喪失，ii自宅に帰れない苦痛，iii避難生活の不便さ，iv先の見通しがつかない不安などがある（中間指針と類似している一筆者注）。事故後の時間の経過により必ずしも低減しない）と，「避難生活に伴う精神的苦痛以外の精神的苦痛に係る慰謝料」（ふるさと喪失慰謝料に匹敵するもの。「従前暮らしていた生活の本拠や，自己の人格を形成，発展させていく地域コミュニティ等の生活基盤を喪失したことによる精神的苦

痛」）とが含まれる。

　他方，②自主的避難者（区域外避難者）については，「居住・転居の自由を侵害されたという要素はない」としつつ，「避難を選択した者は，本件事故により避難前の居住地で放射線被ばくによる不安や恐怖を抱くことなく平穏に生活する利益を侵害された」とする。②の中でも，ⅰ「事故直後に自主的避難等対象区域内から避難した者」と，ⅱ「事故からある程度時間が経過した後に自主的避難を開始した者及び上記自主的避難等対象区域外から避難した者」を分け，ⅰについては，「一般人・平均人の感覚に照らして合理的であると評価すべき場合もある」とし，ⅱについては，「客観的根拠のない漠然とした不安感に基づき避難した者について，本件事故と避難との因果関係を認めることは相当でなく」，旧居住地の「放射線量等の客観的状況は重要な要素になる」としつつ，「事故当時の居住地と福島第１原発及び避難指示区域の位置関係，放射線量，避難者の性別，年齢及び家族構成，避難者が入手した放射線量に関する情報，本件事故から避難を選択するまでの期間等の諸事情を総合的に考慮して判断することが相当である」とする。そして，避難の合理性が認められる場合には，「避難をした者の個別・具体的な事情に応じて，避難により生じた相当な範囲の損害が賠償の対象となり得る」とする。

　なお，低線量被ばくのリスクと避難の合理性については，「100mSv以下の放射線被ばくにより，健康被害が生じるリスクがないということも科学的に証明されていない。そうすると，放射線量等の具体的な事情によっては，自主的避難等対象区域外の住民であっても，放射線被ばくに対する不安や恐怖を感じることに合理性があると認められる場合もあり，自主的避難等対象区域外であることによって直ちに避難の合理性が否定されるわけでもない」とした。そして，「結局，科学的知見の参考にしつつ，上記で述べた観点から，個々の自主的避難の合理性を検討するほかない」とする。

　（ウ）コメント

　２点指摘しておく。

　第１に，本判決は，群馬判決とは異なり，包摂的平穏生活権の構成はせず，①政府指示避難者と②自主的避難者の場合の被害法益を分けていると見られる（但し，どちらにも「平穏」という語は入っている）。両者の被害法益は異なるのではないか。①では種々の精神的損害が発生するが，健康リスクへの不安は事故当初の被ばくを除けば存在しない。①は平穏生活権とわざわざいう必要はな

いのではないか。「平穏」という概念は様々な利益をまとめるのに便宜であるが，他方で被害法益をわかりにくくし，判断の仕方をあいまいにしていないか。

　第2に，本判決も自主的避難の合理性について相当因果関係の問題として扱っていると見られる。しかし，上述したように，「単なる不安感や危惧感」にとどまるか否かは相当に重要な問題であり，この点は権利利益侵害要件の問題として扱うべきではないか。さらに，（従来，平穏生活権の主要な適用場面であった）差止に思いをいたすときには，「単なる不安感や危惧感」だけで権利利益侵害要件を満たさないとすることは，それなりに重要であろう。本判決は，群馬判決と異なり，自主的避難について，上記iを中核とする（個別的な）平穏生活権構成を採用しているため，（リスクに伴う）「相当の」不安に限定して権利侵害とすることは，群馬判決よりも容易であったと考えられる。

（3）生業訴訟判決（福島地判平成29・10・10判時2356号3頁）

（ア）原告の請求と救済

　原告は，①避難指示対象区域からの避難者（区域内避難者），②自主的避難等対象区域からの避難者，③自主的避難等対象区域以外からの避難者，④滞在者合わせて約3,900名（②～④で原告全体の9割程度を占める）に及ぶが，本判決はそのうち2,907名に対し約5億円を認容した。ふるさと喪失慰謝料については，旧居住地が帰還困難区域の者のみに認め，中間指針を超える額は認容しなかった。空間線量率と事故収束宣言（2011年12月）を重視しつつ，中間指針を超える損害として，旧居住地が自主的避難等対象区域の原告（滞在者を含む。子供，一定の妊婦を除く）については各16万円，県南区域の原告（子供，妊婦を除く）各10万円，茨城県東海村，水戸市，日立市の原告各1万円の賠償を認容した。自主的避難等対象区域以外からの避難者についても賠償を認めたのである。

　なお，本件では原告は原状回復請求もしているが，被告らにおいてなすべき作為（除染工事）の内容が特定されていないから，請求の特定性を欠き不適法であるとされた。

（イ）被害法益

　被害法益として審理の対象となる権利利益を，「原告らの主張する『包括的生活利益としての人格権』該当性，『生存と人格形成の基盤』該当性，『日常の幸福追求による自己実現』該当性，『生命・身体に直結する平穏生活権』該当性，『人格権』該当性，『権利』該当性を問うことなく『平穏生活権』と定義し」，

［環境法研究 第 8 号 (2018. 7)］

その侵害を「平穏生活権侵害」と呼ぶとする。「平穏な生活には，生活の本拠において生まれ，育ち，職業を選択して生業を営み，家族，生活環境，地域コミュニティとの関わりにおいて人格を形成し，幸福を追求してゆくという，人の全人格的な生活（原告らのいう「日常の幸福追求による自己実現」）が広く含まれる」[(25)]。

　本判決の特色は，平穏生活権を公害の場合と同様であるとしたことである。「被侵害法益（平穏生活権）の内実について検討すると，人は，その選択した生活の本拠において平穏な生活を営む権利を有し，社会通念上受忍すべき限度を超えた大気汚染，水質汚濁…によってその平穏な生活を妨げられないのと同様，社会通念上受忍すべき限度を超えた放射性物質による居住地の汚染によってその平穏な生活を妨げられない利益を有しているというべきである。」

　（ウ）平穏生活権侵害の成否の判断枠組み

　そして，公害と同様，受忍限度論を採用し，大阪国際空港最高裁以来の判断枠組みを用いる。「放射性物質による居住地の汚染が社会通念上受忍すべき限度を超えた平穏生活権侵害となるか否かは，侵害行為の態様，侵害の程度，被侵害利益の性質と内容，侵害行為の持つ公共性ないし公益上の必要性の内容と程度等を比較検討するほか，侵害行為の開始とその後の継続の経過及び状況，その間に採られた被害の防止に関する措置の有無及びその内容，効果等の諸般の事情を総合的に考慮して判断すべきである。」

　「侵害行為の態様，侵害の程度」については，「旧居住地周辺における空間線量率が最も重要な要素となる」。「1 mSv/y を超える被曝…をしたとしても，直ちに平穏生活権侵害が成立するとはいえない」。「低線量被曝に関する知見等や社会心理学的知見等を広く参照したうえで決するべきである。また，平穏生活権侵害が成立する場合における慰謝料の考慮要素としては，被告らの故意又は過失の有無，程度も参酌され得る」。

　「被侵害利益の性質と内容」については，「避難の合理性」と「平穏生活権の成否」は，「考慮要素を共通にするため，結果的にほとんどの場合に結論は一

---

(25)　本判決は，例えば帰還困難区域旧居住者の受けた被害としては，居住・移転の自由の制限，旧居住地の汚染，日常生活の阻害，今後の生活の見通しに対する不安・帰還困難による不安，生活費の増加をあげており，これらを（平穏生活権の下の）損害項目として捉えている。ほかにも，各区域，区域外について帰還困難区域旧居住者と同様の損害項目を挙げつつ，そのうちどれが認められるかを判断している。

致すると考えられるが，平穏生活権の成否を考えるにあたっては，必ずしも前者が後者の前提となるものではな」い。

「侵害行為の持つ公共性ないし公益上の必要性の内容と程度等」については，「事故後の福島第一原発はなんらの便益を生み出さない」から，「問題とならない」。

「侵害行為の開始とその後の継続の経過及び状況」については，「その時点における旧居住地の汚染状況だけでなく，本件事故の進展に対する不安が合理的に存在する状況にあったか否かも考慮要素となる」。

（エ）（平穏生活権侵害に関する）一律請求について

本件では，「原告らは『全ての原告に共通する』損害を主張している（一律請求。積極損害，消極損害等については別途の請求が予定されており…「包括一律請求」ではない）。これらは「内容及び程度を異にし得るものではあるが」「平穏生活権が侵害されているという点においては同様であって…同一と認められる性質・程度の被害を原告ら全員に共通する損害としてとらえて，各自につき一律にその賠償を求めることは許される…。裁判所が…グループごとに共通する慰謝料の要素を抽出して共通被害を認定することも許される」。

（オ）ふるさと喪失に基づく損害と，平穏生活権侵害に基づく損害

原告らの請求が，「平穏生活権」侵害による損害を「継続的に発生する性質の損害」とし，「ふるさと喪失」による損害を「一回的に発生する性質の損害」とし，両者を排他的なものとして請求していると整理し，「ふるさと喪失」損害を，「継続的損害の賠償を終了させるための一括賠償」と構成する（中間指針の帰還困難慰謝料はこれに対応するという）。

その上で，「原告らの主張する『ふるさと』は，平穏生活権侵害の考慮要素として考慮するならばともかく，個人に帰属する独立した不法行為上の保護法益として認めるにはその外延が明確でなく，これを平穏生活権侵害の賠償と別個独立の損害として賠償の対象とすることは困難である。」とする。

（カ）コメント

第1に，本件は原告数が大量に上り，グループ分けをした判断をしている点，前橋地判，千葉地判では原告となっていなかった滞在者が原告となっている点に特徴があり，そのため，避難者，滞在者を通じて「…放射性物質による居住地の汚染によってその平穏な生活を妨げられない利益」と構成している。

第2に，（大阪国際空港訴訟大法廷判決（最判昭和56・12・16民集35巻10号1369頁）以来の）公害（具体的には騒音・大気汚染）に関する最高裁の判断枠組みを用い

［環境法研究 第8号（2018.7）］

た点は本判決の最大の特色であろう。確かに，リスクが問題とされる点が（損害そのものというよりも，一定レベル以上の騒音によって損害のリスクが発生しているともいえる）騒音と類似する面はある。

　しかし，①自主避難者及び滞在者については放射線特有の（生命・身体に対する）リスクに関する不安が権利侵害の出発点となる点[26]，②（強制避難者か自主避難者かを問わず）生活基盤が破壊される点で，本件には公害にない特色があるうえに，③公害は（現在進行形で）事業活動が継続する中で継続的に損害を発生させるものであるが，本件は事故による（事故の結果として発生した）損害である点が異なっている。③に関して敷衍しておくと，本判決は「事故後の福島第一原発はなんらの便益を生み出さない」から，公共性は「問題とならない」とするが，もし公害の受忍限度論の判断枠組を採用するのであれば，── 筆者がそれを支持するわけではないが ── 事故前における福島第一原発の公共性との衡量をすることも検討しなければならないであろう。しかし，原子力損害賠償法が無過失責任を採用しているのは，まさにこのような衡量を排除していると思われる。また，── 本判決は問題としていないが ── 最高裁の公害の受忍限度論の判断枠組の一要素である，被害と受益の彼此相補性も，継続的な公害を前提としており，事故型の損害にそのまま適用するわけにはいかないと思われる。総体的に見て，公害の受忍限度論の判断枠組を本件に用いることには相当の問題があるのではないか。

　第3に，自主避難における避難の合理性について，これを相当因果関係の問題と捉えている点には，前述の問題がある。

　第4に，権利利益侵害と損害の関係について，平穏生活権を全人格的な生活に関するものとして広く捉え，居住・移転の自由の制限，日常生活の阻害，今後の生活の見通しに対する不安・帰還困難による不安などを損害項目として捉えている点は，（自己決定権を中核とする）前橋地判とは対照的であり，中間指針に近い面も有しているといえよう。

───────────

(26)　不安が出発点となるからといっても，それが生命・身体に対するものであるため，公害よりも侵害の程度が弱いともいい難い。この点は健康リスク型平穏生活権を絶対権としての人格権として扱う見解が有力である（後掲注(33)）こととも関連する。吉村良一「原発事故賠償訴訟の動向と両判決の検討」環境と公害47巻3号（2018年）34頁も，本判決が「広範な利益較量をすべき」ものとしている点を批判される。

20

（4）「小高に生きる訴訟」判決（東京地判平成30・2・7）

（ア）原告の請求と救済内容

旧避難指示解除準備区域又は居住制限区域に居住していた原告335名（判決時は321名）が，一人当たり3,278万円余の損害賠償の支払を請求した事件である。裁判所は，本件事故によって3名を除く原告ら318名「に生じた共通の慰謝料額のうち被告が認める850万円を超える額としてはそれぞれ300万円をもって相当と認め」，「弁護士費用はそれぞれ30万円」とし，330万円の賠償を認容した。賠償終期を平成28年3月とし，計10億9,560万円を認容した。

（イ）被害法益

「従前属していた自らの生活の本拠である住居を中心とする衣食住，家庭生活，学業・職業・地域活動等の生活全般の基盤及びそれを軸とする各人の属するコミュニティー等における人間関係」を「本件包括生活基盤」とし，被害法益については次のように言う。「従前属していた本件生活基盤から利益を享受していた者にとって，同基盤が一定以上の損傷を被り，同基盤から享受していた利益が本質的に害され，その者の人格への侵害が一定以上に達したときは，従前属していた本件包括生活基盤において継続的かつ安定的に生活する利益（以下「本件包括生活基盤に関する利益」という。）を侵害されたものと解することが相当である。ここで本件包括生活基盤に関する利益は，人間の人格にかかわる」ものであるから，憲法13条に根拠を有する人格的利益であると解される」。「本件において本件包括生活基盤に関する利益の侵害があることは明らかであって，その程度は高く，憲法13条に根拠を有する人格権自体を実質的に侵害しているものといえる」。

「当裁判所は，本件において慰謝料額を算定するに当たり，"小高に生きる"ことの喪失による損害に対する慰謝料と避難生活による慰謝料とに分けて算定するのではなく，その総額を算定する。」

（ウ）コメント

政府の指示による避難者のみが原告となった事件である。「包括生活基盤に関する利益」を憲法13条に基づく人格的利益とした。避難生活による精神的損害と"小高に生きる"ことの喪失による損害に対する精神的損害は，本質を異にしないとされている。ふるさと喪失慰謝料を旧居住地が居住制限地域等にあった住民についても認めたとみることもできる。

［環境法研究 第 8 号（2018．7）］

（5）京都判決（京都地判平成30・3・15）

（ア）原告の請求と救済の内容

原告174名のうち，旧居住制限区域の避難者 1 名について全部認容し（550万円），自主避難者・滞在者109名について一部認容し（一人当たり 2 万～457万円），中間指針の基準とは別に，慰謝料などの支払いを命じた。認容額は計約 1 億1000万円であった。

避難に伴う損害として，避難指示等の対象区域でない場所における不動産損害・動産損害は認めなかった。慰謝料について，避難指示等対象区域内の者のほか，①自主的避難等対象区域内の者について30万円（妊婦子どもは60万円）としつつ特別事情により増額，②自主的避難等対象区域外の者について，同対象区域に居住していた者と同等の場合，30万円（妊婦子どもは60万円），③自主的避難等対象区域に準じる場合について，15万円（妊婦子どもは30万円）としつつ，個々の事情を考慮する場合があるとする。

（イ）避難の相当性

「権利侵害の有無（避難が相当と認められる状況にあったか否か。）や当該避難が相当であるかの判断において，本件事故当時の居住地における空間線量の数値が重要な判断要素の 1 つとなるとしても，年間 1 mSv という基準だけをもって，避難の相当性を判断することは相当ではないと考えられる。」「年間追加被ばく20mSv という基準」は，「政府による避難指示を行う基準としては，一応合理性を有する。」避難指示によらない「避難であっても，個々人の属性や置かれた状況によっては，各自がリスクを考慮した上で避難を決断したとしても，社会通念上，相当である場合はあり得る。」

「避難の相当性があるといえるためには，まず，当該移動が…放射線の作用…の影響を避けるための移動であって『避難』と評価できるものであることが前提となる。…避難であるとの評価については，原告らの主観のみで判断することは相当ではなく，本件事故後，現居住地から移動したこと，又は事故当時，現居住地とは異なる，一時滞在場所から現居住地に戻らなかったことを踏まえて，原告らの意図や移動の目的，移動した時期（本件事故との近接性），移動先における滞在期間の長短，移動先の場所，滞在態様（転居を伴うかどうか），移動後の経過等の事情を考慮した上で，事故による放射線の影響を避けるための『避難』といえるかどうかを総合的に判断すべきであると解される。」

「避難の相当性の判断基準」（「避難基準」）として，次のように判示する（番

号については筆者が趣旨を変えずに修正した）。

「避難の相当性を認めるべきであるのは，下記a～cの場合…である。

a 本件事故当時，中間指針が定める避難指示等対象区域に居住していた者が避難した場合。

b 本件事故当時，中間指針追補の定める自主的避難等対象区域に居住しており，かつ，以下の(i)又は(ii)のいずれかの条件を満たす場合。

(i) 2012年4月1日までに避難したこと。ただし，妊婦又は子どもを伴わない場合には，避難時期を別途考慮する。

(ii) 本件事故時，同居していた妊婦又は子どもが上記(ii)本文の条件を満たしており，当該妊婦又は子どもの避難から2年以内に，その妊婦又は子どもと同居するため，その妊婦の配偶者又はその子どもの両親が避難したこと。

c 本件事故当時，自主的避難等対象区域外に居住していたが，個別具体的事情により，避難基準bの場合と同様の場合又は避難基準bの場合に準じる場合。

個別具体的事情としては，①福島第一原発からの距離，②避難指示等対象区域との近接性，③政府と地方公共団体から公表された放射線量に関する情報，④自己の居住する市町村の自主的避難の状況（自主的避難者の多寡など），⑤避難を実行した時期（本件事故当初かその後か），⑥自主的避難等対象区域との近接性のほか，⑦避難した世帯に子どもや放射線の影響を特に懸念しなければならない事情を持つ者がいることなどの種々の要素を考慮して，判断する。なお，上記諸要素は，総合勘案すべき事情であるから，諸要素のそれぞれに，避難基準bの場合と同等の場合又は避難基準bの場合に準じる場合であることが必要とまではいえない。」

この基準により，避難の相当性を認めた原告は143名，一部認めた原告は6名，認めなかった原告は15名，その余は避難していないか，避難時に胎児であった者である。

なお，松戸市から避難した原告にも371万円の賠償を命じたが，これは子供が白血病に罹患しているという特別事情のため，⑦に基づき，自主避難者に「準じる者」としての扱いをしたものである。

（ウ）損　　害

①　避難生活に伴う費用

「避難指示等の有無にかかわらず…避難が相当の場合には，避難先での生活継続による損害も，本件事故と相当因果関係のある損害と認められる。」

［環境法研究 第8号（2018.7）］

「自主的避難の場合であったとしても…避難後，避難生活を継続することは
やむを得ないから，それによって生じた損害も，本件事故と相当因果関係のあ
る損害と認められる。…安定し始めた新たな生活は，もはや生活の本拠におい
て平穏に生活する利益の享受を阻害されている状態ではないと法的には評価で
きるから…自主的避難の場合には，避難の相当性で認定した避難時から2年経
過するまでに生じた損害について，本件事故と相当因果関係のある損害と認め
る。」

② 放射線検査費用等（略）

③ 精神的損害（慰謝料）

「避難指示等に基づく避難者については…居住地での生活そのものを奪われ
たということができ，平穏に生活する利益の享受を阻害されたといえる。」

「避難指示等に基づかずに避難した避難者のうち…避難が相当と認められた
者は…放射線に対する恐怖や不安による避難が，一般人からみてもやむを得な
いのであるから，避難指示等に基づく場合と程度は異なるとはいえ，居住地で
平穏に生活する利益を侵害されたといえる。…避難が相当と認められる場合に
は，平穏に生活する利益が侵害されたために避難を実行したといえるから，…
避難前に抱いた本件事故やそれにより放出された放射性物質に対する不安や恐
怖が…客観的な法的保護に値すると評価できることが前提となっている。した
がって…避難を実行した後の避難生活に伴う苦痛だけでなく，避難前に避難者
が抱いたであろう不安・恐怖も…精神的苦痛として評価すべきである。」

「避難を実行していない者や，個別の検討において避難の相当性が認められ
なかった者であっても，精神的損害が認められる場合もある。…避難を実行し
ていない者も，本件事故後継続して生活し続けている間，本件事故やそれによ
る放出された放射性物質に対する不安や恐怖を抱き，かつ行動まで制限される
ことが…客観的で社会通念上相当と認められ，法的保護に値する場合があるし，
避難の相当性が認められなかった者も同様であって，避難の時期という要素に
よって，相当性の判断が変わり得ることからすれば，その者の居住地や家族構
成等によっては，その者が避難前に抱いた不安や恐怖が，上記と同様に法的保
護に値する場合も想定されるのである。こうした法的保護に値する場合は，避
難を実行していない者や，個別の検討において避難の相当性が認められなかっ
た者であっても，平穏に生活する利益が侵害されたと評価すべきである。」

本判決はこのように各種の被災者に分けた記述をした上で，次のように判示

する。「このように，原告らの平穏に生活する利益の侵害の態様はさまざまであるから，慰謝料を算定するにあたっては，避難の相当性における判断と同様，その者の旧居住地と福島第一原発の距離やその空間線量の数値を中心とし，家族構成（子どもの有無）や周囲の避難状況等を考慮して，その者が本件事故により抱いた不安や恐怖，そして，その後の避難生活における苦痛等が法的保護に値するといえるかを検討すべきである。」

なお，「原告らは，各種の共同体から受けている利益の全て又はその多くの部分を同時に侵害されたとして，これらの利益を総体的に捉え，地域コミュニティ侵害にかかる損害として，一人あたり2,000万円の慰謝料の支払いを求めている」が，「それはまさに包括的な意味での平穏に生活する利益を侵害されていることそのものであり…避難に伴う慰謝料と全く別個の慰謝料が発生すると解することはできない」。

（エ）コメント

第1に，本判決は，避難の相当性について，判断基準を定式化した。事故当時，自主的避難対象区域外に居住していた者についての判断要素を7点明示した（自主的避難等対象区域(b)については，このうち，①—④等を総合的に勘案して定められたとする）ことも，今後の議論の基礎を形成したといえよう。一般に避難の相当性については，空間線量の数値を重要な判断要素の1つとしつつ，各自がリスクを考慮したうえで避難を決断することの相当性を社会通念で判断するとしていること，本件事故やそれにより放出された放射性物質に対する不安や恐怖が客観的に法的保護に値する点を強調していること，自主的避難者については，2012年4月1日までに避難したことを重要な基準とすること，自主的避難の場合の損害発生の終期として避難時から2年とすることなどに特色がある。

第2に，本判決は，精神的損害を平穏生活利益侵害に基づく損害と捉えており，自主的避難者，滞在者について不安を基礎として判断するなど，被害の実体を重視した権利利益侵害構成を志向しており，この点は首肯できる面がある。

第3に，避難の相当性を不法行為のどの要件の問題とするかについて，本判決には疑義があると思われる。本判決は，これを相当因果関係の問題としているようにみえるが（（ウ）①参照），他方，本判決が，「権利侵害の有無」とした上で括弧書きで「（避難が相当と認められる状況にあったか否か。）」としている点や，自主的避難者等について，不安や恐怖が客観的に法的保護に値すると評価

［環境法研究 第8号（2018.7）］

できることが前提となっているとする点は，本判決において避難の相当性が，権利利益侵害の問題として捉えられていることを示すものと見る余地もあろう。

なお，平穏生活利益侵害の有無と「避難の相当性」の有無の判断要素が重複している点は本判決も認識しており，権利利益侵害と相当因果関係という2つの要件を用いて判断する方が安定的な解釈になると見ている節もあるが，同様の要素を二重に判断する必要は乏しく，「避難すること自体の相当性」と「避難の仕方の相当性」を分けるべきであろう。

（6）首都圏訴訟判決（東京地判平成30・3・16）

（ア）原告の請求と救済内容

原告47名中，区域外原告（旧居住地が自主的避難等対象区域であった者）41名及び旧居住地が緊急時避難準備区域の原告1名の損害賠償請求を一部認容し，5,900万円余の賠償を命じた。区域外原告については一人当たり42万～308万円の賠償を認めた。

（イ）（区域外原告に対する）被侵害利益

憲法22条1項をあげつつ，「区域外住民らにおいては…本件事故があったことによって，放射性物質による汚染及び本件事故の視点における将来的な放射性物質の汚染の拡大による健康への侵害の危険を甘受した上で従来の居住地での居住を継続…するか，そこで居住することによって得ることができていた各種の利益をあきらめ，その危険を回避するため避難するかの選択を迫られることとなったところ，そのような地位に立たされることになること自体が，本件区域外原告らの居住地決定権に対する制約であると解される。…これらの制約は，本件区域外原告らの意図・行動とはなんら無関係に強制されたものであり，また本件事故という万が一にもおきてはならなかった事態から生じたものであるから対立する法益も想定し難い。…本件事故による上記の制約は，居住地決定権の侵害（以下「本件居住地決定権侵害」という。）と評価すべきものである。」

「従前の居住地を中心とする人間関係や社会関係を営む生活基盤…が安定し，一貫していることは，人間の健全かつ安定的な人格維持，人格形成および人格陶冶を図る前提であるから，本件区域外原告らの避難開始後の…状態は，原告らが主張する包括的生活利益としての平穏生活権を脅かすものである。そして，このことは…本件居住地決定権侵害の結果としての重大性を示すものとしてとらえることが相当である。…たとえ，一旦避難した後，比較的早期に帰還した

本件区域外原告らであっても，避難を継続した本件区域外原告らと同様に，本件居住地決定権侵害を受けたものといえ，慰謝料が認められるべきと判断するのが相当である。」さらに，「家族別離が生じている者がいるところ，当該事態は家族の平穏という上記生活利益の中でも重要な法的利益が侵害される事態を導くところ，当該事態も…本件居住地決定権侵害の結果の重大性を示すものとして，損害の評価において考慮される」。「本件区域外原告らは『放射線汚染のない環境下で生命・身体を脅かされず生活する権利』も包括的生活利益としての平穏生活権として保護されるべきと主張するところ…低線量被ばくによる健康への影響の具体的な内容及び程度並びに…原告らの本件事故時住所地の放射性物質による汚染の程度に鑑みると…そのような…汚染に関する事情及びそれに伴う健康被害の危険性に対するストレスも独立した権利・利益侵害ととらえるのではなく…本件居住地決定権侵害の評価において考慮することが相当である。」

（ウ）避難開始の合理性，相当因果関係

「本件区域外原告らがその時点での放射性物質の汚染や本件事故の進展による将来的な放射性物質の汚染拡大による健康への侵害の危険が一定程度あると判断した上で，その判断を踏まえ，避難開始による得失と避難しないことによる得失の両者を勘案し，避難開始をするとした判断は…合理的なものである。」「本件区域外原告らは根拠のない主観的な放射性物質の汚染への恐怖に基づいて避難開始をしたものではなく，具体的な根拠に基づき，合理的に放射性物質の汚染による健康への侵害の可能性があると判断し避難を開始したものと解され，そのような場合において，危険を回避するために避難するかの選択を迫られる地位に立たされたことは，本件居住地決定権侵害に該当し，損害賠償の対象となると解すべきである。」

（エ）避難継続の合理性，相当因果関係

①　放出された放射性物質からの評価

「本件区域外原告ら等として…事故時住所地に居住し続けた場合の自らの被ばく放射線量を知ることは，本件事故当初の時期においては不可能であったと認められる。そして，放射線の健康影響に関しては…LNT モデルが有力な見解であり，一般通常人が科学的に真実であると考えることが合理的であると認められるものであること，被ばくによるがん以外の疾病のリスクも科学的には否定されないこと…も認められる。…以上からすると，少なくとも本件事故発

［環境法研究 第8号（2018.7）］

生から一定の期間経過後までは，本件原発周辺地域である本件区域外原告ら等の本件事故時住所地において，本件事故によって放出された放射性物質による健康被害の可能性が相当程度あると判断することは合理的である。

　他方で上記のような危険性があるとしても，程度によっては，回避行動が常に法的な相当性を有すると解することはできず，客観的な危険性の内容や程度を勘案して，当該回避行動が損害賠償の対象となるほどの相当性を有するものかを判断すべきである。…本件区域外原告ら等の本件事故時住所地における…空間線量率は…平成23年…12月においては…年間1mSv未満〜約5mSv…であって…平成24年12月においては多くの地点で…年間1mSv未満〜約4mSv…であったと認められ（る）。…LNTモデルを前提としたときの年間5mSvのがん死リスクは0.0275％…となり，他疾病のリスクは数値化することができない。以上のことを考慮すると，原則として，平成23年12月まで，本件区域外原告らの本件事故時住所地において…放射性物質による健康被害の危険性を考慮し避難を継続することは合理的であると認められ，それを超えては合理的であるとまでは認めることはできない。」「原告らの主張する土壌の汚染状況からの内部被ばくの危険性を考慮しても，前記判断は左右されるものではない。」

　②　本件事故の進展による放射性物質汚染の拡大可能性についての評価

　「本件事故の進展による放射性物質汚染の拡大及びそれによる健康被害の危険性の考慮は…原則として，同日（2011年12月16日―筆者挿入）の被告東電によるステップ2完了の確認後相当期間が経過した同月31日までの間は，本件区域外原告ら等の本件事故時住所地からの避難行為（継続）の合理性を基礎付ける事実となるというべきである。他方で，同日以降については…避難継続の合理性を基礎付ける事実ということは困難であるといわざるを得ない。」

　③　小　　括

　「以上のとおり…原則として，平成23年12月までは本件区域外原告ら等の避難継続の合理性が基礎付けられる」。「ただし，18歳未満の子供及び妊婦については…100mSv以上の被ばくに際しての発がんについて放射性物質に対する感受性が高いとされているので，合理的な一般人において，低線量被ばくにおいても同様と判断することは合理的であるから，同日以降であっても，相当な期間の避難は合理的と解すべきである。…相当な期間であるが…8か月（平成24年8月まで ── 筆者挿入）と解することが相当である。…家族とともに避難等した者についても同様と解される。」

なお，以上は原則であり，本件区域外原告ら等の個別事情によって，平成25年3月までの避難継続について本件事故との相当因果関係を認めるべき本件区域外原告ら世帯も存在する。

（オ）コメント

第1に，本件は区域外避難者が原告の殆どを占める事件であり，本判決の特徴は，このような事案において，原告らの主張する包括的生活利益としての平穏生活権は，居住地決定権侵害の結果として生じるものであるとし，後者を本件における権利侵害の中核とした点である。

もっとも，確かに居住地決定権侵害という面はあるが，本判決も指摘するように，本件では，居住地決定が困難な過酷な状況に陥れたことが侵害であり，決定権自体の侵害ではないのではないか。実質的には決定権の侵害と構成することは可能かもしれないが，被害の実体から離れて形式的な権利侵害を捉えているようにも見える。なお，本判決が居住地決定権侵害を重視する理由としてあげている，比較的早期に帰還した者の慰謝料は当然認められるべきであるが，この点は，不安を基礎とする平穏生活権侵害と構成しても同様の結論に至るであろう。本判決の立場では，滞在者についても居住地決定について悩み続ければ居住地決定権侵害が継続すると見ることになる余地もあるが，むしろ，滞在者が（自主的避難者とともに）不安の中での生活を余儀なくされる点に着目し，不安を基礎とする平穏生活権構成を採用する方が被害の実態を捉えていると見られる。

第2に，やや細かいが，「放射線の健康影響に関しては，LNTモデルが有力な見解であり，一般通常人が科学的に真実であると考えることが合理的であると認められる」としている点については，（実際上は大して異ならないとしても）LNTモデルには科学的不確実性があるが，科学的に一定の合理性を有することを踏まえつつ，規範的な通常人の判断を行うというべきであろう。なお，「他方で上記のような危険性があるとしても，程度によっては，回避行動が常に法的な相当性を有すると解することはできず，客観的な危険性の内容や程度を勘案して，当該回避行動が損害賠償の対象となるほどの相当性を有するものかを判断すべきである」とする点は，客観的危険性の程度が低い場合には，客観的危険性についても勘案する立場を示しており，首肯できるが，避難の合理性（相当）判断においては，「上記のような危険性」と「客観的な危険性」をあわせて判断する枠組みを提示する必要があろう。

［環境法研究 第8号（2018.7）］

　第3に，本判決については，避難継続の合理性が認められるのは原則として平成23年12月とした点にも特色があり，この点については議論があろうが，ここでは，①放出された放射性物質については年間5mSv未満となったこと，②本件事故の進展による放射性物質汚染の拡大可能性については，被告東電によるステップ2完了の確認後相当期間が経過したことが重要な事実とされているのみを指摘しておく。

（7）いわき訴訟判決（福島地いわき支判平成30・3・22）

（ア）原告の請求と救済内容

　政府の避難指示区域内に居住していた者216名の原告のうち213名につき，総額6億1000万円の賠償を東電に命じた。本判決は，中間指針を上回る（故郷喪失慰謝料を含む）慰謝料を認定した（事故時に帰還困難区域に生活の本拠を有していた原告については一人当たり1600万円，居住制限区域又は避難指示解除準備区域（大熊町・双葉町を除く）に生活の本拠を有していた原告については一人当たり1000万円，旧緊急時避難準備区域に生活の本拠を有していた原告については一人当たり250万円を認め，既払金を控除した）。一方，財物の賠償については中間指針を越える賠償を認定しなかった。

（イ）故郷喪失・変容慰謝料及び避難慰謝料

　「故郷喪失・変容慰謝料と避難慰謝料とが全く別の慰謝料であるとして別々に評価し…積算することは不可能であるか…極めて困難であり，性質上，適当であるともいえない。」「原告らが主張する故郷喪失・変容慰謝料と避難慰謝料の全ての要素…を包括的・総合的に評価して，地域社会の喪失・変容及び避難に伴う生活阻害の有無や程度を判断し，それらによる無形の損害及び精神的苦痛についての慰謝料額を認定する限り，被害者の保護に欠けるところはないはずである…」。

　「原告らは，本件事故発生当時居住していた地域における平穏な生活を害され，過酷な避難生活を強いられた上，当該地域における地域社会から享受していた利益を失うなどしているところ，これらの複合する諸事情による精神的損害を受けたことは明らかであるから，このような意味合いで，原告らが主張している故郷喪失・変容慰謝料と避難慰謝料とが併せて発生すると認めるのが相当である。」「慰謝料額の認定に当たっては，帰還困難区域，居住制限区域若しくは避難指示解除準備区域，又は旧緊急時避難準備区域といった区分に応じて

認定することが相当である。」

（ウ）コメント

本件は強制的避難者のみが原告となっている事件であり，不安に基づく平穏生活権の問題とはなりにくいケースを扱っている。本判決の特徴は，権利利益侵害についての記述が乏しい点にある。「本件事故発生当時居住していた地域における平穏な生活や当該地域における地域社会から享受していた利益の侵害等」という表現の中に「平穏な生活を害され…た利益」が含まれてはいるが，これは避難生活の慰謝料と故郷喪失・変容慰謝料に対応する包括的な生活基盤利益というべきものであり，本判決は権利利益侵害に重点を置いていない。強制的避難者のみが原告の事件については，権利利益侵害があるのは当然であり，特にその点について判示する必要性が少ないと考えたものと見ることができよう。

（8）小　　括 ── 問題点の整理

（ア）原発訴訟における平穏生活権概念の変容，自己決定権との関係

多くの原発集団訴訟において原告は，包括的生活利益としての平穏生活権の侵害を主張し[27]，裁判例においてもこれを実質的に認めるものが現れている（群馬判決，生業訴訟判決，首都圏訴訟判決）。裁判例が原告の請求を（一部）認容する際に，請求の根拠となる権利利益侵害について原告の主張を重視するのは当然ありうることであるが，この点は，平穏生活権概念にとっては未経験の事態であり，学理上は態度決定を迫られるものといえよう。従来，平穏生活権とされてきたものとの関係をどう考えるか，一般に包摂的生活利益と人格権は別のものと考えられるが，従来，人格権の一種とされてきた平穏生活権は包摂的生活利益とはどのような関係にあるのか等が検討されなければならない。その際，すでに触れたように，「平穏」「生活」権は，表現上，様々な雑多の利益を取り込みうるブラックボックスのような権利とされる可能性を秘めており，その点をどう考えるべきかという課題も検討しなければなるまい。

次に，上記の諸裁判例は，平穏生活権を自己決定権（ないし居住地決定権）として構成するもの（群馬判決，首都圏判決）と，そうでないものに分かれた。

---

(27)　淡路剛久「『包括的生活利益としての平穏生活権』の侵害と損害」法時86巻4号（2014年）101頁を嚆矢とする（淡路・前掲注（5）『研究』11頁以下所収）。また，吉村良一『市民法と不法行為法の理論』（日本評論社，2016年）354頁。

首都圏判決のいう居住地決定権は，自主的避難者の（不安・恐怖感の先の）居住地の選択に焦点を当てて権利利益侵害を構成するものであり，従来のように，主観的な側面をもつ不安・恐怖感に着目して権利利益侵害を構成するか，その先の居住地の選択に焦点を当てるかを考察しなければならない。

（イ）避難の合理性の判断要素

避難の合理性の判断が，通常人を基礎とするものであることについては，裁判例は一致している。また，この「合理性」の判断が主観的なものであってはならないとか，避難の前提となる不安が単なる不安感や危惧感であってはならないなどと指摘する裁判例も少なくない。ここに言う通常人とは何かについても検討されなければならない。

避難の合理性については，京都判決が一種の定式化をし，その判断要素について７つを挙げている点が注目される。放射線の線量が最も重要な要素である点については，多くの裁判例が判示している。もっとも，「地元の自主避難者数，割合」のように，京都判決は考慮するが，群馬判決は考慮しないことを明言するものもあり，学界においても検討すべきであろう。

（ウ）避難の合理性の判断と不法行為の要件

避難の合理性（相当性）については，まず２つの異なる問題があることを認識すべきであろう。１つは，避難すること自体の相当性であり，もう１つは，避難の仕方の相当性である。前者は，相当（合理的）な不安に基づく避難といえるか否かを判断するものであり，後者は，どのような避難の仕方をしたか，例えば東京まで避難したか沖縄まで避難したかなどを判断するものである。上記の裁判例においては，極端に遠くに避難した者が問題とならなかったためか，前者に問題が集中したものと思われる。

避難の合理性については，裁判例では，相当因果関係の問題としているものが多いが，筆者は疑問である。その理由はすでにいくつか述べたが，さらに，そもそも権利侵害─損害がなければ因果関係の問題は生じないのであり，まず権利侵害─損害を考えるべきではないかという点をあげておきたい。前述した点との関係では，避難すること自体の相当性は権利侵害（平穏生活権侵害）の有無の問題であり，避難の仕方の相当性の問題は，相当因果関係の問題となるといえよう。例えばどこまで避難したことが相当といえるかは，まさに加害行為の相当因果関係の問題であると考えられる（この点は，後に再述する）。

（エ）生業訴訟判決の受忍限度論について

生業訴訟判決が公害の最高裁判決の判断枠組を活用しようとしていることについては，すでに批判的な検討を加えた。改めてまとめておくと，第1に，本件は事故型損害であり，この場合に公共性との衡量について公害と同様の判断枠組を用いることはできない（ハンドの定式を仮に用いるとすれば，まず事故確率を考慮することになろう）。第2に，本件は事故型損害のうちでも原子力事故の事案であり，原子力損害について，原子力損害賠償法が無過失責任としている趣旨は，公共性と，侵害の程度や態様を衡量して違法性を判断する考え方とは相容れないといえよう。これらの点だけを見ても，大阪国際空港訴訟大法廷判決以来の，公害に関する最高裁の法理をそのまま用いることはできないというべきである。さらに第3に，最高裁の判断枠組が形成されている騒音・大気汚染公害のケースと，原子力事故の際の自主的避難者・滞在者のケースとは，生命・身体と関係する点では類似する面もあるが，後者が放射線リスクの「不安」に重点があるところが異なっている。「不安・恐怖」に焦点を当てた判断枠組みが構成されなければならない。

（オ）自主避難対象区域外の避難者

生業訴訟判決は旧居住地が県南地域の住民について2011年3月～12月につき10万円，旧居住地が東海村，水戸村，日立村の住民について2011年3月～12月につき1万円の賠償を認め，千葉判決も自主避難対象区域外の避難者の一部について賠償を認めた。空間線量によってはそのような賠償が認められうる点は，中間指針も記載しているところではあった。

V　平穏生活権の展開と福島原発訴訟判決 ── 分析と展開

（1）平穏生活権に基づく損害賠償

冒頭に触れたように，健康リスク型平穏生活権は，主として裁判例上差止について用いられてきたが，近時の福島原発賠償訴訟を契機として，平穏生活権に基づく損害賠償が認められるようになった。今般の原発事故賠償訴訟に関する一連の判決は，平穏生活権概念に法学・実務界のスポットライトが当たったという点では，この概念にとってある意味で慶賀すべきことである。もっとも，いくつかの問題はある。あらかじめ2点指摘しておきたい。

第1に，「不安」に伴う損害の賠償という，この概念の最も重要と考えられる点について予め一言しておきたい。判決の傾向とは別に，民法学界ではこの

［環境法研究 第8号（2018. 7）］

概念について必ずしも十分に検討されてきたわけではない。中間指針について上述したように，学界では，不安に基づく賠償を認めていいのか，中間指針及び裁判例は，不安に基づく賠償を認めることで「パンドラの匣」をあけたが，その範囲は無制限に広がっていくのではないか，などといった批判も行われている。自主的避難者を除け者扱いしたり，自主的避難者の置かれた状況を十分に理解しないことに基づく主張もこのような立場を支持するようであるが，そのような主張とは別に，不安に基づく賠償についてどう考えるべきかは，重要な課題として検討する必要がある。この点については，およそ不安に伴う損害は賠償の対象としないという立場や，逆に，あらゆる不安に伴う損害は賠償すべきだという立場がありうるところであり，両極端の議論のほうがある意味で理論的に透徹しているようにも見えるが，必要なのはその中間をいくことであると考える。

　いうまでもなく人は活動をする中で他人を不安に陥れることはしばしばあるのであり，活動・行動の自由として認められてきたものも少なくない。他方でおよそ不安に伴う損害は賠償すべきでないとの考えは，現代社会における不法行為法への要請を無視することになろう。問題はそれが法的に取り上げるべきものか否かの判断をどのように行うか，である。法の対象となる特別の不安といえるのはどのような場合か。不安が不法行為となるための要件として，通常人が不安を抱くこと（または不安を抱き回避行動に出ること）が相当な場合であること，そのような侵害が違法であることがあげられる。今般の原発事故損害賠償の集団訴訟の判決はいずれも不安に基づく賠償を認めるとしつつ，不安を合理的なものに限定しており，このような立場を採用したものといえよう。この相当性の要素として，（科学的不確実性を前提とした）一定の科学的合理性[28]を踏まえた社会的合理性が含まれており，各判決もこの点に配慮していると見られる。

　第2に，判決が原告の請求との関係で出されるものである以上，どのような権利利益侵害があるかについて，原告の主張に影響を受けることは避けられないし，当然そのようなことはありうる。ただ，学理的には，平穏生活権をどのように構成すべきかという議論を理論的に行う必要があると考える。この点に

───────────

(28)　筆者は予防原則に基づく科学的合理性を考えている（大塚・前掲注(8)『星野追悼』830頁注(84)）。

留意しないと，平穏生活権自体がその時々の訴訟においてばらばらに異質な利益について主張されることになり，一定の権利利益としての役割を果たし続けられなくなるおそれがあるからである。

（2）平穏生活権の元来の特徴と，新たな問題

平穏生活権には，上述したように2つのタイプのものが見られたが，いずれも被害者原告の主観が関係している点に特徴があった。不安感はその一例であるが，被害者の内心の感情の阻害の例も見られた。他方，平穏生活権は「平穏」，「生活」という一般的表現ゆえ，種々雑多な利益が入り込む可能性がある。極端に言えば，交通事故のケースでも，被害者は「平穏」「生活」権を侵害されるともいえなくはないが，すでに権利・法益として画定しているものであれば，平穏生活権という必要は乏しいというべきである。

今般福島原発訴訟で平穏生活権概念が多用されていることは，この概念にとってある意味で慶ばしいことであるが，他方で，平穏生活権概念の変遷，訴訟戦略として提示された包括的利益としての平穏生活権概念の出現などを踏まえ，学理的議論も必要となろう。すなわち，①社会における新しい問題状況を踏まえる必要とともに，概念の本来持っていた意義を再確認する必要があるのではないか，②既存の権利利益として確立しているものを新概念である平穏生活権で説明する必要は基本的にはないのではないか，むしろ種々雑多なものをひとつの概念に含ませることになり混乱を招く可能性があるのではないか，といった視点が必要となると思われる。

福島原発訴訟における包摂的生活利益としての平穏生活権には，放射線被ばくのリスクの不安のような主観性をもつ利益侵害と，そうでないものが混合されており，元来の平穏生活権とは異質のものを含んでいると考えられる。すなわち，—— 包摂的生活利益侵害があり，それに伴う損害が発生したことは全くそのとおりであるが ——，福島原発訴訟でみれば，避難指示区域からの避難者は，強制的に避難させられたのだから，わざわざ平穏生活権侵害という必要はないともいえる[29]。この点で，強制避難者と自主的避難者に対する権利利益侵害には大きな相違があるというべきである（もっとも，筆者は両者の賠償額に

---

(29)　なお，これは，強制的に避難させられた者の損害の評価（救済の内容）とは全く別の，理論的な観点からの指摘であることを強調しておきたい。

[環境法研究 第8号 (2018.7)]

差異を認めることを意図しているわけではない）。自主的避難者については，健康リスクに対する不安が権利利益侵害（被害）の出発点であるが，強制的避難者については，このような不安の問題は全体の損害のごく一部にすぎないことが多い[30]からである。

（3）健康リスク型平穏生活権の特徴

次に，健康リスク型平穏生活権の特徴について一言しておきたい。この点は，健康リスク型平穏生活権と，他の平穏生活権の相違，区別の必要を指摘するものでもある。

（ア）まず，従来の裁判例において，健康リスク型平穏生活権の法理についてどう考えられていたかを記しておきたい。

効果に関する特徴としては，差止が中心であることがあげられる。これは，従来の裁判例において，暴力団事務所差止（および損害賠償）訴訟，廃棄物処分場差止訴訟等でこの概念が用いられてきたことと関連する。そして，この差止訴訟の大きな特徴は，（不安[31]を基礎とする）平穏生活権概念を用いることにより，従来（の一般的な人格権侵害による差止訴訟）よりも権利利益侵害という因果関係の帰着点を前倒しにしうることであり，この点が健康リスク型平穏生活権の最大の意義であるといえよう。なお，平穏生活権に基づく差止訴訟の中には，科学的不確実性[32]に基づく（通常人の合理的）不安に関わるケースも多く含まれており（廃棄物処分場差止訴訟，遺伝子組換施設差止訴訟，P4施設差止訴訟），筆者が「予防的科学訴訟」と名づけたこのような一連の訴訟において，（科学的に不確実な事項について）被告にも何らかの証明を求める証明の方法に関する議論や，この場合の不安の意義についての議論が行われてきた（この点は（6）で若干触れる）。

他方，健康リスク型の平穏生活権に基づく損害賠償訴訟においても，権利利益侵害という因果関係の帰着点を前倒しにする効果がある。認容されるのは精神的損害の賠償が主であるが，財産的損害が特に否定されるわけではないとい

---

(30) 放射線被ばくリスクによる不安に伴う損害自体の問題がありうるが，これは，強制的避難者の損害の一部にすぎず，自主的避難者のように不安がすべての出発点であるケースとは異なる。

(31) 不安の概念については（6）で後述する。

(32) ここでは技術的不確実性も含めて概念を用いる。

えよう。

　要件に関しては，必ずしも十分検討されていたとはいい難いが，健康リスクに関わるため，学説上，一種の人格権として絶対権侵害の扱いを受ける可能性が指摘されてきた[33]ことを記しておく。なお，要件に関しては，不安について（科学的に不適切とはいえない程度の）一定の合理性が必要であるという問題があるが，これについては，項を改めて論ずる（（6））。

　（イ）原子力損害賠償訴訟では，自主避難者への賠償，および滞在者への賠償がこのタイプの平穏生活権侵害に該当する。福島原発事故訴訟で特徴的であったのは，従来の訴訟事案のように，原告らが不安を感じているが事故や被害の発生前であった事案ではなく，本件ではすでに事故は起きてしまっていることにある。すなわち，被告の原発を差し止めるか否かなどという問題ではなく，原告らが避難するか，それとも旧居住地に留まって生活をするかの選択をしなければならなかった，つまり，被災者の方が対応し，差上と同様の効果を得なければならなかったのである。そのため，健康リスク型平穏生活権訴訟でありながら，損害賠償しか問題になりえなかったものといえよう。

　以上の点を敷衍しておくと，自主避難者には，（合理的不安に陥ったことについて）平穏生活権侵害があり，それに伴う自らの回避行動（生命身体の危殆化回避行動）を介在させて損害が発生した点に特殊性がある。他方，滞在者には，従来と同様，（滞在に伴い合理的不安が継続することについて）平穏生活権侵害から直ちに発生する損害と，自らの回避行動（屋外に出るのをできるだけ控える，子供を屋外で遊ばせないことなど）を介在させて発生する損害の双方が生じているといえよう。

　両者とも損害賠償訴訟でありながら，予防的科学訴訟の側面も有するのであり，この点は強制的避難の場合と事情を異にする。すなわち，強制的避難の中には，一定の放射線を被曝してしまったことは，全体の損害の中では（必ずしも割合は大きくない）一部に留まるが，自主避難者や滞在者においては，放射線被曝（ただし低線量被曝）が現在進行形で起き，それに対する回避行動をとる中で損害が発生しているのである。科学的不確実性の中で被害者が回避行動

---

(33)　潮見・前掲注（2）60頁，大塚・前掲注（2）『要件事実』153頁注32（筆者の見解では「権利利益」のうち「権利」として位置づけることになる），同・前掲注（2）『淡路古希』551頁，同・前掲注（8）『星野追悼』828頁注74。

をとる際の合理性が問題となる点で，予防的科学訴訟に類似する面があるといえよう。

（4）内心型平穏生活権の特徴

従来認められてきた，平穏生活権のもうひとつのタイプである内心型平穏生活権にはどのような特徴があるか。4点あげておきたい。

第1は，この場合の被害法益は不安の問題ではなく（少なくとも生命健康と関連する不安の問題ではない），健康リスク型平穏生活権以上に主観性が強いことである。従来裁判例で挙げられた例を見ても，このタイプではまさに主観的な利益が侵害されており，健康リスク型平穏生活権のように，通常人による合理的な不安を摘出するような作業はそもそもなじまないと思われる。とはいえ，上述したように，このタイプの平穏生活権がすべて709条の権利利益に該当するとは限らず，裁判例が同条の保護法益として扱わない場合もある。

第2に，効果としては，損害賠償，差止がともに問題となる。

第3に，損害賠償が認められる場合であっても，基本的には精神的損害の賠償に限られるといえよう。

第4に，第1点で触れた保護法益の強度との関係で，損害賠償を認めるためには，侵害行為の態様の悪質性が要求される場合がある。

このような内心（心情，心理）型の平穏生活権は，健康リスク型平穏生活権とは相当異なっているため，同じ「平穏生活権」という概念に含めるのが適当かは一個の問題であるが[34]，主観的な側面を有している点で，健康リスク型平穏生活権と類似する面もある。その点で，狭義の平穏生活権に入れることは可能であるが，絶対権的性質を持つわけではない点，及び，（論理的に当然ではあるが，健康侵害等を含む）人格権侵害よりも因果関係の帰着点を前倒しにするという特徴を有しない点で，最狭義の平穏生活権には含まれないというべきであろう。

（5）包摂的な生活利益侵害（生活基盤侵害）に基づく損害

原子力損害賠償訴訟において原告が主張する，包括的利益としての平穏生活

---

(34) （4）を「主観的利益」が強いものとして区別することは，吉村教授も支持されている（窪田充見編・前掲注（3）694頁（吉村良一））。

権は，（3）に該当するもの（自主避難者，滞在者。なお，強制避難者も，放射線被ばくの不安による損害のみはこれに該当する）と（4）に該当するものを含むが，他方で主観的とはいえない損害も含んでいる。原告が主張する包括的利益としての平穏生活権については，むしろ生活基盤が根底から覆された福島事故の特質を踏まえて，個々の権利利益侵害としては捉えきれない（中間指針では取り上げることのできなかった）利益を把握する趣旨（逆に言えば，個々の権利利益侵害と重複する可能性もある）で主張された点を重視すべきではないか。すなわち，これについては，包摂的な生活利益侵害（生活基盤侵害）に基づく包摂的な損害として扱えばよく，── 強制的避難者については ── 元来の平穏生活権が有する主観的な性格を有しないものも多く含まれるため，（概念の問題としては）特に平穏生活権という必要性は乏しいと思われる[35]。なお，このように強制的避難者と自主的避難者とで被害法益の性格は大きく異なるが[36]，ともに ── 個々のケースにおける程度の差はあれ ── この包摂的な生活利益侵害（生活基盤破壊侵害）があるものといえよう[37]。

---

(35)　このような包摂的生活利益侵害は，生活基盤を破壊されたことによる<u>損害</u>に焦点をあてるものであり，平穏生活権侵害と特に言わなくても良いと思われるが（むしろ損害論の一種である），これも平穏生活権侵害というのであれば，「広義の平穏生活権」侵害ということになろう。この点は，賠償額との関係で相違をもたらすものではないが，平穏生活権概念にとっては重要な相違である。

(36)　①強制的避難者と②自主的避難者で被害法益の性格が大きく異なることを再述しておく。すなわち，②は（生命・健康の）リスクに伴う不安が基礎となっており，被害者の主観が関連する点で，従来の健康リスク型の平穏生活権（最狭義の平穏生活権）と同様の性格を有する。これに対し，①は，強制的に避難させられたのであり，（生命・健康の）リスクに伴う不安が権利利益侵害の基礎にあるわけではなく，被害者の主観が関連するわけではない。①については，事故時に被ばくしたことに伴う不安に対する損害はありうるが，これは全体の被害にかかわるわけではなく，その点を別個に独立して取り上げるべきものである。また，①は通常の人格権侵害よりも因果関係の帰着点を前倒しにするような特徴も有しない。

(37)　なお，いくつかの裁判例が指摘しているように，包摂的生活利益侵害に基づく損害は「ふるさと喪失慰謝料」とも同様の内容を含んでおり，「ふるさと喪失慰謝料」がいかなる場合に認められるべきかはともかくとして，両者は同趣旨の損害を含むものといえよう。

［環境法研究 第8号（2018.7）］

（6）「健康リスク型平穏生活権」侵害における，不安についての（科学的に不適切とはいえない）一定の合理性の必要

　健康リスク型平穏生活権侵害については，従来学説上，その基礎となる被害者の不安・恐怖に関して一種の合理性を要求するかについて議論がなされた。具体的には，人々が不安を感じれば直ちに保護法益の侵害となるのか，不安を感じる人が多ければ保護法益の侵害になるのか，何らかの合理性が必要なのかという問題である。この点は，健康リスク型平穏生活権が問題となる事例において，科学的・技術的不確実性が存在する場合に問題とされる。原発事故賠償訴訟における自主的避難者と滞在者は，低線量被ばくという科学的に不確実な問題を扱ったものであり，まさにこの点が争われることになった。

　中間指針は，自主的避難者及び滞在者の「恐怖・不安を抱き，また，その危険を回避するために自主的避難を行うような心理」が平均人・一般人を基準としつつ，「合理的」であることを要求した。原発事故賠償訴訟に関する各判決も，自主的避難者等の恐怖・不安，避難についての「合理性」，「相当性」を要求しており，この点について，基本的には中間指針と同様のスタンスをとっている。

　この点に関して，3点指摘しておきたい。

　第1に，上述したように，不安・恐怖によって避難することについての「合理性」，「相当性」の存在は，権利利益侵害（平穏生活権侵害）要件の問題であり，相当因果関係の問題ではない。相当因果関係は，避難の仕方の相当性については問題になりうるが，避難すること自体は権利利益侵害の問題である。その理由は，単なる不安感や危惧感の存在のみで権利利益侵害を構成するとすべきではないことにある。差止については，まさに一定の「合理性」を要求しないと，差止の根拠となる権利侵害要件を満たすとは言い難いことを考えれば，このような主張の正当性は理解されるであろう。筆者の差止に関する平穏生活権概念の「再構成」[38]もこの点と関連する。単なる不安感や危惧感の例としては，北九州市や大阪府における宮城県や岩手県の（すなわち，福島県以外の）災害廃棄物焼却事件（福岡地小倉支判26・1・30判自384号45頁，大阪地判28・1・27）のような事件があげられよう[39]。

---

(38)　大塚・前掲注（2）『淡路古希』548頁，同・前掲注（2）『要件事実』149頁（個人に「人為的な不可避または深刻な侵害に対する不合理なリスクを受けることなく生活する権利」があると構成した），同・前掲注（2）『環境法 BASIC』421頁。

第 2 に，ここでいう「合理性」については，科学的不確実性のある事項が問題となるケースでは，一定の科学的合理性を踏まえた社会的合理性でなければならない。科学的に全くありえない不安を感じても平穏生活権侵害とはなりえないが，科学的不確実性のある事項について，科学者の間で支配的見解がなく，見解が分かれる場合には，少数の見解であっても有力な科学者の見解について（政府が採用する見解でなくても）一定の合理性があると見るべきである[40]。この点は，「通常人」概念の中に組み込まれるべきである。「通常人」については規範的判断が必要であり，このような理解は可能である[41]。社会的合理性を基本とするとしても，（その時点で）科学的に不合理なことが明らかな場合に賠償を命ずることはできないというべきである。地元の自主避難者数，割合について，群馬判決はこれを考慮せず，京都判決は考慮する 7 要素の 1 つとしてい

---

(39)　福岡地小倉支判26・1・30判自384号45頁は，損害賠償請求に関して，東日本大震災により生じた宮城県石巻市の災害廃棄物の受け入れ，焼却による健康被害への不安感に基づく国賠訴訟において，原告の不安感は抽象的，主観的なものにすぎず，具体的危険性を有するとは認められないとして請求を棄却した。さらに，大阪地判28・1・27も，同じく岩手県の災害廃棄物の受け入れについて，生命・身体に害悪が及び又はその蓋然性が生じたとして，人格権・環境権侵害を理由に慰謝料等を求めた事件につき，ICRP の定める年間被ばく線量限度が科学的根拠を欠く不合理なものとは認められないとし，年間 1 mSv 以下の放射線被ばくにより原告らの生命・身体に害悪が及び又はその蓋然性が生じたとはいえないとした。これらの事案については，何が「合理的な不安」かが問題となるといえよう。差止訴訟としては，平穏生活権を直接の根拠としていないが，不安感に基づくものについて，東京地立川支判平成23・12・26判自369号61頁は，エコセメント化施設において，不安感も，原因行為の態様と，不安感の内容，程度によっては，法的保護の対象となるとしつつ，受忍限度内にあるとして差止請求を棄却した例がある。

(40)　大塚・前掲注（8）『星野古希』826頁。すなわち，予防原則を踏まえた合理性が確保されれば足りるというべきである。100mSV 未満は閾値がないことから何が予防原則を踏まえた科学的合理性かは判断が難しいが（1 mSV/y と20mSV/y の間であるとはいえよう），事故前からの作業者の身体検査の基準である 5 mSV/y は有力な基準であろう（厳密には制度的ともいえるが，制度の基礎には科学的合理性があったとみられる）。群馬判決のいう，通常人において，「科学的に不適切とまではいえない見解を基礎と」するという意味での合理性と同趣旨である。

(41)　過失判断の基準となる通常人について，規範的な存在であって，現実社会での平均人ではないとされる（前田達明『民法VI₂（不法行為法）』（青林書院新社，1980年）47頁，窪田編・前掲注（3）344頁（橋本執筆））。通常人基準は，原告らの意見ではないし，被災者らのアンケートの結果とも異なると思われる。リスク管理は科学者を含めた社会における合理性を追求することに対応しているとみることもできよう。

る。この点は，上述した，不安を感じる人が多ければ平穏生活権侵害となるの
か，という問題と関連するであろう。筆者は考慮要因には入れるべきであるが，
それほど重視すべきではないと考える。

　第3に，中間指針第2次追補は自主的避難者等に対する賠償の基準として，
風評損害に関する裁判例を参照した。自主的避難者等の損害と風評損害には一
定の類似性はあるが，異なる面もないわけではない。最大の相違は風評損害は
被害者自身がその発生の有無,程度の有無と関わっていないのが基本であるが，
自主的避難（さらに滞在）による損害は，被害者自身が損害の発生・程度と関
わっている点であろう。そのため，自主的避難の方が通常人基準において規範
的判断が若干強まる可能性はあるといえよう。また，風評損害はまさに相当因
果関係（賠償範囲）の問題とされるが，これに対し，自主避難者等の損害は被
害者自身が関与しているからこそ,問題の一部は権利利益侵害(平穏生活権侵害)
として扱われるべきであるといえよう。

（7）平穏生活権と自己決定権（居住地決定権）の関係

　自主的避難については「健康リスク型平穏生活権」と自己決定権（居住地決
定権）との関係が問題となる。自主避難については，上述のように，避難者の
回避行動が介在しているという特殊性があるため，後者はこの点に着目したも
のである。この場合，居住地決定権は，「健康リスク型平穏生活権」の基礎に
あるとともに，それに包含されているのではないか。

　群馬判決における自己決定権は，平穏生活権の中核にあるものと捉えられて
いるが,自主的避難者については自己決定をしたともいいうることからすると，
むしろ放射線リスクに伴う不安によって発生する権利利益侵害を正面から捉え
る必要があると思われる。「問題の根源にあった放射線被ばくによる恐怖・不
安はどう扱われているのか」という淡路教授,吉村教授の批判[42]は重要である。
また，自己決定権のみを取り上げるときに，賠償額が低額になるおそれがある
ことは，学説によって指摘されているとおりである[43]。

　一方，首都圏判決は，避難者等が選択を迫られた点を居住地決定権の侵害と
捉えている。このような考え方はありえないではないが，①自主的避難の本質
は不安にあり，居住地決定権のようないわば形式的な権利侵害に焦点をあてる

---

　(42)　淡路・前掲注（1）106頁，吉村・前掲注(23)環境と公害46巻4号63頁。

被害の捉え方は，被害の実体とは離れる可能性が高いのではないか，②滞在者に対する侵害は，選択よりも，不安の点にあり，自主的避難と滞在者を統一的に理解するには，不安に焦点を当てるべきではないか。

（8）結　語

最後に，いくつかの整理をしておきたい。

（ア）まず，福島原発事故で問題となった２種類の避難について，権利侵害（平穏生活権侵害），損害の関係を整理しておきたい。

強制的避難の場合には，強制避難によって生ずる（包摂的）生活利益侵害に伴う損害（＝生活基盤損害）が問題となる。その際，自己決定権侵害が基礎となるといってもよいが，自己決定権侵害は他の実体的な包摂的生活利益侵害と一体となっていると見られる（群馬判決では４つの利益侵害をあげるが，iii は自己決定権侵害と重複する。i は強制的避難の場合には存在するかはケースバイケースとなる。i ～ iv の利益侵害は包摂的生活利益侵害の中身である）。また，強制的避難の場合の権利利益侵害は不安に基づくものはごく一部であり，従来用いられてきた平穏生活権の侵害とは異なる。一方，自主的避難者・滞在者の場合には，相当（合理的）な不安を基礎とする平穏生活権侵害があり，そこから包摂的生活利益侵害を伴う損害が派生する[44]。

強制的避難の場合，強制により直ちに権利侵害（＝包摂生活利益侵害）が発生するが，これに対し，自主的避難の場合には，自主的避難者が自ら選択をするのであり，相当（合理的）な不安がある場合でないと権利侵害（平穏生活権

---

(43)　なお，群馬判決が自己決定権侵害と構成したことと，①避難の終了時期を判断していないこと，さらに，②区域内避難者と区域外避難者の認定額に大差をつけたこととを結びつける議論も示されている（大坂・前掲注(23)63頁）。群馬判決についてこのように理解することは可能であろう。ただ，①の点は，自己決定権侵害というのは避難時点での問題であり，自己決定権侵害と構成するか否かに関わらず「避難継続が合理的であるか」については判断を加えざるをえないとも考えられるし，②の点に関しても，区域外避難者については確かに自己決定権自体の侵害ということは困難であるが，自己決定がしにくい状況に陥れたという権利利益侵害を認めることは可能である。したがって，避難者の権利利益侵害を自己決定権侵害と構成することと，これらの論点とが一般的に直結するものとは言いがたいと思われる。

(44)　自主的避難の場合には，平穏生活権侵害から，避難者の自らの行動が介在しつつ包括的生活利益侵害を伴う損害が発生するのに対し，滞在者の場合には，自らの行動が介在する場合と，介在しない場合がある（V(3)(イ)参照）。

［環境法研究 第8号（2018. 7）］

侵害）にはならないのである。

　自主的避難者・滞在者については直ちに包摂的生活利益侵害を問題とでき
ず，前提として平穏生活権侵害が必要なのはなぜか。それは，自主的避難者の
方々についてみれば，政府の指示とは関係なく，自主的に避難されたからであ
る。自主的に避難されたため，自らの行動が正当であったことを証明しない限
り，損害賠償を請求できるとはいえないからである（とはいえ，正確な情報伝達
困難の観点から，その基礎となる不安は，科学的に不適切でないという程度で足り
ると解される）。滞在者の方々についてみれば，不安に脅え，種々の回避行動を
とることに伴う損害を賠償の対象とするために，（その前提として）平穏生活権
侵害が必要であるといえよう。これらについては，昭和60年代以降の最高裁判
決が，一定の主観性を含む新たな人格的利益侵害のケースを扱い，709条の「権
利利益」侵害要件を活用したのと同様に，まさに新たな人格的利益としての平
穏生活権侵害の存在が，損害賠償を認容するために必要とされるものといえよ
う。

　（イ）もっとも，強制的避難の場合でも，（合理的な不安に基づく）自主的避
難の場合でも，包摂的生活利益侵害が問題となる点は異ならない[45]。その意
味では，損害額（特に慰謝料額が問題となる）について両者に差があることは当
然ではない。ただ，自主的避難の方が避難の期間は相対的に短くなるため，結
果的に賠償額が少なくなることはありうる。また，（群馬判決が示した）人格発
達権侵害やいわゆるふるさと喪失損害はこの点から（強制避難の場合に比べれば）
認められにくいか賠償額が少なくなる可能性はあろう。

　（ウ）今後，平穏生活権概念はどのように用いられるべきか。筆者の見解では，
従来どおり，①「健康リスク型平穏生活権」と②「内心型平穏生活権」を平穏
生活権（狭義の平穏生活権）と構成するのが適当であると考える。①は因果関
係の帰着点前倒しという重要な特徴を有する。①，②に共通するのは，侵害さ
れた権利利益の（程度の差はあるが）主観的性格である。これに対し，③原発
損害賠償訴訟で一部の裁判例が取り上げた「包括的平穏生活権」は主観的な性
格を有しない利益侵害を多く含む点で，平穏生活権とは別の，「包摂的生活利益」

---

(45)　吉村・前掲注(23)法教441号56頁。なお，京都地判28・2・18は自主的避難の場合
　　について就業不能損害の賠償を認めているが，このようなことは当然ありうるであろ
　　う。

1　平穏生活権概念の展開〔大塚　直〕

に伴う損害（生活基盤損害）と捉えるのが適当ではないか[46]。③は原発事故，一部の公害，人の行為が関連する地滑りなどのように，生活基盤被害があった場合に認められるであろう。なお，①については，科学的不確実性のある場合に，不安に関する一定の科学的な合理性が必要であることは，前述したとおりである。

（注）再校時に，淡路剛久監修，吉村良一ほか編『原発事故被害回復の法と政策』（日本評論社，2018年）に接した。
　　　本稿の作成にあたっては，科学研究費基盤研究（B）17H02472「社会関係・リスクの複合化と不法行為法の再構築」（代表　瀬川信久）の支援をいただいている。

―――――――――――――
(46)　上述したように，筆者は賛成ではないが，これを平穏生活権と呼ぶのであれば，広義の平穏生活権ということになろう。

〈気候変動〉

◆ 2 ◆

米国大気清浄法に基づく火力発電所炭素排出規則の
トランプ政権下での見直しと訴訟の動向

石 野 耕 也

I トランプ政権発足後の環境規制緩和に向けた動き
II 大統領令後，訴訟の動き
III Clean Power Plan 撤回案
IV 規則提案事前告知の公表，その後

［環境法研究 第 8 号 (2018. 7)］

　オバマ政権下，環境保護庁 EPA は2015年10月に既設火力発電所炭素汚染排
出規則（Clean Power Plan）を制定した(1)。これに対し，27州，石炭，電力，
鉱業等の業界団体，商工会議所など150以上の原告から，法律に違反するとし
て50件を超える訴訟が D.C. 控訴裁判所に提起され，その後，原告側が申し立
てた規則の執行停止が連邦最高裁判所において認められた（2016年 2 月）。本案
である規則の審査請求については，EPA を支援する州，再生エネルギー関連
団体，環境保護団体なども訴訟参加し，控訴裁判所の全員法廷において 7 時間
に及ぶ口頭弁論（同年 9 月）がなされ，年明けにも判決が想定されていた。
　しかし，大統領選挙において反環境政策を掲げた共和党トランプ候補が当選
し，新政権の発足後，プルイット EPA 長官の指名，前政権の環境規制を全面
的に見直す大統領令の公布，これに従った2015年規則の見直しと撤回案の告示，
さらに同規則に替わる新たな規則案の策定に向けた事前告知の公示といった動
きが続いている。これと並行して，継続中の訴訟で，審理休止を求める EPA
の申立，休止を期限付きで認めた裁判所決定，これに対し EPA 規則支持の州・
環境保護団体による異議と早期判決の申立などが続いている。現 EPA の提案
に対しては環境保護団体を中心に必ず訴訟で争う姿勢が示されており，その決
着にはさらに数年がかかると見られている。

I　トランプ政権発足後の環境規制緩和に向けた動き

（1）新 EPA 長官の就任

　2017年 1 月にトランプ大統領が就任し，選挙公約としてきた環境規制の全面
的見直しを実行するため，オクラホマ州司法長官であった Scott Pruitt を指名
し，上院での聴聞と承認議決がなされた。プルイットは，EPA を相手に14件
の訴訟を起こした反環境派の代表格であり，気候変動の原因が人間活動である
ことを認めず，パリ協定からの離脱を唱えていた。また，化石エネルギー業界
から多額の資金を受け，反環境政策を旗印にしており，将来はオクラホマ州選
出の気候変動否定論者で反環境派の頭目である共和党 James Inhofe 上院議員
の後継をめざす政治的野心があると言われる。この指名に対して，環境団体や

---

(1)　Carbon Pollution Emission Guidelines for Existing Stationary Sources: Electric Utility
　　　Generating Units, 80 FR 64662　October 23, 2015

民主党議員が就任反対の声を上げ，キャンペーンを行ったが，2月17日，上院本会議で52対46の投票（ほぼ共和党対民主党の分断）により承認された。これ以後，ホワイト・ハウスでは，環境規制見直しの大統領令作成が本格的に進められることとなった[2]。

（2）前政権の環境規制見直しに向けた大統領令の公布

3月28日，トランプ大統領は，EPAに赴き「エネルギー自立と経済成長推進の大統領令」[3]に署名，公表した。これは，前政権による火力発電所炭素排出規則をはじめとする環境規制の全面撤回に向けた宣言である。これにより，全省庁に対して，国産エネルギー資源開発の障害となっている現行規則の見直しと停止，改定，撤回を求め，他方で法に基づく低コストの環境対策を行うとも述べている。この大統領令のほぼ全訳を文末の参考資料1に示す。

（大統領令の構成）
第1条　政策
第2条　国産エネルギー資源の安全で効率的な開発に支障となりうるすべての行政措置の速やかな見直し
第3条　エネルギー及び気候に関連する特定の大統領令及び規制措置の撤回
第4条　EPAのClean Power Plan並びに関係規則及び行政措置の見直し
第5条　規制影響分析（Regulatory Impact Analysis）のための炭素，亜酸化窒素，メタンによる社会的コスト推計の見直し
第6条　連邦所管地における石炭リース・モラトリアムの見直し
第7条　米国内のオイル及びガス開発に関する規則の見直し
第8条　雑則

第1条では，国内エネルギー資源を開発し，その支障となっている規制を除くことが国益であるとして，そのため開発の支障となりうる現行規則を見直し，停止，改定，撤回することを政策としている。これを実行するため，第2条では，全省庁に対し，期限を定めて，エネルギー資源開発に関するすべての規制の見直し計画の作成，実施，規制の緩和・解消を含む対応策の立案と決定，当該規則の停止，改定，撤回又はその提案を行うことを義務付けている。

（2）　E&E News Greenwire February 17, 2017, Climatewire February 21, 2017
（3）　Promoting Energy Independence and Economic Growth, Executive Order 13783 March 28, 2017 官報82FR16093 March 31, 2017

［環境法研究 第 8 号（2018. 7）］

　さらに，第 3 条以下で，特定の規制措置を挙げ，その見直しと撤回，改定等を命じている。このうち，特に重要な規定の要点は，次のとおり。

　第 3 条では，前政権が気候変動対策強化のため，EPA ほかに対して行った一連の大統領令，大統領メモランダム，報告書を取消又は撤回し，環境諮問委員会（Council on Environmental Quality CEQ）には，環境影響評価手続における温室効果ガス排出と気候変動影響の審査指針（最終規則）の撤回，その他の省庁には，これら大統領令等に関連する行政措置について第 1 条の政策に沿って停止，改定又は撤回などの措置を求めている。この中には，米国として気候変動対策を抜本的に強化推進することを明らかにした2013年 6 月の「大統領気候行動計画」及び「発電部門炭素汚染基準」が含まれる。

　第 4 条では，EPA に対して，前政権が気候変動対策の中心として発電所からの炭素汚染排出を規制するため制定した，次の 3 つの最終規則と規則案並びに最終規則に従った規則及び指針について，第 1 条の政策に沿って見直したうえ，停止，改定又は撤回，又は最終規則の停止，改定又は撤回に向けた規則提案を行うことを求めている。また，最終規則と一体の法的メモランダムの見直しと停止等の措置を定めている。さらに，これら規則に関して継続中の訴訟について，司法長官が管轄裁判所にこの大統領令及び関連措置を告知し，かつ審理の停止，先延ばしその他軽減措置を求めるよう，EPA 長官が行った措置を司法長官に通知することを求めている。

(i) 既設発電所の炭素汚染排出ガイドライン 最終規則（Clean Power Plan 2015）

(ii) 新設，改築，再築発電所の温室効果ガス排出性能基準 最終規則（2015）

(iii) 州に代わって連邦政府が発電所の温室効果ガス規制計画を定める際の規則案（2015）

　第 5 条では，規制に関する適正な意思決定には，規制の分析において最善のコストと便益の推計を用いることが不可欠だとして，前政権が設置した「温室効果ガスの社会的コストに関する省庁間ワーキング・グループ」を解散させ，それがまとめた「規制影響分析における炭素の社会的コスト」及びそのアップデートを撤回した。また，温室効果ガス排出規制による変化の貨幣換算においては，国内影響と国際影響の比較考量，適切な割引率の考慮など，長年コスト便益分析の実例として認められている2003年の行政管理予算局（office of Management and Budget OMB）回章A - 4（規制分析）の指針に従って推計する

こととした。

このほか，第6条では，内務長官に対し，連邦所管地での石炭リースに関する長官令（2016）の改定又は撤回，同令に関連した連邦所管地での石炭リース業務のモラトリアムをすべて解除する手続きの実施，連邦所管地石炭リース業務の開始を命じた。さらに，第7条で，米国内の石油及びガス開発に関する規則として，EPA の石油・天然ガス部門の新設発生源排出基準（最終規則2016），内務省の連邦所管地・それ以外での石油・ガス開発に関する最終規則の見直し，停止，改定，撤回等の措置，司法長官への通知などを求めている。

（3）大統領令への対応

EPA は，同日，大統領令に従って，Clean Power Plan の見直しと必要な措置の検討に着手したことを公表した。（官報4月4日）[4]

こうした環境規制を大きく後退させようとする大統領令に対して，全米商工会議所など業界団体は，高コストで，雇用を破壊して経済を苦しめ，エネルギー価格を上げる前政権の戦略に別れを告げるものと歓迎した。連邦議会では，共和党，民主党で賛否がくっきり二分した。前 EPA 長官 McCarthy は，これは将来のクリーンな雇用へのあらゆる機会をとらえる代わりに，健康被害と大気汚染の昔へ戻そうとしており，危険であり，グローバルな視野で新たな技術，経済発展，米国のリーダーシップへの道を失うことで，我々と米国のビジネスを損なうものとの声明を出した[5]。ニューヨーク州など16州と D.C. の司法長官は，EPA 規則を守るとの声明を出し，Boulder，Chicago，New York 市などの司法長官もこれに賛同した。

（4） 82FR16329 April 4, 2017

（5） E&E News Greenwire March 27, 2017, Climatewire March 29, 2017 このほか，パリ協定交渉の米国特命代表であった Stern 大使，Figueres 前気候変動枠組条約事務局長，フランスの交渉代表 Tubiana 大使も，トランプ大統領の決定を向う見ず，傲慢，後ろ向き，狭小な利益グループのために長期的な米国の利益を失っているなどと批判した。

［環境法研究 第8号（2018.7）］

II 大統領令後，訴訟の動き

（1）訴訟審理休止の申立

大統領令公布と同じ日，EPA は D.C. 控訴裁判所に Clean Power Plan の見直しが行われる間，審理を休止するよう申し立てた。原告側の州，産業団体，電力会社などはこれを支持したが，健康・環境グループは法廷で争う方針を明らかにし，裁判所に反論書を提出した。（4月5日）また，連邦所管地での石炭リースのモラトリアムを解除する命令については，Sierra Club などが訴訟を提起した[6]。

D.C. 控訴裁判所への反論書で，環境グループは，全員法廷での口頭弁論がなされて半年以上過ぎ審理は大詰めにある段階で休止申立がなされたこと，最高裁の執行停止は当裁判所の判断がなされるまでの短期の施行延期であるのに，休止すれば，本案に関する裁判所の判断を受けることなく何年も続く長期の規則差止となること，適正に公布された規則を告知と意見聴取の手続き，合理的説明なしに停止することになり大気清浄法・行政手続法に違反すること，十分な弁明と全裁判官が参加した長時間の弁論，半年の司法評議がなされ，判決するに十分なこと，休止することは，被告側参加人である団体及び州が代表するメンバーや住民に損害を与えること，EPA の申立理由は不十分であることを根拠に，審理休止を認めるべきでないと主張した[7]。規則を支持する州・市のグループも同様の反論書を提出し，賛成派の企業グループもこれに続いた[8]。

EPA の申立，反論書提出を勘案して，D.C. 控訴裁判所は，本件訴訟及び新設火力発電所の排出基準規則に関する訴訟の二つについて，期限付きで審理休止を認める次のような命令を行った。（4月28日）[9]

・本件訴訟の休止を求める申立について，この決定の日から60日間休止する

（6）　E&E News Climatewire April 6, April 7, 2017

（7）　RESPONDENT-INTERVENOR PUBLIC HEALTH AND ENVIRONMENTAL ORGANIZATIONS' OPPOSITION TO MOTION TO HOLD CASES IN ABEYANCE Document #1669700 April 5, 2017

（8）　E&E News PM March 28, 29, 2017

（9）　D.C. 控訴裁判所決定 Document #1673071, #1673072 April 28, 2017

ことを認める。EPA は，この決定の日から30日ごとに現状報告を提出するよう命じる。

・併せて，訴訟当事者は，この統合された訴訟を休止するのではなく，EPA に差し戻す（revamp）べきかについて補足の弁論書を提出するよう命じる。補足弁論書は，5月15日午後4時までに提出すること。（文字数，連名文書で，提出部数，その他）

（2）審理休止命令への対応

D.C. 控訴裁判所の決定に従い，各訴訟当事者は5月15日に補足弁論書を提出した。

EPA は，次のように述べて，本規則の見直しを行う期間は審理の休止を続けること，休止は見直しとその結果の規則制定の終了後30日までとすることを求めた[10]。

・訴訟の現状を維持して，裁判にかける労力を節減し，新政権が現在行っている Clean Power Plan の見直しを精力的に進めるため，審理休止が適切な措置である。
・休止なら最高裁の執行停止は維持されるが，差し戻しはその効力に疑念を生じさせ，EPA 及び原告は，現行規則の法的効果を考慮して必要な対応をすることとなる。差し戻し命令がなされれば，訴訟原告はその請求を守るため，最高裁に事件移送命令を申し立てるであろう。執行停止により，原告の州は規則が定める州達成計画の作成提出期限（2016年9月）を守る必要がなかったが，差し戻されれば執行停止が解け，達成期限が過ぎており，EPA はこれら期限を延長する規則制定が求められる。これについては，原告又は被告側訴訟参加人が当法廷に審査を求めることになろう。
・差し戻しに比べ，休止になれば，EPA は，規則の見直しに精力的に取り組むことができる。それが，3月の大統領令の条項と義務に合致する。

これに対し，健康・環境グループは，EPA が求める無期限の休止による言語道断な不法を避けるため，差し戻しによって最高裁の執行停止を終わらせ，EPA が規則の施行延期又は改正には法律の定める規則制定手続きに従う義務を果たさせる方が望ましいとした上で，本件の唯一適正な解決は，本法廷が本

---

(10) SUPPLEMENTAL BRIEF OF RESPONDENT EPA IN SUPPORT OF ABEYANCE Document #1675243 5/15/2017

［環境法研究 第 8 号 （2018. 7）］

案判決をすることであると主張した。その要点，次のとおり[11]。

- ・EPA が求める「規則見直しの間，その結果として，規則改定の終了後30日まで休止を続ける」ことは，最高裁命令が請求の「処理」がなされる間に限って規則の執行を暫定的に停止するとの条項に違反し，裁判所に司法審査がなされる間だけ停止を命じる権限を認めた行政手続法に違反する。

- ・申立を認めれば，司法の法的判断を受けることなく，規則の改正，停止又は撤回のため必要な行政手続に従うこともなしに，司法審査のための暫定的施行猶予を Clean Power Plan の長期施行差し止めに変えることになる。それは，告知と意見聴取の手続き，合理的説明なしに規則を停止することを禁ずる大気清浄法の中核条項に違反し，同 Plan の環境目的達成を遠い将来に遅らせる。よって，EPA の申立を却下し，現在の期限である 6 月27日を超えて延長すべきではない。

- ・事件の差し戻しは，本法廷の管轄権を終了させ，執行停止決定の請求の「処理」となり，事件移送命令の申立と最高裁の受理がない限り，執行停止は失効する。EPA が規則の変更，撤回，延期をしたければ，大気清浄法の規則制定手続に従うことが必要となる。原告らは，規則を争うことが期限徒過で認められなくなるとして差し戻しに反対するかもしれないが，彼らの請求が本案判決によって解決されることを求める。もし本案判決を避けたいなら，訴訟しないことにするのが当然である。

- ・要すれば，被告側参加人は，休止にも差し戻しにも反対であるが，差し戻しの方が行政法の原則へ侵害を防ぎ，法令に従って規則の変更を求めることになる。

- ・それにも拘わらず，本案判決が唯一適正な方法である。判決をしないことは，行政庁，公衆，当事者，裁判所がかけた大変な努力を無駄にし，火力発電所炭素排出による健康と環境への影響を減らすのを遅らせてきた長い歴史にさらに際限のない 1 章を加え，原告ら（及び現 EPA 長官）が訴訟で明瞭だとしてきた法的争点の核心が解消されないままになる。

- ・EPA は，審理休止が，現長官の立場が不明確であるにも拘わらず，訴訟にかける労力を節減し，政府弁護士が現行規則を守る必要性を避けると繰り返すが，これらの言い分は説得力がない。火力発電所規制で20年の遅れ，今後の EPA の措置により実効的な汚染削減のさらなる先延ばし，EPA がいかなる措置をとろうと同じ法的争点をめぐる訴訟の主張，論争でさらに時間がとられる。

- ・本裁判所が全員法廷を開いたのは，最高裁の審判を受けるであろう事件につい

---

(11) SUPPLEMENTAL BRIEF OF PUBLIC HEALTH AND ENVIRONMENTAL ORGANIZATION RESPONDENT-INTERVENORS Document #1675202 5/15/2017

54

て，十分に論議を行おうとの意思に基づくものと思われる。この十分に成熟した事件について，今判決しないのは，どちら側も Clean Power Plan について最高裁の実体判断を得る機会—それが執行停止の前提であった—を失うことになるであろう。こうした状況で，本案判断を避けることを支える先例も慣例もない一方で，争点を解決しないまま放置することの甚大な被害は不可逆的となろう。

EPA 規則を支持する州，市と電力企業，再生エネルギー協会の訴訟参加人それぞれの弁論書も，ほぼ同様な主張を行った[12]。

（3）その後の動き

EPA の Clean Power Plan 見直し作業は，部内の検討で原案をまとめ，OMB と調整のうえ見直し案を公表する手順で進められた。報道では，原案は規則を撤回する法的根拠の説明を中心に，加えて規制によるコストと便益に関する推計を見直し，撤回理由を補強する内容と伝えられた。この過程で，D.C. 控訴裁判所の審理休止命令で義務付けられた定期報告が，5月31日に提出され，見直し作業を続け，近くその原案について省庁間の調整に入ると伝えられた[13]。その後，6月に2回，7月31日にも，同様な報告が提出された。

政府が行う規制措置の制定改廃については，OMB がとりまとめ，半年ごとの Unified Agenda of Regulatory Actions として公表されることになっており，トランプ政権が初めて公表したアジェンダ（7月21日）では広い分野での規制廃止が示されている。Clean Power Plan 見直しもその一つに挙げられているが，その内容は，「大気清浄法 §111 による法的権限を超えることを根拠に Clean Power Plan の撤回を提案する」旨の記載があるのみで，規則制定段階は Long-Term Actions とされ，規則提案の事前告知，最終規則公布とも未定（To Be Determined）とされている。

こうした状況に対し，健康・環境グループは，アジェンダで Long-Term Actions と分類された措置は，OMB の説明では，作成中で担当省庁が今後12か月以内に規制措置を講じることが期待されないとされており，さらに1年以上遅れると予想されるとして，裁判所は本案判決を行い，又は EPA に差し戻して訴訟を終了すべきである，と申し立てた[14]。

---

(12)　E&E News PM May 15, 2017

(13)　E&E News Climatewire May 25, May 30, June 12, 2017

［環境法研究 第8号（2018.7）］

8月8日，D.C.控訴裁判所は，自らの判断により，審理休止期間をさらに60日間延長し，EPAには30日ごとの現状報告を指示する命令を行った[15]。

Ⅲ　Clean Power Plan 撤回案

EPAは，OMBとの調整後，10月10日に既設火力発電所の炭素排出規則を撤回する案を公表した。（官報告示10月16日）[16]これは，3月の大統領令に従って，前政権が制定した最終規則を見直した結果，同規則は大気清浄法の違法な解釈に基づくものとして，これを撤回しようとする提案である。

この公表に当たり，プルイット長官は，「オバマ政権がその権限を拡張して策定したClean Power Planは最高裁により歴史的な執行停止がなされ，訴訟が係属する期間，国民への甚大な影響が阻止されている。我々は，この規制の足跡を片付けることでオバマ政権の誤りを正すことを約束する。これに替わる規則策定は，影響を受けるすべての主体の意見を聴きながら，慎重に，適切に，謙虚に進める。EPAは，法的権限の限界を尊重し，さらなる規制措置が必要か，その場合に，大気清浄法の規定及び協力的な連邦主義に従った最も適切な道は何かを検討する」との声明を発表した[17]。

（1）規則撤回案は，次の二つの文書のパッケージである。

① 序文 preamble —— 提案する法解釈，政策的意味，撤回によるコスト便益分析の概要

② 規制影響分析 —— 詳細なコスト便益分析（全文189頁）

2015年規則は官報版で304頁であったが，この提案（序文）は15頁で，提案の法的根拠に主力を置き，新たな規制影響分析の概要も示している。

---

(14)　RESPONDENT-INTERVENOR PUBLIC HEALTH AND ENVIRONMENTAL ORGA-NIZATIONS' RESPONSE TO RESPONDENT'S JULY 31, 2017 STATUS REPORT Document #1687195 August 3, 2017

(15)　D.C.控訴裁判所決定 Document #1687838 August 8, 2017

(16)　Repeal of Carbon Pollution Emission Guidelines for Existing Stationary Sources: Electric Utility Generating Units　October 16, 2017　82FR48035

(17)　News Release EPA 10/10/2017

2　米国大気清浄法に基づく火力発電所炭素排出規則のトランプ政権下での見直しと訴訟の動向〔石野耕也〕

（序文の構成）
［Ⅰ］総　括
［Ⅱ］背　景
　A．CPP　B．CPP に対する法廷争訟　C．大統領令13783及び EPA による CPP
　　見直し
［Ⅲ］CPP 撤回案の基礎
　A．法律の文言　B．立法経緯　C．これまでの EPA の慣行　D．法的コンテクスト
　E．より広い政策的懸念　F．法的メモランダムの撤回　G．結論
［Ⅳ］法令及び大統領令による審査
　A．大統領令12866：規制計画及び審査，並びに大統領令13563：規制及び規制審
　　査の改善
　B．～ J．その他の関連法令と大統領令への適合性
［Ⅴ］法令上の根拠

（2）CPP 撤回案の法的論拠の説明　（序文［Ⅰ］～［Ⅲ］）

［Ⅰ］総　括

　この告知により，EPA は Clean Power Plan を撤回することを提案する。こ
れは，大統領令13783に従った見直しの結果に基づく。具体的には，CPP の根
拠である大気清浄法§111（d）の解釈を，法律の文言，法的コンテクスト，全
体構造，目的及び立法経緯，並びに EPA によるこれまでの法的権限の理解と
慣行に整合するものへの変更を提案する。この解釈によれば，CPP は EPA の
法的権限を超えており，撤回される。この規則案に示す法解釈に対するコメン
トを歓迎する。

　EPA は，既設発電施設からの温室効果ガス排出規制規則を制定するか，そ
うする場合，いつ，どのような規則の形とするか未定である。そうした提案が
適切か考慮中で，近い将来，規則提案事前告知（Advance Notice of Proposed
Rulemaking ANPRM）を行う予定である。その ANPRM では，この告知で提案
する法解釈と整合する（個々の施設において／に対し適用される）排出削減シス
テムについてのコメントを募集する。同時に，達成方法及び州計画の要件につ
いてもコメントを募集する。本提案では，そうした点についてはコメントを求
めていない。

　大気清浄法§111（d）は，EPA に対し，一定条件の下での「排出削減ベス
トシステム」（best system of emission reduction BSER）を反映する既設施設の排

57

［環境法研究 第 8 号（2018. 7）］

出ガイドラインを制定するよう定めている。CPP にも拘わらず，他のすべての §111関連 EPA 規則は，一つの発生源に対し／において適用される技術的な又は操業上の対策からなる BSER に基づくものである。CPP は，これと異なり，特定の発生源に対し／のために／において実施されない対策によってのみ達成される，既設発電所の CO 2 排出ガイドラインを設定している。CPP は，発電事業者が発電をシフトすることでエネルギー・ポートフォリオの変更を必要とするような対策まで広げており，その中には，太陽光や風力のような，規制対象施設の全く外の電力で相当量の発電を創出あるいは支援する方法も含まれる。これによって，CPP は，連系網での石炭火力から天然ガス火力へ，また化石燃料発電から再生可能発電へのシフトのように，州のエネルギー政策の変更を必要とするのではないかとの懸念を生じさせている。

　大統領令は，EPA が連邦議会によって与えられた権限を超えているか判断するよう指示している。（令第 1 条(e) 及び第 4 条(c)）この見直しの中で，EPA は，CPP を支える法解釈を再考し，「排出削減ベストシステム」を，発生源に対し／において適用できる対策のみを考慮して決めるというこれまでの慣行と整合する解釈を提案している。以下詳しく論ずるように，ここで提案する解釈によれば，CPP は法の限界を超えている。この解釈に従って，CPP の撤回と，これに付随する法的メモランダムの撤廃を提案する。

［II］背　景

　A．The CPP（要旨）

　　CPP は，大気清浄法 §111(b)による新設化石燃料火力発電施設の排出基準規則（最終2015年10月），その前提として §202(a)による温室効果ガスによる健康と福祉への危険性ありとの判断（2009年12月）を踏まえ，§111(d)(1)に基づき既設化石燃料火力発電所からの CO₂排出を規制する州計画の作成を義務付ける規則として公布された。（2015年10月）

　　CPP は，既設施設である蒸気発生発電施設と固定燃焼タービンについての CO₂排出性能率ガイドラインを定める。その際，BSER を，「組立ブロック」と呼ぶ 3 種類の対策の組合せによって達成される規制対象火力発電所の排出率改善及び排出低減の総合として定めた。①石炭火力発電所の発熱率改善，②高排出発電所の発電量を削減し，低排出天然ガス・コンバインド・サイクル施設の発電量増加で代替，③化石燃料火力発電所の発電量を削減し，新た

58

なゼロ排出再生可能エネルギーによる発電量増加で代替のうち，ブロック①は施設の設計や運転に適用できるが，ブロック②と③は，施設ごとのアプローチを離れ，連系網の中で石炭，ガス，再生可能エネルギーによる発電量のバランスをシフトさせる対策であり，これら組立ブロックは環境政策より，エネルギー政策となる。

CPP が個別施設において／に対し適用できない対策に依存していることは，石炭火力発電所の性能基準が技術改良では達成できない排出率に設定されていることから明らかである。石炭火力発電所の所有者・操業者は，ガス火力発電や再生可能発電へのシフト，ガス火力発電は，再生可能発電へとシフトすることを想定している。

B．CPP に対する法廷争訟（要旨）

EPA の法的権限に対する懸念から，27州と多数の当事者が D.C. 控訴裁判所に CPP の司法審査を求めて提訴した。その後，2016年に最高裁による執行停止，控訴裁判所で全員法廷での口頭弁論，2017年に審理停止決定（4月），再度の休止決定（8月）が続いた。

C．大統領令13783及び EPA による CPP 見直し（要旨）

トランプ大統領令により，国内エネルギー資源の開発が国益とされ，不必要な規制の負担を避けるため，すべての省庁が既存の規則を見直すこと，必要・適切な環境規制は法に適合することを定め，特に EPA は CPP と新設施設規制を見直して停止，改定，撤回するよう指示された。

EPA は同日，見直しを開始し，その結果，CPP は大統領令第1条に適合しないとの根本的な懸念が生じた。多くの州，規制対象者その他関係人は，CPP が発電部門に巨大なコストをかけ，州内の発電ミックスへの州規制を侵害し，これまでの規制慣行と長年の法の読み方から大きくかけ離れ，石炭火力を含め廉価で信頼される電気という国民の利益を適切に確保しない，と警告した。

この見直しの中で，大気清浄法 §111の解釈を再検討し，CPP は，連邦議会が法律により与えた権限を超えていると判断して，これを全体として撤回することを提案する。

EPA の使命は，大気資源の質を守り良くすることにあり，大気清浄法の規定に従い合理的な連邦，州，自治体の措置を推進することが目標である。

［環境法研究 第8号（2018.7）］

EPA規則が法の権限を超えていれば，これを修正し，効果的かつ実効可能で権限に根差す規則とすることが適切である。このため，既設施設からの温室効果ガス排出に対する§111(d)規則の制定，その形と広さについて今後も検討を続ける。近い将来，この告知で提案する法解釈と整合的な排出削減システム，達成方法，州計画の要件についての情報を募集する規則提案事前告知をする予定である。

［Ⅲ］CPP撤回案の基礎

CPP撤回案の基礎は，ここで提案する大気清浄法§111の解釈である。この解釈が，法の文言，立法の経緯，同条に基づく過去の慣行，法的コンテクスト，より広い政策的意味合いから見て法律の最も適切な理解と判断することを提案する。

EPAが，法の許す範囲で，合理的説明を行う限り，現行規則を再考，撤回，改正する権限を有することは法に根拠がある。大気清浄法は，広範な規則制定の権限をEPAに与えている。同法§301(a)[18]EPAの法解釈は「直ちに石に刻まれるもの」ではなく，「継続的に」評価されなければならず[19]，それは「政権の交替への対応」として行われる場合にも通じる[20]。

こうした再考の結果，§111(a)(1)（及び「排出削減ベストシステム」の文言）の解釈を個別の既設施設に対し／において適用される排出削減方法に限るよう戻すことを提案する。これは，§111の文言・用例がその他関連条項で用いられる際の意味と適用に合致し，関連の立法経緯に示される§111の基礎にある連邦議会の意思に合致し，EPAによるこれまでの規制措置に示された§111の理解と整合し，同法の他の条項から見た場合の非論理的結論を防ぐことから，最適と考える。さらに，連邦議会がEPAにそうした結果につながる権限を与えた意図が十分明確でない中で，連邦と州の関係に著しい政策変更をもたらさ

---

(18)　Clean Air Act SEC. 301. (a)(1) The Administrator is authorized to prescribe such regulations as are necessary to carry out his functions under this Act. 42U.S.C.§7601(a) この規定は，同法第3章一般規定の最初の条項で，本法に基づく職務を実施するための規則制定権を認めたもの。

(19)　Chevron U.S.A. Inc. v. NRDC, Inc., 467 U.S. 837, 863-64 (1984)

(20)　National Cable & Telecommunications Ass'n v. Brand X Internet Services, 545 U.S. 967, 981 (2005)

ず，他の連邦法や他の連邦政府機関の役割・所管との衝突といった結果を避けることにもなる。

A. 法律の文言（要旨）

§111の排出削減システム（system of emission reduction）が性能基準設定の出発点であり，これを広く解するか狭く解するかで排出基準設定に大きな違いが生ずる。「性能基準」（standard of performance）は，大気汚染物質の排出に関する基準であって，排出削減ベストシステム BSER の適用（application）によって達成される排出低減度合を反映した基準と定義する規定（§111(a)(1)）について，CPP では，排出削減システムは発生源によって実施される（implementable）一連の措置（a set of measures）に限られるとしたうえで，「発生源」には性能基準が適用される建物，構造物，施設，設備の所有者・操業者を含むと考え，§111(d)の排出削減システムも所有者等が排出削減のためその既設発生源で実施できる一連の措置を意味するとした。こうして適用 apply と実施 implement は互換的に用いられることになる。（法的メモランダム P.84注175）これに対し，当 EPA の提案では「BSER の適用によって」（through the application of BSER）とは BSER が発生源に対し／において適用されることが要件と解し，発生源の所有者等が当該施設のために他の場所で実施することを含めない。この解釈により，法的コンテクストと連邦議会の意図との整合性が確保される。

ここで提案する解釈は，§111(d)が既設施設に対して（for any existing source）基準を定めるとし，他の施設や主体に対して定めるとしていないことからも導かれる。§101(a)(3)（大気汚染の発生源における（at its source）対策は州と自治体の責任）も参照。さらに，§111(d)の「既設発生源に対し（for any existing source）」の文言は§111(b)(1)(B)の「新設発生源に対し（for new sources）」と照応しており，新設でも既設でも施設に対する基準であれば，その基準は個々の施設に対し／において適用される対策を示すものと想定するのが合理的である。

「BSER の適用によって」を発生源指向で読むことは，大気清浄法による他の基準設定規定と一致する。「適用 application」は，同法の多くの異なる文脈で用いられているが，施設の物理的又は操業における改変を指している。例えば，最大達成可能抑制技術（maximum achievable control technology §112(d)(2)）は，次のような対策を含む対策，工程，方法，システム又は技術の適用によって達成可能な基準 ──（A）工程変更，原料転換等による汚染物質の削減等，（B）システム密閉等による排出除去，（C）工程，煙突等での捕集，回収，（D）デザイン，設備，作業方法，（E）これらの組合せ，と定義している。最善の実行可能な抑制技術（best available control technology §169(e)）は，生産方法並びに実行可能な方法，シス

［環境法研究　第 8 号（2018. 7）］

テム，技術等の適用によって達成可能な最大限の削減度合を基に設定される。自動車等の基準も技術の適用を反映している。

B．立法経緯（要旨）

　もし「適用」が発生源指向ではないとしても，排出削減システムの「システム」system は，歴史的にも発生源への技術的又は操業上の改変に根差していた。「排出削減システム」は1970年大気清浄法改正において，上下両院の委員会の協議会から生まれた文言であった。下院の改正案では，新設施設は排出抑制のために「設計され，装備され」なければならないと定め，上院案では，性能基準は「最新の実施可能な抑制技術，工程，操業方法又はその他の手法」による達成限度を反映しなければならないとしていた。その他の手法もその前に書かれた抑制技術と同類のものと解すべきであり，そうすると発生源への技術的又は操業上の改変を意味し，どちらも発生源に対する改変を前提としており，「排出削減システム」を発生源の外での対策まで広げるとの意図は示されていない。

　1977年改正，1990年改正でも「技術的な」（technological）の文言が追加，その後削除されたが，個別発生源での対策に変わりなく，それを超えた抑制対策へと広げてはいない。（詳細略）

C．これまでの EPA の慣行（要旨）

　「排出削減システム」と発生源それ自体の物理的・操業上の改変を結びつけるのは，EPA がこれまで§111（同条(b)項及び(d)項とも）に基づき行ってきた数多くの規則制定に示される歴史的な理解を反映している。

　EPA が§111(d)に関して最初に「排出削減システム」の解釈を示したのは，州の計画提出要件を定めた1975年であった。1970年改正法当時，州は既設施設に対する「排出基準」emission standard を設定すると定められ，その解釈として，州の排出基準が対象施設で実行可能な排出削減ベストシステムを反映していれば計画を承認する，これは，対策コストを考えれば新設施設の性能基準より厳しくないと説明していた。また，立法経緯として，連邦議会は技術ベースのアプローチを意図していたことが新設施設と同じ条文に置いたことからうかがわれる，としていた。こうして，1975年に，EPA は「排出削減システム」の解釈として，§111 (b)性能基準と§111(d)排出基準のどちらも技術ベースで，施設に焦点を当てていた。こうした議会が制定した時期に最も近い時期に示された歴史的解釈が，法文の最も適切な理解である。

D．法的コンテクスト（要旨）

　今回の提案は，広い法的コンテクストによっても補強される。§111(a)(1) は

対象施設を超えると解釈することは，新設施設性能基準より厳しいとされる§165
の最善の実行可能な抑制技術（BACT）として定めるよりも大きな排出削減を§111
で課すことになるという予期しない結果につながる可能性がある。BACT は，大規
模排出施設に対し，燃料のクリーン化等を含め，生産工程，実行可能な手法，シ
ステム，技術の適用を通じて達成される排出限界を求める。EPA は，一貫して排
出施設に適用される実行可能なすべての抑制オプションを包括するとしており，
発電をシフトするような発生源を超える抑制手法は含まれない。BACT が明らかに
発生源特定なのだから，それと法の文言上リンクする BSER も発生源特定と解釈
すべきである。

　CPP で，EPA は第4章酸性雨対策と州際越境大気汚染対策を発電部門での cap-
and-trade 実行可能性の証拠としているが，連邦議会は，cap-and-trade は第4章の
下に定め，「取引可能な許可」の利用は大気環境基準の実施のために位置付けてお
り，「排出削減システム」として発電シフトを正当化するため取引を認める権限を
暗黙に与えたであろうとは考えない。

E.　より広い政策的懸念（要旨）

　EPA は，CPP が発電シフトのような個別発生源を超えた対策に依存しているこ
とから生じうる重大な経済的・政治的意味合いを，州や規制を受ける業界その他
が指摘していることに留意する。これは，CPP の基礎にある解釈が，判例上の「明
白な表明」ルール（clear statement rule）に反するのではないかとの疑問を生じさ
せる。（すなわち，ある状況の下で，甚大な経済的・政治的意義をもちうる解釈に
ついては，連邦議会が行政機関にそうした権限を与える明白な表明が必要とする
考え方）[21]EPA としては，今回の提案が，既設化石燃料火力発電所からの CO_2 排
出に対する将来の規制がもたらしうる経済的・政治的帰結を大きく減少させるこ
とによって，連邦議会が当庁に権限を与える明白な表明がない中で，変革につな
がりうる経済的，政策的，政治的意義づけを避けるという意味で，この法理に抵
触しないようにする利点があるかについてコメントを求める。

F.　法的メモランダムの撤回（要旨）

　エネルギー部門に関する規制は，連邦エネルギー規制委員会（FERC）と州が実
施する。CPP が，この点に関し EPA の適切な役割と権限を超えていないか，
ここで提案する解釈が，FERC の権限と責任を侵害又は制限せず，州の役割を損な
わないような§111の理解を確保するか，についてコメントを求める。

---

(21)　Util. Air Regulatory Grp. v. EPA, 134 S. Ct. 2427, 2444 (2014)（quoting FDA v. Brown
　　& Williamson Tobacco Corp., 529 U.S. 120, 160 (2000)）を参照。

［環境法研究 第 8 号 (2018. 7)］

　この告示で提案する解釈と，大部分かつ基本的前提において抵触する次の二つの法的メモランダムの撤回を提案する。

　　・Legal Memorandum for Proposed Carbon Pollution Emission Guidelines for Existing Electric Utility Generating Units（規則案の関連文書）
　　・Legal Memorandum Accompanying Clean Power Plan for Certain Issues（最終規則の付属文書）

G. 結論（要旨）

　以上に述べた理由により，CPP を撤回し，同規則と付属法的メモランダムに示された法解釈を破棄することを提案する。

（3）規制影響分析の概要　（序文［IV］）

［IV］法令及び大統領令による審査

A. 大統領令12866：規制計画及び審査，並びに大統領令13563：規制及び規制審査の改善
（要旨）

　EPA は，この提案により避けられる対応コスト（回避コスト）と失われる便益（喪失便益）を2020, 2025, 2030年で分析した。同分析は，本提案の「規制影響分析」（RIA）に掲載され，大統領令12866に適合しており，登録文書簿で閲覧できる。

　2015年 CPP での RIA 結果を示すのに加え，今回の RIA では，二つの定量的アプローチを用いて CPP の効果の分析を行い，この撤回案による潜在的効果を示している。

　第 1 のアプローチは，2015年 RIA の透明性を高め，CPP の便益コスト評価の不確実性を示すための再計算を含む。すなわち，2015年 RIA の透明性を高めるため，エネルギー効率向上によるコスト節減をコストの減少ではなく便益として扱う。また，CPP の便益コスト評価に伴う不確実性をはっきりさせるため，代替アプローチを用いて，喪失便益の検討において付随便益 co-benefit と直接的便益を分け，幾つかの PM2.5濃度を想定して健康 co-benefit の不確実性を伴うネット便益への影響を示すべく検討する。その際，国内（グローバルでない）での炭素の社会的コストに焦点を当て，3 ％と 7 ％の割引率を用いる。さらに，市場条件と技術の変化が，CPP 達成のため州が実施する将来の対策にどのように影響するか，また CPP 撤回が潜在的便益とコストにどう影響するか，考察する。

　第 2 のアプローチは，米国エネルギー情報庁の2017年エネルギー見通し（Annual Energy Outlook AEO2017）を用いて近年の電力部門トレンドを示し，CPP 撤回案による喪失便益と回避コストの代替推計を行う。また，民間団体による CPP のコ

64

スト推計と CO_2 削減に関する調査をレビューし，撤回案に伴う不確実性についての理解を広げることをめざす。

今回の RIA では，回避コストについて，異なる計算枠組によって幾つかの異なる推計を示している。第1の推計は，2015年 RIA に示された推計を基礎に，エネルギー効率向上による節減をコスト削減でなく，便益として計算した。第2の推計は，AEO2017を用いた CPP 参照ケースと CPP なしケースを比較した。その際，需要側のエネルギー効率向上による電力需要低減の価格を，計算上はクレジット（負のコスト）として扱う。ただし，EPA は，AEO2017での需要サイドエネルギー効率向上のコスト節減を価格推計できないため，2015年 RIA での推計と AEO2017での推計を直接比較はできない。

喪失便益について，2015年 RIA ケースと AEO2017ケースからの CO_2 排出削減喪失を推計し，これによる国内での炭素の社会的コストの推算により，気候による便益の喪失を推計した。炭素の社会的コスト（social cost of carbon SCC）とは，ある年の CO_2 排出の変化による影響の貨幣価値を推計した数値である。この RIA では，国内で起こる気候変動の直接的影響に注目した。エネルギー効率向上によるコスト節減は便益とするので，ここでは喪失便益と推計される。また，この撤回案では，SO_2，NOx，粒子状物質の排出は削減されず，PM2.5とオゾン濃度の低下はない。RIA では将来の大気質変化に伴う健康 co-benefit の喪失の推計を示しており，PM 関連リスクに関する3つの想定によって喪失便益を推計した。Co-benefit 分析は，2015年 RIA ケースと AEO2017ケースからの SO_2 と NOx 排出削減の喪失推計によった。

異なる推計手法と割引率の適用による分析で，多くの数値が算出された。RIA に示された回避コスト，喪失便益，ネット便益を表1から表3にまとめた。

表1　2015年 CPP RIA（排出率ベース）からの喪失便益，回避コスト，ネット便益の貨幣評価

表2　2015年 CPP RIA（排出量ベース）からの喪失便益，回避コスト，ネット便益の貨幣評価

表3　AEO2017に基づく CPP 標準ケース及び CPP なしケースの比較

このほか，撤回案による CO_2 削減に関する回避コスト（この案では便益），喪失便益（この提案により生じる社会的コスト）を比較した表4と表5も示した。

表4　回避コスト，喪失国内気候便益，喪失需要サイドエネルギー効率便益，合計喪失便益

表5　AEO2017に基づく回避コスト，喪失国内気候便益

（表1と2の排出率ベースと排出量ベースは，2015年規則で州が作成する達成計画

［環境法研究　第 8 号（2018. 7）］

の目標として，排出率ベース（CO_2重量／MWh）又は排出量ベース（CO_2排出量）
の二通りを EPA が定めたことに対応している。表 1 と表 4 を以下に，表2, 3, 5 は
文末に参考資料 2 として示す。）

　このように前政権のコスト便益分析を検証し，撤回案による環境・健康・経
済効果の分析をアップデートすると，撤回案により2030年に最大で330億ドル
のコスト削減となる。前政権によるコスト便益の推計・分析には，多くの点で
不確実性が高く，論争がある。特に，次のような論争点，不確実性が含まれて
いる[22]。

　①　国内とグローバルな気候便益の対比
　　前政権は，米国のコストとグローバルな便益推計を比較しており，こうし
た便益推計に関する確立した経済的手法に従っていない。
　②　温室効果ガス以外の汚染物質に関する付随便益 Co-benefit
　　発電所からのその他汚染物質削減を重視して，本来の目標でない温室効果
ガス以外の汚染削減による便益を主張することで，CPP の真の正味コスト
を隠蔽している。
　③　エネルギーコストと節減の計算
　　エネルギー効率向上による結果を回避コストに計上して，この効果をコス
トから差し引くのでなく便益と考える適切な慣行に従うよりも相当に低いコ
スト推計としている。OMB の長年の前提条件を用いてコストと便益を計算
していれば，CPP のトータルなコストを正確に計算していたであろう。

（4）撤回案への反応

　公表された CPP 撤回案に対して，環境団体や環境派の州から大きな批判の
声が上がっている。Carol Browner 元 EPA 長官は，「これは産業界への利益供
与である。米国西部での山火事による大被害やメキシコ湾岸が 4 つの巨大ハリ
ケーンに襲われた時に，こうした決定は，とりわけシニカルである。」と述べた。
また，民主党系の州（New York，California，Massachusetts など）の司法長官は
訴訟提起を唱えている[23]。

　他方，産業界では撤回を歓迎しつつ，代替規則を制定すべきでないとの主張
と大幅に縮小した代替規則の制定を求める声がある。その背景に，CPP 制定

(22)　News Release EPA 10/10/2017
(23)　E&E News Greenwire, Climatewire October 10, 2017

表1　2015年 CPP RIA（排出率ベース）からの喪失便益，回避対策コスト，ネット便益の貨幣評価

(単位：10億ドル　2011年平価)

年	割引率	撤回の便益：回避対策コスト	撤回のコスト：喪失便益 低	撤回のコスト：喪失便益 高	撤回のネット便益 低	撤回のネット便益 高
喪失健康 Co-Benefits（PM2.5環境濃度のすべてのレベル）						
2020	3%	$3.7	$2.3	$3.4	$0.3	$1.4
2020	7%	$4.2	$1.9	$3.0	$1.2	$2.3
2025	3%	$10.2	$18.0	$28.4	▲$18.1	▲$7.8
2025	7%	$14.1	$16.2	$25.6	▲$11.5	▲$2.0
2030	3%	$27.2	$35.8	$55.5	▲$28.3	▲$8.6
2030	7%	$33.3	$32.2	$50.2	▲$16.9	$1.1
喪失健康 Co-Benefits（最低測定レベル以下では，PM2.5便益はゼロ）						
2020	3%	$3.7	$2.2	$2.8	$0.9	$1.5
2020	7%	$4.2	$1.9	$2.4	$1.8	$2.3
2025	3%	$10.2	$17.5	$20.7	▲$10.5	▲$7.3
2025	7%	$14.1	$15.7	$18.7	▲$4.6	▲$1.6
2030	3%	$27.2	$34.8	$40.7	▲$13.5	▲$7.6
2030	7%	$33.3	$31.3	$36.9	▲$3.6	$2.0
喪失健康 Co-Benefits（大気環境基準以下では，PM2.5便益はゼロ）						
2020	3%	$3.7	$1.7	$2.1	$1.5	$2.0
2020	7%	$4.2	$1.4	$1.8	$2.4	$2.8
2025	3%	$10.2	$11.4	$13.3	▲$3.1	▲$1.1
2025	7%	$14.1	$10.2	$12.1	$2.1	$4.0
2030	3%	$27.2	$23.0	$26.5	$0.7	$4.2
2030	7%	$33.3	$20.7	$24.1	$9.2	$12.7

(注) 喪失便益には，気候，エネルギー効率，大気質の便益を含む。ここで示す便益の幅は，PM に関連する早期死亡リスクについて3つの異なる仮定をおいたことを反映している。
－ PM2.5濃度のすべてのレベルで便益を仮定，最低測定レベル（Lowest Measured Level）以下では便益ゼロと仮定，大気環境基準（12μg/m³）以下では便益ゼロと仮定
－ LML には，二つの疫学調査に示された数値を使用（Krewski et al. 2009, LML ＝5.8μg/m³; Lepeule et al. 2012, LML ＝8μg/m³）

◯◯◯が，撤回による大きなコスト削減効果を強調した箇所。

［環境法研究　第8号（2018. 7）］

表4　回避対策コスト，喪失国内気候便益，喪失需要サイドエネルギー効率便益，喪失汚染対策便益合計

（単位：10億ドル　2011年平価）

年	割引率	回避対策コスト	喪失国内気候便益	喪失需要サイドエネルギー効率便益	喪失汚染対策便益合計
排出率ベース					
2020	3%	$3.7	$0.4	$1.2	$1.6
	7%	$4.2	$0.1	$1.2	$1.3
2025	3%	$10.2	$1.4	$9.2	$10.6
	7%	$14.1	$0.2	$9.2	$9.4
2030	3%	$27.2	$2.7	$18.8	$21.5
	7%	$33.3	$0.5	$18.8	$19.3
排出量ベース					
2020	3%	$2.6	$0.4	$1.2	$1.6
	7%	$3.1	$0.1	$1.2	$1.3
2025	3%	$13.0	$1.6	$10.0	$11.6
	7%	$16.9	$0.3	$10.0	$10.3
2030	3%	$24.5	$2.7	$19.3	$22.0
	7%	$30.6	$0.5	$19.3	$19.8

（注）喪失汚染対策便益合計は，喪失国内気候便益と喪失需要サイドエネルギー効率便益の合計

の根拠となった2009年のEPA危険認定判断をめぐる議論（その破棄を求めるか否か）があり，撤回だけでは，いずれ訴訟により規則制定が求められると予想されている。

　連邦上院環境公共事業委員会のJohn Barrasso委員長（共和党Wyoming）は，この提案を歓迎，プルイットと新たな政策作りに協力したいとした。同委員会民主党トップのTom Carper議員（Delaware）は，「トランプとプルイットは歴史の誤った側にいる」と非難した[24]。

（5）規制影響分析（RIA）の適否，炭素の社会的コストをめぐる論議

　撤回案については，主たる論点である合法性のほかに，撤回を正当化するため今回のRIAに示されたコスト便益分析の適否が論議の的となっている。

　上述の民主党Carper上院議員と18人の議員は，EPA長官あてに書簡（10月

2　米国大気清浄法に基づく火力発電所炭素排出規則のトランプ政権下での見直しと訴訟の動向〔石野耕也〕

26日付け）を送り，2017撤回案は，2015規則による産業界のコストを過大評価し，2017案による喪失便益を過小評価するような数学的手品を用いているとし，今回のコスト便益分析に関する全ての関連文書 ── e-mail，メモ，会議記録，相互連絡を含む ── の提出を求めた。その中で，特に次の点に問題ありと指摘した[25]。

・WHO が微小粒子汚染は極めて低濃度でも健康影響があるとしているのに，撤回案では，ある閾値以下では健康影響なしとして，2015年規則では2030年までに健康co-benefit を140〜340億ドル，早期死亡の防止3600人と認めたのを，13〜45億ドル，120〜420人へと大きく減らしている。
・2015年規則が対応コストを2030までに51〜84億ドルの間と予測したのに，2017案では2030年までに最大333億ドルと4倍に増やしている。これは，エネルギー効率向上によるコスト節減をコスト項目で評価しないことで，意図的に対応コストを水増ししている。
・2015年規則が気候便益として2030年までに200億ドルと予想したのに，2017案ではわずか5〜27億ドルとしている。これは，2017案が，長年の議論と審査を経て開発してきた手法から離れ，国内での被害に限定したこと，かつ気候変動による被害コストを2015年規則に含まれたものより97％低く見たことによっている。
・2017案は，電力部門で2015年規則に対応する上で著しく進歩があったこと，2015年最終規則後に対応コストが大きく低下したことに関する調査とデータを採り入れていない。

　これに加え，今回の RIA との関連で，炭素の社会的コスト（SCC）をどう分析評価すべきかが重要な争点として浮上している。民主党の Whitehouse 上院議員（Rhode Island）はじめ7人の議員が会計検査院（Government Accountability Office GAO）宛てに書簡（12月5日付け）を送り，炭素の社会的コストについて分析を行うよう求め，これに対し，GAO は次月以降，レビューを開始すると表明した[26]。

　同書簡は，規制影響分析と SCC の現状と問題について，次のように要約し

---

(24)　同上。
(25)　Carper 議員ほかから EPA 長官宛て書簡10/26　E&E News Climatewire October 27, 2017
(26)　Whitehouse 議員ほかから会計検査院長官宛て書簡12/5　E&E News Greenwire December 21, 2017

［環境法研究 第 8 号（2018. 7）］

ている。
・各種法令，OMB 指針により連邦政府が行う規制影響分析は，被規制側，省庁，連邦議会，一般人に対し重要な情報を提供している。
・2008年の連邦控訴裁判所判決は，高速道路運輸安全庁が，軽量トラック燃費基準に関するコスト分析で炭素排出削減の便益を含めなかったのを，エネルギー政策保全法違反と判断し，炭素の社会的コストの貨幣評価額―二酸化炭素の排出増加による正味の損害のドル価値―が存することを認めた。2009年に，各省庁で異なる SCC 指針について，大統領府が組織した省庁間ワーキング・グループは，政府が用いる SCC 指針を検討，2010年指針で最終的な推計を発表した。その後，同グループは指針を改定し，メタンと亜酸化窒素による損害も推計した。連邦裁判所は，省庁のこれら推計利用を支持し，国立アカデミーもグ同ループに対し，概ね 5 年ごとの SCC 推計のアップデートと最新の科学的知見との適合など，作業の改善を勧告した。
・会計検査院の2014年報告は，ワーキング・グループの当初推計では，合意に基づく意思決定，既存の文献とモデルによりつつ，限界を公表し，新たな情報を取り入れたと指摘した。同年，会計検査院の環境規制に関する報告では，OMB が，ワーキング・グループの指針文書と便益・コストの体系的評価手法を定める OMB 回章 A― 4 との関係について検討するよう勧告された。
・2017年 3 月の大統領令13783は，同ワーキング・グループを解散し，SCC 指針文書を撤回し，規制による温室効果ガス排出の変化の貨幣評価には OMB 回章 A― 4 によることを指示した。その結果，CPP 撤回案での規制影響分析案では，SCC を2020年価格でトン当たり約45ドルから 1 ドルへと大きく減価させている。

　その上で，会計検査院が本件に関するこれまでの蓄積を踏まえ検討するよう要請し，特に次の疑問点について回答することを求めている。
・各州及び他の国は，どの程度 SCC の推計を開発し及び／又は利用しているか。それらの推計と利用に，どのような違いがあるか。
・メタンと亜酸化窒素などの温室効果ガスによる SCC の推計は，どの程度開発され及び／又は利用されているか。
・気候関連規制で，トランプ政権が初期設定である割引率 3 ％から 7 ％へと変更したことを基礎づけるどのような正当化理由を用いたのか。
・SCC 評価で，異なる割引率の利用を基礎づけるどのような理論的根拠の進展があったのか。割引率が利子率や経済成長率など変動要因に基づくとして，定期的に見直されるべきか。

　こうした炭素の社会的コストをめぐっては，新たな調査研究によりオバマ政

権時代の推計ですら低すぎるとの報告がなされている。その一つ，カリフォルニア大学 Davis 校の環境経済学専門家 Frances Moore らによる研究では，CO_2濃度が高くなれば植物への施肥効果もあるが，近年の調査研究では高温による負の影響の方が大きく，将来，農業はこれまでの推計よりはるかに大きな損害を受けると想定される。これを考えると，SCC は著しく高くなる[27]。オバマ政権下では，SCC を約＄36／CO_2トンと推計していたが，現政権は貨幣評価手法を改めることで＄1～6／トンへと大きく引き下げた。しかし，多くの科学者は，オバマ政権時代の推計でも気候変動による影響について時代遅れの仮定に依拠しており，SCC の推計は低すぎるとしている[28]。また，国立科学・工学・医学アカデミーの報告書でも，SCC はその基礎にある科学的知見のアップデートによって影響を受けるので，計算手法の改善が必要であり，評価手法を最新の気候科学の知見を反映するように見直すべきことを提言している[29]。

（6）その後の訴訟の動き

撤回案の公表と同時に，EPA は，D.C. 控訴裁判所に審理の無期限休止を申し立てた。これに対し，環境団体は申立ての理由は不十分で，撤回案を公表したことで裁判所の判断を阻止したいだけ，代替規則制定の事前告知の予定も不明であり，本件は公衆の健康と福祉を守る法的義務にかかっていること，最高裁が温室効果ガス汚染を削減する EPA の権限と責任を認めて（2007年判決）から10年を経過していることなどを根拠に，EPA 申立を拒否し，判決を下すべきである，もし認めるとしても120日を超えない期限付き，定期的報告も命じるべきである，と申し立てた[30]。同裁判所は，11月9日に前回と同じ内容で3回目の休止延長を決定した[31]。

[27] "New science of climate change impacts on agriculture implies higher social cost of carbon", Frances Moore, Uris Baldos et al., November 20, 2017 Nature Communications 8, http://www.nature.com/articles/s41467-017-01792-x E&E News Climatewire November 22, 2017

[28] E&E News Climatewire November 22, 2017

[29] "Valuing Climate Damages -Updating Estimation of the Social Cost of Carbon Dioxide" National Academies of Science, Engineering and Medicine 2017 https://doi.org/10.17226/24651

[30] RESPONDENT-INTERVENOR PUBLIC HEALTH AND ENVIRONMENTAL ORGANIZATIONS' RESPONSE TO RESPONDENT'S OCTOBER 10, 2017 STATUS REPORT Document #1699441 10/17/2017

［環境法研究 第8号（2018. 7）］

規則撤回案の公示後，EPA はコメントを受け付け，11月末から公聴会を開始しており，莫大な数のコメントが寄せられ，公聴会で激しい議論がなされると予想されている[32]。

IV 規則提案事前告知の公表，その後

（1）代替規則提案の事前告知

撤回案公表後，EPA が次の提案を行うのか，いつになるか注目されていたが，控訴裁判所が定めた審理休止期限内である12月18日に規則提案事前告知が公表された。（官報公示12月28日）[33]

これは，具体的規則案を示す告知ではなく，I. 事前告知の意味，II. 背景，III. 大気清浄法 §111(d) に基づく法令上の枠組，IV. GHG 排出削減の実行可能なシステム，V. その他の規制対策との連携，について説明し，広くコメントを募っている。（官報版で13頁）

告知において，EPA は，既設発電施設からの温室効果ガス排出抑制ガイドライン作成を検討中であり，そのため，州と EPA の適切な役割分担とは，撤回案に示した法解釈の下で既設施設において／に対して適用する排出削減ベストシステムとは，どのような排出削減システムが実施可能かつ適切か，既設施設からの温室効果ガス排出規制を定める他の措置―例えば既設施設の再築・改変の場合に新設施設となるかレビューする規則―との相互関係，その他について，コメントを求める，としている[34]。これは，あくまで個別施設ごとの排出規制によってどこまで削減が可能かを検討する立場からコメントを求めている。North Carolina 州が CPP 規則対応で検討していた施設レベルでの排出基準を，一つの有用な例になりうるとして挙げているが，炭素削減には役立たない偽物との批判もあり，この時点で EPA が期待する選択肢かは不明と見られている[35]。

---

(31) E&E News Greenwire November 10, 2017

(32) E&E News Climatewire November 27-29, 2017

(33) E&E News Climatewire December 18-19, 2017

(34) ANPRM State Guidelines for Greenhouse Gas Emissions from Existing Electric Utility Generating Units EPA 12/18/2017 82FR61507 December 28, 2017

(35) E&E News Climatewire December 19, 2017

（2）この1年とその後

2017年は，トランプ政権が前政権の環境政策を全面的に見直し，撤回等に向けた動きを始めた初年であった。その主役はプルイットEPA長官で，大統領府と一体で環境規制の見直しを進めた。その核心は火力発電所炭素排出規則CPPにあり，その撤回案の公示，代替規則提案の予告がなされた。

その過程で，6月1日にトランプ大統領はパリ協定からの離脱を宣言した。大統領選挙では，政権発足初日に脱退と公言していたが，政権内部で深刻な意見対立があり，G7サミット終了後の表明となった。離脱声明では，排出削減の負担の大きさと国内エネルギー政策への外国の干渉から米国経済を守るため必要と述べ，米国に有利なら再交渉もありうるとしたが，その実体は反環境派の筆頭EPA長官とBannon主席戦略官（当時）の意見に従ったもので，国内の支持層向けの政治的ポーズであった[36]。パリ協定上，正式な脱退表明は2019年11月以降，その発効はさらに1年後とされ，直ちに脱退とはならない。この表明に対し，ドイツ，フランスなど世界各国，ビジネス界からも非難声明が出され，国内でも，ニューヨーク，カリフォルニア，ワシントン州など9つの州，125の都市，多数の有力企業と投資家，大学が合意して温室効果ガス削減の国際公約を果たす動き（We Are Still In）が伝えられている[37]。11月ボンで開かれたCOP23においても，大きな米国パビリオンでカリフォルニア州知事や気候変動対策を重要なビジネス機会として取り組む企業グループが積極的な姿勢を世界にアピールした。

このままであれば今後，米国は，国際的孤立化，巨大なビジネス機会の喪失，国際的リーダーシップの失墜，国力の衰退と国際的地位の低下につながっていくことが懸念される。

国内規則の見直しに対しては，環境団体や環境派の州などが訴訟で争い，その決着にはさらに数年以上かかると見られている。EPA内部では，予算の削減と多数の職員の退職が続いている[38]。これまでの撤回案や規則提案告知も，

---

(36) E&E News Greenwire June 1, 2017

(37) E&E News Greenwire May 31, Climatewire June 2, 5, Energywire June 7, 2017

(38) E&E News Climatewire　December 22, 2017　New York Times と ProPublico の調査では，トランプ大統領就任から9月末までに700人以上がEPAを退職した。そのうち200人以上が科学者であった。トランプ政権は，EPA定員の20％―3,200人―削減を目標としている。これはレーガン政権下でのレベルに相当し，これまでの退職者は，ほぼその4分の1に当たる。

［環境法研究　第8号（2018.7）］

冗長だが内容に乏しく，なすべき政策論が欠落し，産業界寄りに偏った規制影響分析など，真に合理性と説得力ある判断・提案をまとめるだけの能力があるのか疑問に思われる。

　環境団体等が求めている D.C. 控訴裁判所の判断がどうなるか，2018年秋の中間選挙の動向，加えてプルイット長官の不正な職務執行の報道[39]，その辞任を公然と求める声の高まり[40]など，今後も曲折した動きが続くと予想される。

　（追記）本稿は，2018年2月に脱稿した。その後，CPP 撤回案へのコメント提出（期限4月26日），各地での公聴会がなされたが，改定案に関する表出った動きは伝えられていない。他方で，プルイット長官の不正を追求する声はさらに高まりつつある。（6月校正時点）

---

(39)　Environmental Defense Fund News 12/20, 12/27, 2017　EPA では，プルイット長官に批判的な内部の職員を調べるため依頼者の政敵に関する調査専門の会社と12万ドルの随意契約を締結，長官室に防音設備の電話ブースの設置，隠された盗聴装置の捜索，指紋認証錠前の装着のために経費が支出されたとの報道がなされた。

(40)　Thomas H. Kean「トランプは EPA のプルイットを解雇すべきだ」New York Times November 28, 2017掲載オピニオン。Kean 氏は，元共和党の New Jersey 州知事，現在は Environmental Defense Fund 副理事長。

2 米国大気清浄法に基づく火力発電所炭素排出規則のトランプ政権下での見直しと訴訟の動向〔石野耕也〕

（参考資料 1 ） エネルギー自立と経済成長推進の大統領令
（Executive Order 13783 of March 28, 2017）

第 1 条　政策
(a) 国内のエネルギー資源をクリーンで安全に開発するとともに，エネルギー生産を不必要に妨げ，経済成長を抑え，雇用創出の障害となる規制の障害を除くことは，国益である。これら天然資源の賢明な開発は，国の地政学的安全保障を確保する上で不可欠である。
(b) 国内の電気が適正価格で，信頼性があり，安全・安心，かつクリーンであり，石炭，天然ガス，原子力，水力，その他の再生資源を含む国内資源から生み出されることは，国益である。
(c) このため，行政省庁が，国産エネルギー資源の開発・利用の支障となりうる現行規則を直ちに見直し，それら資源開発に対して公共の利益の保護又は法の順守に必要な程度を越えて不当な支障となっている規則を，適切に停止，改定又は撤回することは，国の政策である。
(d) 全省庁が法の認める範囲で，国民のため清浄な大気，水を確保するため適切な措置を講じるとともに，それに関し憲法の下で連邦議会と州の適切な役割を重んじることも，国の政策である。
(e) さらに，必要かつ適切な環境規制が，法律に適合し，できる限りコストより大きな便益となり，国民のため環境改善につながり，最善の専門審査を受けた科学と経済学を用いた透明なプロセスによって展開されることも，国の政策である。

第 2 条　国産エネルギー資源の安全で効率的な開発に支障となりうる全ての行政措置の速やかな見直し
(a) 各省庁の長官は，国産エネルギー資源 ── とりわけオイル，天然ガス，原子力資源 ── の開発・利用の支障となりうる規則，命令，指示書，政策，その他同様の行政措置 (以下，行政措置) のすべてについて，見直さなければならない。(略)
(b) この命令において，「支障」とは，エネルギー資源の立地，許可，生産，利用，運搬又は配達に対し，不必要な障害となり，遅らせ，妨げ又は大きなコストを課すことをいう。
(c) この命令の公布後45日以内に，(a)項に定める行政措置を有する各省庁の長官は，同項に従った見直しを行うための計画を作成し，行政管理予算局 OMB 長官に提出しなければならない。同計画は，副大統領，大統領経済政策補佐官，大統領国内政策補佐官，環境諮問委員会委員長にも送付するものとする。(略)
(d) この命令の公布後120日以内に，各省庁の長官は，(a)項の定めに従った措置の詳細に関する最終報告案を作成し，副大統領，OMB 長官，大統領経済政策補佐官，大統領国内政策補佐官，環境諮問委員会委員長に提出しなければならない。同報告には，国産エネルギー生産の支障となる行政措置の問題を，法の認める範囲内で緩和又は解消するための具体的対応策を含めるものとする。
(e) 上記報告は，この命令の公布後180日以内に，OMB 長官が報告案を送付された他の行政官との協議のうえ期限延長しない限り，最終報告にまとめなければならない。

［環境法研究 第8号（2018. 7）］

(f) （OMB 長官による対応策の調整　略）
(g) (e)項に定める最終報告に具体的対応策が示された省庁の行政措置について，当該省庁の長官は，可及的速やかに，適切かつ適法な停止，改定，撤回，又はそれらの停止，改定，撤回に向けた告知とコメントのため規則提案を行わなければならない。（略）

第3条　エネルギー及び気候に関連する特定の大統領令及び規制措置の撤回
(a) 次の大統領による措置は，取り消す。
　(i) 大統領令13653 November 1, 2013（気候変動による影響への対応）
　(ii) 大統領メモランダム June 25, 2013（発電部門炭素汚染基準）
　(iii) 大統領メモランダム November 3, 2015（開発及びこれに関連する民間投資の促進による自然資源への影響の軽減策）
　(iv) 大統領メモランダム September 21, 2016（気候変動及び国家安全保障）
(b) 次の報告書は撤回することとする。
　(i) 大統領府報告書 June 2013（大統領の気候行動計画）
　(ii) 大統領府報告書 March 2014（メタン排出削減の気候行動計画戦略）
(c) 環境諮問委員会は，その指針「国家環境政策法による審査における温室効果ガス排出及び気候変動の影響への配慮に関する最終指針」（告知81 FR 51866（August 5, 2016））を撤回するものとする。
(d) すべての省庁の長官は，(a)の大統領措置，(b)の報告書，(c)の最終指針に関連し又はそれに基づく現行の行政措置を明らかにする。各省庁は，可及的速やかに，当該措置について適切かつ法及び第1条に定める政策に従って停止，改定，撤回，又はそれらの停止，改定，撤回に向けた告知とコメントのため規則提案を行わなければならない。

第4条　EPA の Clean Power Plan 並びに関係規則及び行政措置の見直し
(a) EPA 長官は，本条(b)(i)及び(b)(ii)に定める最終規則，並びにこれらに従った規則及び指針について，第1条に定める政策への適合性の観点から見直すためのすべての手続を直ちに行い，かつ適切であれば，可及的速やかに，当該指針の停止，改定，撤回，又は当該規則の停止，改定，撤回に向けた告知とコメントのため規則提案を行わなければならない。さらに，長官は，本条(b)(iii)に定める規則案について，見直すためのすべての手続を直ちに行い，かつ適切であれば，可及的速やかに，当該規則案の改定又は撤回を決定しなければならない
(b) 本条は，次の最終規則又は規則案に適用する。
　(i) 「既設施設からの炭素汚染排出ガイドライン：発電施設」最終規則80 FR 64661（October 23, 2015）（Clean Power Plan）
　(ii) 「新設，改築，再築施設からの温室効果ガス排出の性能基準：発電施設」最終規則80 FR 64509（October 23, 2015）
　(iii) 「2014年1月8日以前に設置された発電施設からの温室効果ガス排出に関する連邦計画要件；排出取引モデル規則；枠組み規則の改定；規則案」80 FR 64966（October 23, 2015）
(c) 長官は，Clean Power Plan と一体で公表された「Clean Power Plan の個別論点に

関する補足法的メモランダム」について，見直しを行い，かつ適切であれば，可及的速やかに，その停止，改定又は撤回のため，適切かつ適法な法的措置を行わなければならない。

(d) 長官は，司法長官が，本条（b）項に定める規則に関し継続中の訴訟の管轄裁判所に対し，この大統領令及び関連措置について適切に告知するよう，及びその裁量により，裁判所に対し，（a）項に定める行政措置が終了するまで，当該訴訟審理を停止し又は今後遅らせ，あるいはこの大統領令と整合するその他適切な軽減措置を求めるよう，当該規則に関しこの大統領令に従って長官が行った措置を司法長官に速やかに通知しなければならない。

第 5 条　規制影響分析（Regulatory Impact Analysis）のための炭素，亜酸化窒素，メタンによる社会的コスト推計の見直し

(a) 規制に関する適正な意思決定を確保するには，省庁が規制の分析において最善の科学と経済学に基づくコストと便益の推計を用いることが不可欠である。

(b) 大統領経済諮問委員会 Council of Economic Advisers と OMB 長官が設置した温室効果ガスの社会的コストに関する省庁間ワーキング・グループ Interagency Working Group on Social Cost of Greenhouse Gases (IWG) は，解散する。IWGがとりまとめた次の文書は，もはや政府の政策を代表するものではなく，撤回する。

  (i) 技術的補強文書：大統領令12866（February 2010）による規制影響分析における炭素の社会的コスト

  (ii) 規制影響分析における炭素の社会的コストの技術的アップデート（May 2013）

  (iii) 規制影響分析における炭素の社会的コストの技術的アップデート（November 2013）

  (iv) 規制影響分析における炭素の社会的コストの技術的アップデート（July 2015）

  (v) 炭素の社会的コストに関する技術的補強文書の追補：メタンの社会的コスト及び亜酸化窒素の社会的コストの推計手法の応用（August 2016）

  (vi) 規制影響分析における炭素の社会的コストの技術的アップデート（August 2016）

(c) 規制による温室効果ガス排出の変化の貨幣換算においては，国内影響と国際影響の比較考量及び適切な割引率の考慮を含め，各省庁は，法に適合する限り，査読とパブリックコメントを受けて作成され10年以上規制によるコスト便益分析の最善実例として認められている，September 17, 2003の OMB 回章 A─ 4 （規制分析）に示される指針に従った推計を行うこととする。

第 6 条　連邦所管地における石炭リース・モラトリアム

　内務長官は，January 15, 2016の長官令3338（連邦石炭対策の現代化を図るための裁量による計画環境影響評価書）を改定又は撤回し，同令に関連する連邦所管地での石炭リース業務のモラトリアムをすべて解除するため，必要かつ適切なすべての手続きを行わなければならない。長官は，適用されるすべての法律と規則に従い，連邦所管地石炭リース業務を始めなければならない。

［環境法研究 第 8 号 (2018. 7)］

第 7 条 米国内の石油及びガス開発に関する規則の見直し
(a) EPA 長官は,「石油及び天然ガス部門：新設, 再築及び改築発生源の排出基準 (81FR35824 June 3, 2016)」の最終規則及びこれに基づく規則と指針について, 第 1 条に定める政策に適合するか見直し, 適切であれば, 可及的速やかに指針を停止, 改定, 撤回し, 又は規則の停止, 改定, 撤回に向けた告知とコメントのための提案を行わなければならない。
(b) 内務長官は, 次の最終規則及びこれに基づく規則と指針について, 第 1 条に定める政策に適合するか見直し, 適切であれば, 可及的速やかに指針を停止, 改定, 撤回し, 又は規則の停止, 改定, 撤回に向けた告知とコメントのための提案を行わなければならない。
  (i)「石油及びガス：連邦所管地及びインディアン部族地における水圧破砕」最終規則80FR16128 (March 26, 2015);
  (ii)「一般規則及び連邦以外の石油・ガス採掘権」最終規則81FR77972 (November 4, 2016);
  (ii)「連邦以外の石油・ガス採掘権の管理」最終規則81FR79948 (November 14, 2016); 及び
  (iv)「廃棄物未燃防止, 使用料支払い生産及び資源保全」最終規則81FR83008 (November 18, 2016)
(c) EPA 長官又は内務長官は, 司法長官が, 本条 (a) 項及び (b) 項に定める規則に関し継続中の訴訟の管轄裁判所に対し, この大統領令及び関連措置について適切に告知するよう, 及びその裁量により, 裁判所に対し, (a) 項及び (b) 項に定める行政措置が終了するまで, 当該訴訟審理を停止し又は今後遅らせ, あるいはこの大統領令と整合するその他適切な軽減措置を求めるよう, 当該規則に関しこの大統領令に従ってそれぞれの長官が行った措置を司法長官に速やかに通知しなければならない。

第 8 条 雑則
(a) この大統領令は, 次の権限等に制限又はその他影響を及ぼすものと解してはならない：
  (i) 法律により行政省庁又はその長に与えられた権限
  (ii) 行政管理予算局長官の予算, 行政又は立法の提案に関連する職権
(b) この大統領令は, 適用法令に従い, 支出予算の枠内で実施されなければならない。
(c) この大統領令は, いかなる者に対しても, 米国, その省や庁, 機構, それらの公務員, 職員, 代理人, その他の個人に対する, 実体的若しくは手続的, 又は普通法若しくは衡平法上のいかなる権利や便宜を与えることを意図し又は与えるものではない。

Donald J. Trump

ホワイト・ハウス
March 28, 2017

2 米国大気清浄法に基づく火力発電所炭素排出規則のトランプ政権下での見直しと訴訟の動向〔石野耕也〕

（参考資料２）規則撤回案のⅣＡに引用された回避コストと喪失便益に関する表２，
　　　　　　 ３，５

表2　2015年 CPP RIA（排出量ベース）からの喪失便益，回避対策コスト，ネット便益の貨幣評価

（単位：10億ドル　2011年平価）

年	割引率	撤回の便益：回避対策コスト	撤回のコスト：喪失便益		撤回のネット便益	
			低	高	低	高
喪失健康 Co-Benefits（PM₂.₅環境濃度のすべてのレベル）						
2020	3%	$2.6	$3.6	$6.4	▲ $3.8	▲ $1.0
	7%	$3.1	$3.1	$5.6	▲ $2.5	$0.0
2025	3%	$13.0	$18.7	$28.8	▲ $15.8	▲ $5.7
	7%	$16.9	$16.7	$26.0	▲ $9.1	$0.2
2030	3%	$24.5	$33.8	$50.1	▲ $25.7	▲ $9.3
	7%	⟨$30.6⟩	$30.4	$45.5	▲ $14.8	$0.2
喪失健康 Co-Benefits（最低測定レベル以下では，PM₂.₅便益はゼロ）						
2020	3%	$2.6	$3.5	$4.4	▲ $1.8	▲ $0.9
	7%	$3.1	$2.9	$3.8	▲ $0.7	$0.2
2025	3%	$13.0	$18.2	$21.6	▲ $8.5	▲ $5.2
	7%	$16.9	$16.3	$19.5	▲ $2.5	$0.7
2030	3%	$24.5	$32.9	$38.1	▲ $13.7	▲ $8.4
	7%	⟨$30.6⟩	$29.7	$34.7	▲ $4.0	$0.9
喪失健康 Co-Benefits（大気環境基準以下では，PM₂.₅便益はゼロ）						
2020	3%	$2.6	$1.8	$2.4	$0.2	$0.8
	7%	$3.1	$1.5	$2.0	$1.1	$1.7
2025	3%	$13.0	$12.4	$14.6	▲ $1.6	$0.6
	7%	$16.9	$11.1	$13.2	$3.7	$5.9
2030	3%	$24.5	$23.3	$26.6	▲ $2.1	$1.2
	7%	⟨$30.6⟩	$21.0	$24.2	$6.4	$9.6

（注）喪失便益には，気候，エネルギー効率，大気質の便益を含む。ここで示す便益の幅は，PM に関連する早期死亡リスクについて３つの異なる仮定をおいたことを反映している。
　　－PM₂.₅濃度のすべてのレベルで便益を仮定，最低測定レベル（Lowest Measured Level）以下では便益ゼロと仮定，大気環境基準（12μg/m³）以下では便益ゼロと仮定
　　－LML には，二つの疫学調査に示された数値を使用（Krewski et al. 2009, LML ＝5.8μg/m³; Lepeule et al. 2012, LML ＝8μg/m³）

　　⟨⟩が，撤回による大きなコスト削減効果を強調した箇所。

［環境法研究 第 8 号（2018. 7）］

表 3　AEO2017に基づく CPP 標準ケース及び CPP なしケースの比較

（単位：10億ドル　2011年平価）

年	割引率	撤回の便益：回避対策コスト	撤回のコスト：喪失便益		撤回のネット便益	
			低	高	低	高
喪失健康 Co-Benefits（PM$_{2.5}$環境濃度のすべてのレベル）						
2020	3%	▲$0.3	▲$0.5	▲$0.2	▲$0.2	$0.1
	7%		▲$0.5	▲$0.2	▲$0.1	$0.1
2025	3%	$14.5	$9.0	$19.6	▲$5.0	$5.5
	7%		$7.2	$16.9	▲$2.3	$7.3
2030	3%	$14.4	$20.6	$44.9	▲$30.6	▲$6.3
	7%		$16.8	$39.0	▲$24.6	▲$2.5
喪失健康 Co-Benefits（最低測定レベル以下では，PM$_{2.5}$便益はゼロ）						
2020	3%	▲$0.3	▲$0.2	▲$0.1	▲$0.2	▲$0.2
	7%		▲$0.2	▲$0.2	▲$0.2	▲$0.1
2025	3%	$14.5	$8.4	$11.5	$3.1	$6.1
	7%		$6.7	$9.6	$5.0	$7.8
2030	3%	$14.4	$19.3	$25.8	▲$11.4	▲$4.9
	7%		$15.6	$21.7	▲$7.3	▲$1.3
喪失健康 Co-Benefits（大気環境基準以下では，PM$_{2.5}$便益はゼロ）						
2020	3%	▲$0.3	$0.1	$0.2	▲$0.5	▲$0.5
	7%		$0.0	$0.1	▲$0.5	▲$0.4
2025	3%	$14.5	$2.0	$3.6	$10.9	$12.6
	7%		$0.9	$2.5	$12.0	$13.7
2030	3%	$14.4	$4.0	$7.3	$7.1	$10.4
	7%		$1.8	$5.0	$9.4	$12.6

表 5　AEO2017に基づく回避対策コスト，喪失国内気候便益

（単位：10億ドル　2011年平価）

年	割引率	回避対策コスト	喪失国内気候便益
2020	3%	▲$0.3	$0.1
	7%		$0.0
2025	3%	$14.5	$1.3
	7%		$0.2
2030	3%	$14.4	$2.5
	7%		$0.4

2 米国大気清浄法に基づく火力発電所炭素排出規則のトランプ政権下での見直しと訴訟の動向〔石野耕也〕

（参考資料3）会計検査院長官宛て Whitehouse 上院議員ほかからの書簡（2017年12月5日）

米国会計検査院長官 Gene L. Dodaro 殿

　我々は，会計検査院が炭素の社会的コストについて分析するよう書簡にて要請申し上げる。様々な法律，命令，OMB指針が，連邦政府に対し，規制提案による便益とコストの分析を指示している。これら規制影響分析は，規制を受ける主体，省庁，連邦議会，一般人に対し，規制による潜在的な効果について重要な情報を提供している。

　2008年に，連邦控訴裁判所は，高速道路運輸安全庁が，軽量トラックの燃費基準に関するコスト分析において炭素排出削減の便益を含めなかったことは，エネルギー政策保全法に違反していると判断した。裁判所は，炭素の社会的コストの貨幣による評価額 ── 二酸化炭素の排出増加による正味の損害のドル価値 ── が存することを指摘している。2009年に，各省庁で異なった SCC 指針を用いていることから，大統領府が省庁間ワーキング・グループを組織して政府が用いる SCC 指針を策定し，2010年指針として最終的な推計を発表した。その後，同ワーキング・グループは何度か指針を改定し，併せて温室効果ガスのメタンと亜酸化窒素の排出増加による損害も推計した。連邦裁判所は，省庁がこれら推計を用いることを支持した。これに加え，国立アカデミーも同ワーキング・グループに対し，概ね5年ごとに SCC 推計をアップデートして最新の科学的知見と適合させるなど，作業を改善するよう勧告した。

　会計検査院の2014年報告では，ワーキング・グループが当初推計の作成に当たり，合意に基づく意思決定に従い，既存の学術文献とモデルに大きく依拠し，限界を公表するとともに新たな情報を取り入れる手続きを経たことが指摘された。同年，会計検査院は環境規制に関する報告を公表し，OMB がワーキング・グループの指針文書と連邦省庁による便益・コストの体系的評価手法を定める OMB 回章 A-4 との関係について検討するよう勧告した。

　2017年3月，大統領令13783により，同ワーキング・グループは解散させられ，その SCC 指針文書は政府の政策を示すものではないとして撤回された。同令は，省庁に対し規制による温室効果ガス排出の変化を貨幣評価する際には OMB 回章 A-4 によるべきことを指示した。その結果，CPP の撤回規則案での規制影響分析原案では，SCC を2020年価格でトン当たり約45ドルから1ドル（いずれも2011年ドル平価）へと大きく減価させる数値が含まれている。

　我々は，会計検査院が，本件に関するこれまでの蓄積を検討，報告するよう要請する。とりわけ，次の疑問点について回答することを求める。
　①各州は，どの程度まで SCC の推計を開発し及び／又は利用しているか。それら

［環境法研究 第8号（2018.7）］

の推計と利用に，どのような違いがあるか。

②他の国は，どの程度までSCCの推計を開発し及び／又は利用しているか。それらの推計と利用に，どのような違いがあるか。

③メタンと亜酸化窒素のような他の温室効果ガスによるSCCの推計は，どの程度まで開発され及び／又は利用されているか。

④気候に着目する規制について，トランプ政権が，初期設定である割引率3％から7％へと変更したことを基礎づけるどのような正当化理由を用いたのか。

⑤SCCの評価について，異なる割引率を用いることを基礎づけるどのような理論的根拠の進展があったのか。割引率が利子率や経済成長率のような変動要因に基づくとして，それらは定期的に見直されるべきであるか。

Sheldon Whitehouse 上院議員　ほか6上院議員

◆ 3 ◆

気候変動時代の環境法の課題

下 村 英 嗣

I　は じ め に
II　気候変動の影響と適応
III　気候変動時代の環境法
IV　気候変動に対する環境法の適応能力
V　気候変動に適応するための環境法の主な課題
VI　むすびにかえて ── 将来の展望

［環境法研究 第8号（2018.7）］

Ⅰ　は じ め に

　今年は桜の開花・満開が例年よりも早く，地球温暖化（気候変動）の影響が危惧された。気候変動対策には，温室効果ガスの排出削減と吸収を目的とした緩和と，影響が起きた場合に備える適応の2つがある。これまで気候変動に対しては国際的にも国内的にも緩和策に重点が置かれてきた。しかし，1990年代から展開されてきた緩和策には顕著な効果が見られず，産業革命以来の温室効果ガスの蓄積もあり，気候変動の影響へ適応することも視野に入れざるをえない状況になってきた。

　気候変動に関する政府間パネル（IPCC）は，適応を「被害を軽減し，あるいは便益的機会を作り出す，現実のまたは予想される気候及びその影響に対する自然や人間のシステムの調整の過程」と定義する。すでに1992年気候変動枠組条約には，緩和義務よりも弱いが，4条1項(e)と(f)に適応が規定されていた。また，2015年パリ協定では，産業革命以来の平均気温上昇を2度未満に抑制し，目標として1.5度未満を目指すことになり，2条「適応能力の向上」，7条「適応への対処」，13条「適応情報の提供」を規定し，途上国支援と並び各国に適応への準備を促す。

　緩和策中心であった気候変動対策は，気候変動の影響が不可避であることが認識されるようになり，適応に関する議論が開花し始めた。1990年代，適応は，緩和を軽視し阻害するものと見なされ，緩和策を回避する理由にされることが懸念された。また当時は，適応が喫緊の課題とみなされず，実施には時期尚早とされた。当初このような見解が支配的であったため，適応に関する理論，制度設計，実施の議論は進捗しなかったのである[1]。

　これまでの法学からの適応問題へのアプローチは，人権や環境正義の観点から国際環境法における途上国支援がほとんどであった。国内環境法における気候変動議論は，制定法や訴訟も含めてやはり緩和策が中心であった。最近になり各国は適応に関する規定を法律で定め，あるいは戦略や計画を作成し始め

（1）　E. Lisa F. Schipper & Ian Burton, Understanding Adaptation: Origins, Concepts, Practice and Policy, in E. Lisa F. Schipper & Ian Burton eds., The Earthscan Reader on Adaptation to Climate Change 1, 7 (2009).

た[2]。日本も「気候変動の影響への適応計画」（2015年11月27日，閣議決定）が策定され，第196回国会（2018年）には主に地方自治体の適応計画策定を促進する気候変動適応法案が提出された。

本稿は，萌芽し始めた気候変動適応議論について，アメリカの学説を参考に気候変動適応における環境法の行方を検討するものである。環境に劇的な変化をもたらす気候変動による環境法への影響について，アメリカの学説では，現行環境法制度が気候変動時代に機能不全になり，将来的に環境法が適応能力を備えるべきことが主に提唱される。

気候変動は，現行環境法の保護対象や価値そのものを変化させるため，環境法は現行パラダイムの維持が困難になる。また，影響の及ぶ地理的範囲や対策分野が多岐に渡り，環境法以外の多くの法分野が関係するため，環境法の地位は one of them に埋没してしまう。不確実・複雑・多様な気候変動の影響に対処するため，環境法は，厳格な事前予測への偏重から新たな状況や知見に柔軟に対応できる事後的な調整機能を備える必要がある。

以下では，気候変動時代の環境法にまつわる上記の2つの問題を横断的に検討する。最初に気候変動の影響と適応の特色を整理した上で，環境法の硬直性と構造的な適応不能性を示す。次に，昨今，気候変動を含めた環境問題に限らず不確実で複雑な事象に法政策が柔軟に対応するため唱えられる適応管理について，気候変動の文脈で法的に検討する。最後に，気候変動時代に向けた環境法の課題を示す。

II　気候変動の影響と適応

1　気候変動影響の特色

（1）未知の事象

①　予測される気候変動の影響

地球の気温が上昇しつづけ，気候が変動した場合，人や環境にこれまでとは全く異なる未知の変化が起きるとされる。人や環境に対して予測される気候変

（2）　諸外国の気候変動適応に関する進捗状況については，「諸外国における適応計画の進捗管理等調査報告書」（平成28年12月，パシフィックコンサルタンツ株式会社）https://www.env.go.jp/earth/tekiou/shinchokukanri2.pdf を参照。

［環境法研究 第8号 (2018.7)］

動の影響の例として，水資源の配分問題，食料生産の適地変化や生産量減少，海面上昇や高潮リスクの増大，健康被害の増加，生態系変化などがある。種や生態系は自然本来の適応能力を有する一方で，人間活動によって適応能力が損なわれてきたし，気候変動による環境改変は，自然本来の適応能力を上回るものである。

気候変動への対処を難しくするのは，これらの影響がいつ，どこで，どのくらいの規模で発生するかの不確実性のみならず，影響の発生形態や場所が一様でなく，物理的生物学的変化が非直線だからである。また，すべての気候変動影響が負の影響ばかりとは限らず，利害関係が複雑に絡み合う。

気候変動の環境への影響は，洪水，台風，野火など以前から発生してきた自然現象の頻度・程度・範囲が増幅・拡大する事象と，海面上昇や氷河減少といった過去数世紀にわたって人類が経験したことがない事象がある。前者の影響はこれまでにも対策が施されてきたため，既存対策が気候変動によって増幅拡大する現象に耐えうるかが問題になる。後者の影響は根本的な環境変化をもたらすため，前者のような人によるコントロールが可能か否かが問題になる[3]。

②　自然システムの恒常性の崩壊

現行の環境法は，自然システムが不変的な外郭の中で常に変化するという恒常性 (stationarity) の観念にもとづく。しかし，気候変動はこの恒常性を破壊する。

環境法は，人間が環境に負荷を与え，攪乱や変化をもたらしたとしても，自然システムの標準的な特性（外郭）が存続することを前提とする。しかし，気候変動は，標準的な生態学的特性に影響を与え，自然システムを根本から変化させるため，恒常性を前提にすること自体が問題になる[4]。

ある論者は，恒常性が崩壊する事態を「no-analog future」と呼ぶ。既存の適応対策は，過去の経験や記録にもとづき実施されるが，恒常性が崩壊し，気候変動による環境変化が従来の自然な変化よりも早く大規模であるため，過去の経験や記録が役に立たなくなり，気候変動時代に有効でなくなるおそれがあ

---

(3)　Ian Burton, Climate Change and the Adaptation Deficit, in E. Lisa F. Schipper & Ian Burton eds., The Earthscan Reader on Adaptation to Climate Change 89-92 (2009).

(4)　Robin Kundis Craig, Stationarity is Dead - Long Live Transformation: Five Principles for Climate Change Adaptation Law, 34 Harv. Envtl. L. Rev. 9, 15-16.

る[5]。

（2） 不均衡な影響

　気候変動が影響を与える空間は，地域レベルから国際レベルまで多様である。気候変動は地球全体に影響を及ぼすが，影響の発現は局所的で，場所によって時期や形態が一様ではない。たとえば，海面上昇は地球上のあらゆる海岸域で同時に一様に発生するわけではなく，海面が上昇する地域もあれば，下降する地域もある。また，その程度も地域によって異なる[6]。

　さらに，気候変動の影響は，便益と損失が混在し，場所や時期によって必ずしも負の影響ばかりではない。たとえば，気温や降雨量の変化は，新たな農業やレクレーションの可能性を開くこともあろう[7]。

　気候変動適応に関する法律や計画にとって，気候変動影響の時間軸の多様性も重要な問題である。現在，中期，長期のそれぞれで影響は異なる。一般的に時間が経過するにつれ，気候変動の影響も大きくなるが，正確な影響予測が困難になる。さまざまな時間軸を考慮に入れて法律や計画を作成する必要があるが，不確実性が大きくなればなるほど，それらの作成は困難になる。

2　気候変動に対する適応

（1） 適応目標

①　影響の軽減と回復

　一般的な気候変動適応の目標は気候変動の被害を最小限にし，回復させることにある。しかし，気候変動は，地域によって便益をもたらすこともあるため，便益を守ることも適応目標になりうる。

　適応目標の要素あるいは適応戦略として，2つの密接に関連するが異なるものがある。脆弱性の軽減とレジリエンス（resilience）の向上である。脆弱性は，IPCCによれば，気候変動性や極端な現象を含む気候変化の悪影響によるシス

（5）　J.B. Ruhl, Climate Adaptation Law, in Gerrard and Freeman eds., GLOBAL CLIMATE CHANGE AND U.S. LAW（2nd ed.）677, 680（2014）.

（6）　J.B. Ruhl, Climate Change Adaptation and the Structural Transformation of Environmental Law, 40 Envtl. L. 363, 380（2010）.

（7）　J.B. Ruhl, The Political Economy of Climate Change Winners, 97 Minn. L. Rev. 206（2012）.

［環境法研究 第8号（2018. 7）］

テムの影響の受けやすさ，または対処できない度合のことを指す。脆弱性の軽減は，気候変動の悪影響から地域社会や生態系を保護するために設計されたインフラやその他のメカニズムの信頼性を改善することである。防潮堤建設や沿岸域開発制限などが例となろう[8]。

レジリエンスは，さまざまな訳語[9]・定義があるが，IPCC の定義に従えば，適応，学習及び変革のための能力を維持しつつ，本質的な機能，アイデンティティ及び構造を維持する形で対応または再編することで危険な事象または傾向もしくは混乱に対処する，社会，経済及び環境システムの能力とされる[10]。気候変動レジリエンスは，環境変化に直面した場合に行動体系の高度な一貫性を維持する能力と解され，あらゆるシステムや資源を均衡状態に近づけ安定させることである[11]。影響からの回復に焦点が当てられ，緊急事態対応の改善や生息地の回復などが例に挙げられる。

② 法政策上の気候変動適応目標

気候変動影響の特性から，法政策上の適応目標は，緩和政策に比べて明確な設定が難しいが，全般的な目標は，気候変動の被害と便益を効果的かつ公平に管理することと，長期的な視野での持続可能な発展への寄与となろう[12]。

環境法に関連する気候変動適応目標は，人にとって望ましい物理的，生物学的，社会的な条件を達成・確保する制度設計と実施の提供になろう。しかし，環境法が規範的な適応目標を設定したとしても，恒常性が崩壊し，将来の影響予測が不確実なことから，規範目標の設定は制約を受けることになり，目標自体が変動的になることに留意する必要がある。

──────────

（8） Jonathan Ensore & Rachel Berger, Understanding Climate Change Adaptation: Lessons from Community-Based Approaches 13-16 (2009).

（9） 日本の適応計画では「強靱性」と表現される。「気候変動の影響への適応計画」（平成27年11月27日，閣議決定），9-10頁。

（10） 環境省「IPCC 第5次評価報告書の概要─第2作業部会（影響，適応，及び脆弱性）─」（2014年12月版）https://www.env.go.jp/earth/ipcc/5th/pdf/ar5_wg2_overview_presentation.pdf（2018年4月閲覧）を参照。

（11） J.B. Ruhl, General Design Principles for Resilience and Adaptive Capacity in Legal Systems - with Applications to Climate Change Adaptation, 89 N.C. L. Rev. 1373, 1376 (2011).

（12） Ruhl, supra note 6, at 376.

（3）気候変動適応の方法・態様

① 現状の保護

気候変動適応の方法または態様として，まず既存環境対策のように影響や変化に対する対抗または変化からの防護，すなわち環境の現状保護が考えられる。現在の環境に希少性があり，あるいはそこから資源を得ている場合，適応策は現状の環境ができる限り気候変動の影響を受けないようにすることである。

しかし，現状の保護に関するコスト，技術的制約，知見不足により，あらゆるリスクが軽減されるわけではない。気候変動の影響は地域ごと場所ごとによって異なるため，現状維持対策は，基本的には地域ベースになる。あらゆる影響に対抗するために必要なコストは，多くの地域で莫大なものになろう。対策資金が十分な場合でさえ，水やエネルギー，その他資源へのアクセスをめぐって地域間で激しい競争が繰り広げられるおそれもある。

さらに，広域や国家レベルでの対抗戦略は一律的に維持されえない。すべての人や自然環境が現状で管理されるとは限らない。それでも，多くの地域では，気候変動適応戦略として対抗策を採用することで現状保護のための措置が採用されるだろう(13)。

② 影響回避のための適地への移動

動植物種が生息に適した環境を求めて移動することはよく知られている。気候変動の影響を回避するため，人や動植物種は，生活や生息に適した場所へ移動することが考えられる。一部は変化した環境に適応し，同じ場所で生息していくかもしれない。

動植物種の場合，在来種固有種が保護区から移動し，新たな生息地に定着することが考えられる。在来種固有種がいなくなった保護区は保護区として維持するのか否か，新たな定着地では移動してきた種を外来種として扱うのか否かといった問題が生じる。

また，数百万の人々が気候変動のホット・スポットから逃れ避難し，移動先で永住せざるをえない事態に陥る可能性もある。越境移動は，気候変動難民の

---

(13) Marcus Moench, Adapting to Climate Change and the Risks Associated with Other Natural Hazards: Methods for Moving from Concepts to Action, in E. Lisa F. Schipper & Ian Burton eds., The Earthscan Reader on Adaptation to Climate Change 249, 256—272 (2009).

［環境法研究 第8号（2018. 7）］

問題として，主に国際環境法分野で議論される[14]。国内でも，海面上昇によって沿岸域住民が内陸に移動することになれば，内陸部の人口は稠密化・過密化し，大規模な開発が行われることになろう。その結果，生活環境悪化など環境問題が起き，内陸部の生物種や生態系に悪影響を与えることになる。要するに，人間の適応活動そのものが環境に悪影響を与え，環境法の保護対象が悪影響を受ける[15]。

③　変化の容認

恒常性が崩壊することを前提に，既存の物理的，社会的，環境的，経済的条件の変容を受け入れる場合もあろう。たとえば，防潮堤などの沿岸域の構造物を維持するのではなく，海岸線の後退を受け入れ，公共事業をやめ，新たな環境のもとで観光事業などの便益を創出し，享受する場合である。

地域社会や資源管理者によっては，現状維持が物理的生物学的に不可能であり，維持のコストが便益に比べて高い場合には，現状維持を放棄し，現状からの変化の程度に関心を寄せるだろう[16]。

現状保護，移動，変化容認は，地域ごとに対応が異なるだろうし，これらの3つを組み合わせた方法態様もありうるだろう。

3　適応と緩和の関係

（1）緩和策と比較した適応策の特色

IPCCの定義によれば，緩和の定義は「温室効果ガスの発生源を削減し，あるいは吸収源を増加させる人為的な干渉」である。緩和は事前対応，適応は事後対応として位置づけられるが，両者は明確に二分されるわけではない。適応の成功には，事前の調査研究や予測にもとづく計画策定など一般に事前対応が不可欠であるし，緩和は，温室効果ガスの排出と蓄積いう過去の失敗に対する事後対応としても理解されうる[17]。

緩和策と適応策を比較した場合，適応策には次のような主な特色がある。

---

(14)　Elizabeth Burleson, Climate Change Displacement to Refuge, 25 J. Envtl. L. & Litig. 19-36 (2010).

(15)　Ruhl, supra note 5, at 680.

(16)　Susanna Davies, Are Coping Strategies a Cop-Out?, in E. Lisa F. Schipper & Ian Burton eds., The Earthscan Reader on Adaptation to Climate Change 99 (2009).

(17)　G. Robbert Biesbroek et al., The Mitigation-Adaptation Dichotomy and the Role of Spatial Planning, 33 Habitat Int'l 230, 232 (2009).

90

第1に，適応策の目標は多様で変動的であるのに対して，緩和策は，温室効果ガス削減という1つの明確な目標である。

第2に，手法について，適応策は一律の対策でなく，地域別や影響別の数だけ対策措置があり，政策選択肢が広いが，緩和策は，規制的手法，経済的手法，ポリシーミックスと手法が限られ，一律に措置を適用される。もっとも，温室効果ガス削減の目標達成や措置実施は容易ではない。

第3に，緩和策は実施と効果にタイムラグがあるが，適応策は実施とほぼ同時に効果を発揮する。

第4に，空間的に，緩和策は国内と国際の双方で実施され，効果も国内外で発揮するが，適応策は，主に地方・地域レベルで実施され，効果は局所的になる。

第5に，緩和策と適応策では実施主体が異なり，緩和は，主にエネルギー，輸送，森林農業の部門が関係し，適応よりも関係部門が少ない。適応策は，公衆の健康から災害対応までさまざまな部門により実施される。そのため，適応策は，多くの利害関係者が存在し，法政策の作成手続で利害関係者との協議を義務づける場合には，緩和よりも煩雑で時間を要する作成プロセスとなる[18]。

（2）両者の関係
① 相互補完関係
2000年代初頭は緩和と適応を別個のものとして扱っていたが，最近では，両者の相互補完や相乗作用に言及されるようになっている。

両者が相互補完関係にあるのは，いずれか一方の対策だけでは気候変動の影響を軽減し防止することができないからである。実際に発生する影響の頻度，規模，種類，対策方法に関して不確実性があるため，できる限り緩和策を進め，影響を適応可能なレベルにとどめておく必要がある。逆に，緩和を進めなければ，適応コストは高くなり，必要な適応対策レベルは上がる。

しかし，適応の種類によっては，緩和の必要性を高めてしまう。たとえば，気温上昇によってエアコンの数と使用が増加すれば，電力使用が増加し，化石燃料発電源での温室効果ガス排出が増えることになる。逆に，緩和は，適応に

---

(18) James E. Parker-Flynn, The Intersection of Mitigation and Adaptation in Climate Law and Policy, 38 Environs Envtl. L. & Pol'y J. 1, 6-8 (2014).

［環境法研究　第 8 号（2018. 7）］

比べて効果が出るまでに時間がかかるため，短期的には緩和策を強化しても適
応策にほとんど効果を与えないだろう[19]。

② 相乗効果

望ましい両者の関係は，相乗効果を発揮することである。温室効果ガスの濃
度を抑制する措置が気候変動の影響を軽減し，影響を軽減する措置が温室効果
ガス排出も抑制する関係である。たとえば，都市部の緑化推進対策は，吸収源
を増やすのと同時に都市熱を低下させる効果が期待できる。また，適応策とし
ての土壌水分保全や浸食防止を実施することによって土壌吸収源が確保され，
水力発電などの再生可能エネルギーを増加させることは水保全にもなろう[20]。

しかし，相乗効果のリスクを指摘する意見もある。実施機関の複数関与と複
雑な組織体系による弊害，適応策の高いコストと時間の必要性，地域ベースの
実施による非効率な資源配分，実効性への疑問などが指摘される[21]。

III　気候変動時代の環境法

1　気候変動適応の観点から見た環境法の特色

（1）現行環境法の保存修復パラダイム

一般的に，環境が自然の営みとして変化することは受け入れられるが，環境
を人為的に変化させることは許容されず，環境法は，変化させられた環境を原
初状態に修復しようとしてきた。このような保存・修復パラダイムにもとづき，
自然保護関連法の目標は望ましい自然状態で生態系を維持・保護することであ
り，汚染管理関連法の目標は人為的な変化を原初状態に戻すことである。

たとえば，汚染管理法は，人間活動によって環境が変化させられることが非
自然的で退廃的という仮説に依拠する。また，環境には，汚染によって一時的
に改変させられても浄化吸収能力があり，人為的な環境への負荷を軽減すれば，

---

(19)　Ibid., at 24-29.

(20)　Lesley K. McAllister, Adaptive Mitigation in the Electric Power Sector, 2011 B.Y.U. L.
Rev. 2115, 2128-43 (2011); Katherine A. Trisolini, Holistic Climate Change Governance:
Towards Mitigation and Adaptation Synthesis, 85 U. Colo. L. Rev. 615, 679-87 (2014).

(21)　Richard J.T. Klein et al., Integrating Mitigation and Adaptation into Climate and
Development Policy: Three Research Questions, 8 Envtl. Science & Pol'y 579, 582
(2005).

3　気候変動時代の環境法の課題〔下村英嗣〕

自ずと回復・修復する可逆性を前提とする[22]。したがって，実際の環境媒体の利用状況に鑑みて基準が設定される「最善の利用可能な技術」（BAT）を利用する場合を除いて，多くの汚染管理関連法は，汚染される前の環境状態に修復するか（CERCLA[23]やRCRA[24]），汚染源からの汚染物質の環境中への放出を抑制することによって人や環境に悪影響が及ばないレベルにまで汚染を低減させようとする（CWA[25]やCAA[26]）。

　自然保護関連法は，自然の恒常性・安定性を前提として作られ，一般に人間活動による生態系や種への影響をできる限り軽減し，それらを保存することに注力する。保存のみならず，利用を許容する保全の場合も，理念的には利用対象の資源や土地の破壊を最小限にしようとする。保存を基本パラダイムにする自然保護関連法は，汚染管理関連法と同様に，たとえ何らかの攪乱が起きても攪乱をコントロールでき，環境状態を安定させ，原初的環境状態を維持することを期待される[27]。

　上記の保存・修復パラダイムは，現行のさまざまな環境法に浸透している。現行環境法は，生態系の変化が予見可能で，人間の影響が通常，回復可能で修復可能であり，自然資源の利用が管理でき，生態系が保存できることを前提とする。規制者は，人間の影響（汚染など）による種，資源，生態系の改変に対応する方法を予見できるならば，設定目標に向けて保護対象を管理できる。種の絶滅などの不可逆的環境損害の例外があるが，基本的に修復パラダイムは自然回復力に依拠する[28]。

　保存・修復パラダイムが気候変動時代に惹起させる具体的な問題として，気候変動時代の保護区制度は何を保護することになるのか，気温上昇によって生息できなくなった生息地から適切な生息地を求めて移動してきた種は侵入種に

---

(22)　Ruhl, supra note 6, at 395-397.

(23)　Comprehensive Environmental Response, Compensation or Liability Act, 42 U. S.C.§§9601-9628.

(24)　Resource Conservation and Recovery Act, 33 U.S.C.§§2701-2762.

(25)　Clean Water Act, 33 U.S.C.§1251-1387.

(26)　Clean Air Act, 42 U.S.C.§7401-7671.

(27)　Craig, supra note 4, at 34-35.

(28)　自然保護法の中でもっとも顕著に保存修復パラダイムを示すのは，原生地域への不干渉を管理の基本とする1964年ウィルダネス法であろう。だからである。Wilderness Act（National Wilderness Preservation System），16 U.S.C.§§1131-1136.

93

[環境法研究 第 8 号 (2018. 7)]

なるのか，水鳥の保護のために設置された野生生物保護区の水が干上がっても保護区の価値はあるのか，逆に自然を維持するために引水すれば，水鳥や固有種は留まるのか，あるいは，自然の適応能力に委ねて成り行きに任せるのかなどがあげられる。さらに緩和策の一環として，気候変動時代においても現行の自然保護関連法が変わらず現状の環境を維持しようと努めるならば，相当なコストを要することになろう[29]。

（2）one of them の環境法

気候変動適応には多くの政策領域が関係するが，環境法以外の政策領域は環境を直接考慮しないことが多い。たとえば，国家安全保障や移民，公衆衛生，金融，住宅，通商などは環境の状態や質を直接扱わない。環境法は，気候変動の影響と適応を扱う限り，他の法分野と相互作用する必要に迫られる。このため，環境法は，他の法分野や政策領域で行われる適応政策や適応事業の環境に対する溢出（spillover）効果に対処しなければならなくなる。

しかし，環境法ないし所管行政機関は，他の適応政策決定プロセスに直接関与できない。適応政策決定は省庁横断的な対応が望ましく必要であり，政策ネットワークを形成しなければならない。このような中で，環境法は，緊急性や重要性の高い他の適応政策と競合することになり，政策ネットワークの中のプレイヤーの 1 人ではあるが，トップの座に就けるわけでも，優先的に扱われるわけでもない。そのため，環境法は他分野の動向に鋭敏でなければ，気候変動適応の中でやがて埋没していくおそれがある[30]。

2 　気候変動時代の環境法の機能不全

環境法の特色の 1 つは，たとえば個別汚染物質の指定と排出制限，保全対象の指定と行為規制などにより原初的環境状態の維持という明確かつ安定的な目標を達成することにある。しかし，気候変動時代は，先例のない未来になることが予想されるため，これまで環境法が観念してきた環境ではなくなる。気候変動は，環境法が達成しようとしてきた環境状態や社会の目標達成に支障をもたらし，環境法の制度と実施を機能不全に陥らせるおそれがある。

---

(29) 　Craig, supra note 4, at 32-36.

(30) 　Ruhl, supra note 6, at 415-416.

3 　気候変動時代の環境法の課題〔下村英嗣〕

　汚染管理関連法は，環境中に放出される汚染物質の量や濃度を一定レベル以下にする基準を設定することが多いが，気候変動により環境状態それ自体が変化してしまう場合，基準とその遵守は有効に機能しない。恒常性を前提とする限り，汚染管理関連法は，気候変動影響の現実と整合しないだろう[31]。

　環境法は，生態系の動態的性質と恒常性崩壊に対応しうるほど変化していない。保存・修復のパラダイムは，現行環境法を支配しており，後述するように柔軟性を求められる気候変動適応法政策にとって障害になる。とくに，恒常性崩壊により将来予測が困難になるため，これまで予測に依拠してきた環境法は気候変動による変化に対処できない[32]。

　また，事後的な救済よりも，環境損害の未然防止ないし予防を目指して事前の予測を重視してきたことも環境法の顕著な特色である。環境法は，できる限り厳密な予測を求める事前対応（front-end）アプローチを採用してきた。環境法の事前対応は，予め設定した目標の達成を指向し，厳格な手続を経て，費用対便益分析などによって規制を合理化してきた。

　気候変動適応に関する学説は，現行環境法の事前対応アプローチを硬直的と評する[33]。予測依存は行政に十分な予測能力があることを前提とする。法律の授権にもとづく行政の規則作成プロセスも，環境法は厳格な手続要件を課す場合が多い。手続規則の遵守義務は多くの時間と資源を必要とするため，気候変動影響の新たな知見や状況に合わせた修正が滞ることが懸念される[34]。例えるならば，伝統的な環境法はオン・オフ式のスイッチのようであり，気候変動適応の法律は調整可能なチューニング式スイッチが求められる[35]。

　たとえば，絶滅危惧種法（Endangered Species Act：ESA）は，保護対象種に対

---

(31)　Ibid., at 394.

(32)　J.B. Ruhl, Climate Change and the Endangered Species Act: Building Bridges to the No-Analog Future, 88 B.U. L. Rev. 1, 18-23 (2008). もっとも，気候変動適応問題が顕在化しなかった以前も生態系は常に複雑に変化してきた。Robert L. Glicksman, Ecosystem Resilience to Disruptions Linked to Global Climate Change: An Adaptive Approach to Federal Land Management, 87 Neb. L. Rev. 833, 836-37, 852-56 (2009).

(33)　Robin Kundis Craig, Climate Change Comes to the Clean Water Act: Now What ?, 1 J. Energy, Climate & Env't 17 (2010). しかし，環境法は，硬直的であるがゆえに，措置の正当性・合理性が担保されてきたことも忘れてはならないと思われる。

(34)　Alejandro E. Camacho and Robert L. Glicksman, Legal Adaptive Capacity: How Program Goals and Processes Shape Federal Land Adaptation to Climate Change, 87 U. Colo. L. Rev. 711, 730 (2016).

［環境法研究 第8号（2018.7）］

する行為の影響について魚類野生生物局と他の連邦機関の間で協議することを定め，魚類野生生物局（FWS）は，措置の影響と累積的影響を事前評価し，リスト掲載種の継続的な存続を危険にするおそれがあるか否かを決定するよう求められる[36]。CWAも，陸軍工兵隊に対して将来の累積的影響を予測し，湿地埋立に関する開発許可の可否決定にその予測を統合するよう求める[37]。

　恒常性が崩壊する気候変動時代に，硬直的な目標設定と並び，上記のような人や環境への影響あるいは費用対便益の予測は機能しない。学説は，気候変動時代における伝統的な環境法が重用してきた事前対応の限界を認め，その比重を減らし，事後的に政策作成者・決定者が新たな知見や情報にもとづいて政策を調整できる事後対応アプローチ（適応管理）の導入を提唱する[38]。

Ⅳ　気候変動に対する環境法の適応能力

1　適応管理

　適応管理にはさまざまな定義があるが，共通するのは包括的な事前予測に全面的に依拠するのではなく，事後の調整に重点を置く事後対応（back-end）アプローチということである。複雑で不確実で，非直線的な問題に対処するには，新たな情報や状況に対応して事後的に管理を調整・適合させる行為やプロセスを反復していく方法が有用であるとの認識がある。つまり，事後対応の比重を増加させ，漸進的に政策や決定を適応させていく手法である[39]。

　政策作成プロセスを簡素化することで，行政機関は，硬直的な法システムのもとでよりも柔軟かつ迅速に行動できる。たとえば，法律の修正ではなく，政省令により政策を作成し実施できる権限を与えられている行政機関は，法的拘束力のある規則の採択を伴う手続的措置を回避することによって迅速に行動できる。また，行政は，不完全で不確実な情報にもとづいた決定をしたとしても，

---

(35)　Robert L. Fishman and Jillian R. Rountree, Adaptive Management in Michael B. Gerrard & Katrina F. Kuh eds., THE LAW OF ADAPTATION TO CLIMATE CHANGE: U.S. and International Aspects 19, 36 (2012).

(36)　16 U.S.C.§§1531-1544; 50 C.F.R.§402. 14(g)(3)-(4).

(37)　33 U.S.C.§1334; 33 C.F.R.§320. 4(a)(1).

(38)　Ruhl, supra note 6, at 419-422.

(39)　畠山武道「持続可能な社会と環境アセスメントの役割」環境法研究5号（2016年）156-159頁。

反復的プロセスにもとづいて，決定後にモニタリング，再評価を行い，必要な場合に事後的に決定を柔軟に調整できる[40]。

適応管理は自然科学分野では生態系管理に関して発展し，環境法では国家環境政策法（NEPA）に対する批判もしくは代替案として展開されてきた[41]。考え方自体は目新しいものではなく，1970年代後半に環境影響評価の事前対応アプローチが批判されたことに始まる[42]。理論だけでなく実務でも適応管理は発展し，たとえば魚類野生動物局は，適切な保全プログラムの運用とその効果の改善を行う際の重要なツールとして適応管理を採用してきた[43]。

気候変動適応の文脈においても，影響の不確実性や複雑性などの特色から，多くの学説は適応管理の導入を求める。しかし，適応管理は，伝統的に環境法が担ってきた事前対応・事前規制という損害防止のための門番の役割を緩和させることになる[44]。

2　法的適応能力

（1）定　　義

気候変動は環境に劇的な変化をもたらすため，自然システムのレジリエンス（回復力）と適応能力が問題になる。自然システムの回復力は，影響を吸収し，継続的に機能する能力の程度を指す。気候変動では自然のみならず人間社会のシステムの適応能力も問題になる。

IPCC は，適応能力を「気候変動で生じる有害な結果の規模および蓋然性を軽減するために効果的な適応戦略の策定および実施に関する必要な条件」と定義する[45]。この文脈において，気候変動に対する適応能力は，影響を受ける幅広い分野において気候変動リスクに適応する能力のことであり，それぞれの

---

(40)　Robin Kundis Craig & J.B. Ruhl, Designing Administrative Law for Adaptive Management, 67 Vand. L. Rev. 1, 4-5 (2014).

(41)　畠山・前掲注(39) 152-166頁。

(42)　C.S. Holling et al., Adaptive Environmental Assessment and Management, 133-135 (1978).

(43)　Ruhl, supra note 6, at 422-423.

(44)　J. B. Ruhl, Regulation by Adaptive Management－Is It Possible?, 7 Minn. J.L. Sci. & Tech 21, 46-53 (2005).

(45)　Intergovernmental Panel on Climate Change, Climate Change 2007: Impacts, Adaptation and Vulnerability 727 (2007).

［環境法研究 第8号（2018. 7）］

分野が適応において貢献しうる役割をいう。

　気候変動問題に対して，法は実体的および手続的な方法の双方で適応を促進することもできるし，阻害する場合もある。観念上，法的適応能力は，法律が規制または管理する資源や活動に影響を与える新たな現象に適応する公式な規制または管理の制度能力のことである。法的適応能力には手続的法的適応能力と実体的法的適応能力がある[46]。

（2）手続的法的適応能力

　手続的法的適応能力は，規制プログラムの作成手続が新たな政策の指針，情報，事実状況の変化に適合できる程度（柔軟なプロセス）のことで，単一の機関による縦割りの政策作成および実施プロセスではなく，多様な参加者の間での反復プロセス（例：モニタリング，再評価，調整）機能を有することである。すなわち，手続的法的適応能力は，法律や規則の適応プロセスの柔軟性をいう[47]。

　たとえば，憲法を含む厳格な改正手続を定めた法律は，新たな状況に対応する修正を行う場合，立法手続や議会手続に従わなければならないため，手続的適応可能性が低いことになる[48]。

　行政は，法律で授権された範囲内で議会法よりも容易に規則を修正できる。たとえば，連邦行政手続法（Administrative Procedure Act: APA）[49]は，非公式ルールよりも公式ルールの採用に関して厳格な手続的要件を課す。公式の規則作成手続に服する行政は，パブリックコメント手続の遵守のみを必要とする場合よりも，より多くの時間と資源を必要とする。仮に行政機関が法的拘束力のない非立法手続を採用したならば，ほとんどのAPAの規則作成要件は適用されないため，手続的法的適応能力は高くなる。

　手続的法的適応能力を高めるには，反復プロセスを導入する事後対応手法のほか，例外許可，適用除外，期限延長といった措置に依拠する方法もある。これらの方法は，不測の事態などが発生した場合に柔軟に対応でき，適法に行政

---

(46)　Camacho and Glicksman, supra note 34, at 721-722.

(47)　Craig Anthony (Tony) Arnold, Resilient Cities and Adaptive Law, 50 Idaho L. Rev. 245, 253 (2014).

(48)　Ruhl, supra note 11, at 1380-1381.

(49)　5 U.S.C.§§551-559.

は柔軟に対応できるが，規制の抜け道として利用されるおそれがあり，また透明性のない方法で規制対象者や受益者の要望に迎合する余地を生む[50]。

（3）実体的法的適応能力

実体的法的適応能力は，立法目的や政策目標の可変性に対して対応・調整（規制や管理のアプローチの転換）できる程度を指し，立法目的や政策目標，機関の設置目的，権限，組織構造などに左右されるものである。

実体的法的適応能力の高い行政は，新たな問題に対処し，あるいは状況の変化に対応するため規制目標を追求する手段や規制目標の解釈を適合させる権限を法律のもとで有する。一方で，実体的法的適応能力が低いプログラムは，状況の変化にもかかわらず，行政機関が規制や管理のアプローチを変えることができない比較的硬直的な目標を有する。もっとも，実体的法的適応能力は，規制目標に対する適応レベルのみを示すものではない。

たとえば，CAA は，公衆の健康と福祉を促進するために大気質の保護および向上をその立法目標にしている。著名なマサチューセッツ事件最高裁判決において，最高裁は，新たな自動車からの温室効果ガスの排出を規制する請願を連邦環境保護庁（Environmental Protection Agency: EPA）が拒否した事案を扱い，規制の柔軟性が時代遅れを防ぐために必要であるとの立場をとった。また，他の裁判所は，「最先端の科学的知見」にある証拠に関する不確実性に直面した場合に大気汚染物質から公衆の健康と福祉を守るため幅広い柔軟性を EPA に付与しているとして CAA を解釈してきた。

対照的に，水配分システムは，現状維持（既得権益保護）を保とうとし，硬直的で，実体的法的適応能力が低いと評価される。水配分システムの研究によれば，数百年以上にわたって確立されてきた西部諸州の水配分システムは，許可保有者の既得財産権益を守ることによって伝統的な水利用に固定化させており，かかる利用方法が最善であるか否かを考慮していないといわれる。伝統的な水配分システムの硬直性は，水不足に適応的・有効に対処しえない。実体的法的適応能力は，目標の柔軟性だけでなく，その目標を達成するために用いられる管理手法や戦略によっても左右される[51]。

---

(50)　Camacho and Glicksman, supra note 34, at 729-731.

(51)　Ibid., at 723-728.

[環境法研究 第 8 号（2018．7）]

3　法的適応能力と法政策上の問題

（1）法的適応能力の問題

　法的適応能力が高いことが一様に望ましいわけではない。法的適応能力は，伝統的な法学の観点から批判されることがある[52]。

　主な問題として，第 1 に，仮に硬直的と評される現行環境法に適応管理のような柔軟性を導入する場合，柔軟性は，新たな情報に照らして時間をかけて法律の修正を行う必要があるが，法律の修正は，議会の政治状況に左右されるため容易ではない[53]。

　第 2 に，適応能力が高く柔軟に設計された規制は，裁量濫用に留意する必要がある。行政が状況に合わせて柔軟に政策を作成し，事後的に調整することは，法の支配の観点から裁量の濫用が懸念され，法的安定性が欠如または低減し，政策予測の困難から資源投入に躊躇することが考えられる。また，裁量によって行政機関が難しい決定を将来に先送りすることは往々にして起こる[54]。

　第 3 に，法律以外の規則をつうじた政策作成権限のようなプロセスの柔軟性は，公衆参加の機会を低減し，説明責任を低下させ，決定の根拠になる情報の質の低下を招くおそれがある[55]。

　第 4 に，気候変動適応には，環境法が汚染や自然の状態を監視してきたように，あらゆるレベルや分野での気候変動影響に関する継続的なモニタリングと科学的知見の充実に努めなければならない。これは，環境法に反復的プロセスを導入する際の必要不可欠な前提となる[56]。

　しかし，資源不足の場合，適応的な政策作成は滞留するか，政策内容の質は低下するおそれがある。たとえば，連邦農務省は，2014-2018年戦略計画で導

---

(52)　Donald T. Hornstein, Resiliency, Adaptation, and the Upsides of Ex Post Lawmaking, 89 N.C. L. Rev. 1549, 1552 (2011).

(53)　Richard J. Lazarus, Super Wicked Problems and Climate Change: Restraining the Present to Liberate the Future, 94 Cornell L. Rev. 1153, 1156-57 (2009).

(54)　Robert L. Glicksman, supra note 32, at 862 (2009); Holly Doremus et al., Making Good Use of Adaptive Management, CENTER FOR PROGRESSIVE REFORM WHITE PAPER #1104, 11 (2011).

(55)　Eric Biber, Adaptive Management and the Future of Environmental Law, 46 Akron L. Rev. 933, 949 (2013).

(56)　Craig, supra note 4, at 40-42.

100

入した気候変動適応および緩和戦略を100％達成する予定で，期間中に順調に
達成率を上げていったが，現地調査にかかる資源不足などの資源制約により，
進捗に歯止めがかかってしまった。また，国立公園局も，2011年度に適応活動
に 1 千万ドルを配分したが，翌年度には300万ドルになった。その結果，モニ
タリングや調査研究，対策にかかる費用が不足し，活動が中断された[57]。

（2）適応能力の例

Camacho と Glicksman は，公有地（土地管理局），国有林（森林局），野生生
物保護区（魚類野生生物局），国立公園（国立公園局），原生地域の法制度につい
て，それぞれの設置法の目標・目的，裁量範囲，オバマ政権時代の気候変動適
応戦略[58]とその運用を比較し，法的適応能力を検討している。

彼らによれば，多目的利用と持続可能性を目的とした土地管理局と森林局は
法律によって幅広い裁量を付与され，高い柔軟性・適応能力があるが，法律で
自然の原初状態の保存を使命として課されている魚類野生生物局と国立公園局
（および原生地域）は，幅広い裁量が付与されているにもかかわらず，その使命
から気候変動に適応する権限行使に制約があり，土地管理局と森林局に比べて
適応能力が低いと分析する。

たとえば，森林局の設置法である国有林管理法（National Forest Management
Act（NFMA））[59]と土地管理局の設置法である連邦土地政策管理法（Federal
Land Policy and Management Act（FLPMA））[60]は実利的，実用的，功利主義的で
あり，両者は多目的利用と持続可能性を達成する上で幅広い裁量を付与されて
いる。それゆえ相対的に気候変動適応活動を有効にできる立場にあるとい
う[61]。とくに，1960 年多目的利用・持続的な生産法（1960 Multiple-Use
Sustained Yield Act）は，多目的利用を「ニーズまたは状況の変化に合わせた利
用を十分な余裕をもって定期的に調整する」と定義しており[62]，状況変化に

---

(57)　Camacho and Glicksman, supra note 33, at 764 & 798.

(58)　Exec. Order No. 13514, 3 C.F.R. 248 at 10 (2010); EXEC. OFFICE OF THE
PRESIDENT, THE PRESIDENT'S CLIMATE ACTION PLAN 2-3 (2013). これらの大統
領命令の内容と分析は，Victor B. Flatt, Focus and Fund: Executing Our Way to a
Federal Climate Change Adaptation Plan, 32 Va. Envtl. L.J. 157-172 (2014) を参照。

(59)　16 U.S.C.§§1600-1687.

(60)　43 U.S.C.§§1701-1787.

(61)　Camacho and Glicksman, supra note 34, at 744-745.

適合する必要のある気候変動適応にはなじみやすい。

　しかし，魚類野生生物局は，たとえば国立野生生物保護区制度改善法（National Wildlife Refuge System Improvement Act（NWRSIA））において，管理目標と目標達成手段の選定については柔軟性を与えられているが，歴史的保存を重視するよう法律で求められる[63]。

　また，将来にわたって野生生物保護区の生物学的統合性，多様性，健全性の維持を命じられる魚類野生生物局は，たとえ管理目標や手段で柔軟性を付与されたとしても，保護区への侵入種の防除など環境改変を避けることを使命としており，これが裁量に対する制約と働き，気候変動に対して土地管理局や森林局ほどの適応能力を備えていないという[64]。

　国立公園局も，国立公園局設置法（National Park System under the National Park Service Organic Act）[65]の保存命令のもとで法律上の自身の権限を解釈する際に幅広い裁量を有するが，将来世代の享受のため手付かずのままに公園を維持する方法で国立公園制度を管理しなければならず，気候変動に対処できる方法を制限されるという。将来的に人が積極的に介入・関与することで生態学的健全性を維持しようとする気候変動適応戦略と，できる限り介入せず保存する基本目標が対立することは明らかであろう。

　もっとも，国立公園局は，公園ごとの管理計画で自然状態の変化に対応でき，計画策定への公衆参加の範囲決定も柔軟性があり，管理計画改定の頻度についても大幅な裁量が与えられていることから，公園別計画の運用次第では適応能力が高まることもある[66]。

　制度として適応能力が高くとも，裁量幅が広いことで行政が気候変動適応に対して不作為になるおそれがある。実際，情報や状況の変化に対応して管理戦

---

(62)　16 U.S.C.§§528-531.

(63)　16 U.S.C.§§668dd-ee.

(64)　Robert L. Fischman, The Meanings of Biological Integrity, Diversity, and Environmental Health, 44 Nat. Res. J. 989, 1024-1025 (2004). もっとも，Camacho と Glicksman は，魚類野生生物局が例外的に非固有種の導入を認める一方で，保護区管理に反復的プロセスを採用するため，適応能力を「穏当なレベル」と評している。Camacho and Glicksman, supra note 34, at 780.

(65)　54 U.S.C.§100101 (a).

(66)　Camacho and Glicksman, supra note 34, at 789-793.　国立公園局について，Camacho と Glicksman は，魚類野生生物局と同様に手続的適応能力に関しては低いとはいえないと評価する。

略を調整するよう求められる土地管理局には気候変動対応に関する指針がなく，適応活動に積極的に取り組まないことの原因となってきたといわれる[67]。

対照的に，魚類野生生物局と国立公園局のように，明確で限定的な目標がある場合，行政機関は当該目標の遵守を使命とされるため，裁量が収縮し，不作為が生じる可能性を減じることになる。

V　気候変動に適応するための環境法の主な課題

硬直的と評される環境法が柔軟性を求められる気候変動時代において適応能力を備えるための主な課題を検討する。

1　保存・修復パラダイムの修正

環境法は，今後も保存・修復のテクニックを利用し続けるだろうが，環境変化も考慮したものにしなければならない。たとえば，気候変動で多くの種は移動すると考えられ，移動後も重要な種を保護し続けるならば，現行の生息地ではなく，移動先の生息地を保護しなければならない。しかし，気候変動の影響は不確実で多様であることから，特定の種や保護区のみに焦点を当てる政策には限界がある。

留意しなければならないのは，気候変動影響に対する回復力（レジリエンス）や適応力は時間の経過とともに低下し，気温が閾値を超えると大幅に制約されることである。気候変動の影響が深刻かつ不可逆的になるころには，既存の生態系の構造，機能，サービスを維持する社会経済コストは非常に高くなる。

その時点で，社会は，環境政策も含めた政策の優先順位を再検討し，予測される生態系の改変に関する情報にもとづいた適応対策へ転換する必要がある。そのため，環境法が気候変動適応策として役立つためには，気候変動によって現在とは異なる自然環境の中において保存・修復パラダイムから変化・移行のパラダイムに転換しなければならない[68]。

硬直的な環境法が気候変動適応の中で生存・適応するには，目標を柔軟に設定し，目標達成手段（対象や方法）の設定などに関して状況変化に柔軟に対応

---

(67)　Ibid., at 825.

(68)　Ruhl, supra note 6, at 395-396.

［環境法研究 第 8 号（2018. 7）］

可能な措置を採用することである。

2　柔軟性の程度

気候変動適応政策において，環境法が柔軟性を有し，重要な役割を果たしていくには，まず，これまで環境法が依拠してきた事前対応の門番の役割を緩和する必要がある[69]。すでに畠山先生が本誌第 5 号で述べられているように，環境法は，NEPA に代表される包括的な環境影響評価を開発事業やインフラ事業に課すことによって，門番としての現在の地位を築いてきた。環境法の事前対応は，包括的合理性を採用し，環境影響や費用対便益に関して厳密な予測・評価する能力を行政に求める[70]。

あらゆる結果を予測することは，事後に対応する適応管理では重視されない。しかし，効果的な適応管理は，「行動学習」を促進することである。

学説は，予測の限界を認めつつも，包括的な環境影響評価や厳密な費用対便益分析を完全に捨象せず，包括的な事前対応の比重を軽減することを提言する。たとえば，Farber は，決定前にあらゆる影響を予見し評価することを想定しつつも，事前対応の比重を軽減し，新たな情報を継続的な調整プロセスに取り入れるフォローアップメカニズムの導入を提唱する[71]。これは，伝統的な環境法の未然防止原則を踏まえつつ，適応管理の導入を試みたものといえよう。気候変動影響の進み具合や科学的知見の発展程度に合わせて事前と事後の比重を調整することが妥当と思われる[72]。

---

(69)　Ruhl, supra note 44, at 46-53.

(70)　畠山・前掲注(39)論文152-156頁。たとえば，ESA の規則では，他の連邦機関のプロジェクト案による絶滅危惧種に対する影響について，魚類野生生物局は，プロジェクトの影響と累積的影響を評価し，絶滅危惧種の継続的な存続を危険ならしめるおそれがあるか否かを決定しなければならない。50 C.F.R.§402. 02 & §402. 14(g)(3)-(4). 汚染管理分野でも，CWA は，陸軍工兵隊に対して，将来の累積的影響を予測し，湿地埋立に関する開発許可の可否の決定にその予測を統合するよう求める。Federal Water Pollution Control Act, 33 U.S.C.§1334; 33 C.F.R.§320. 4(a)(1).

(71)　Farber は，これを「気候影響評価」と称したダイナミックな学習指向決定プロセスと述べている。Daniel A. Farber, Adaptation Planning and Climate Impact Assessments: Learning from NEPA's Flaws, 39 Envtl. L. Rep. (Envtl. Law Inst.) 10605, 10610 (2009).

(72)　Fishman and Rountree, supra note 35, at 30-31.

3 適応能力と裁量統制

柔軟性ないし適応管理に関して，伝統的な法学の観点から裁量に対する懸念があることはすでに指摘した。裁量を収縮する法的制約を行政に課すことは，行政の不作為を最小限に抑える役割を果たす。法規則を一貫して適用することは，法的安定性と公平性を確保し，恣意的な権限の行使を防止できる。

このような法制度は，対象者や関係者にとって，自身に求められる行為・活動が予測可能で，法が求める結果に関するインセンティブを創出することになり，資源の投入が容易になる[73]。また，政策作成者は，過去の先例に従い，あるいは，限定された政策選択肢から政策を選択すればよいため，不作為の可能性を縮減でき[74]，ある意味効率的な運用が可能になる。

しかし，気候変動時代に求められるのは適応管理または適応能力である。適応管理を導入し，法的能力を高めた上で，措置の実施時期や程度を限定し，利害関係者をプロセスに積極的に参加させ，目標の達成程度や運用の定期的な再評価を求めるなどの工夫をすれば[75]，透明性が高まり，行政が適応管理の活用是非や適応手段選択に関して恣意的専断的に権限を行使しないようにできよう[76]。このように，法的適応能力の向上は，行政機関への自由裁量付与と同義とみなすべきではないだろう。

4 既存環境法の再検討の必要性

たとえ気候変動影響の十分かつ正確な情報がなくとも，環境法は，予防的な思考にもとづき，適応力と回復力を向上させるため環境に対する既存のストレス要因を削減または除去するべきである。汚染物質の排出削減は，生態系へのストレスと脆弱性を軽減し，気候変動に対する自然環境の適応能力を維持または向上させることに役立つ。また，自然環境保護は緩和（吸収源）にも適応（継続的な生態系サービス提供）にも有用であり必要である。

まず汚染管理法は，あらゆる種類の汚染物質や発生源を適切に規制している

---

(73) Antonin Scalia, The Rule of Law as a Law of Rules, 56 U. Chi. L. Rev. 1175, 1179 (1989).

(74) Craig は，権限逸脱や不作為を避けるため，principled flexibility を提唱する。Craig, supra note 4, at 17-19.

(75) Glicksman, supra note 32, at 884-85.

(76) Doremus et al., supra note 54, at 11.

［環境法研究 第8号（2018.7）］

わけではない。既存の汚染管理法は汚染物質の定量的な基準ないし削減目標を設定し，自然の浄化吸収能力を前提とする。適応能力を高めるには，物質や活動の汚染原因を追加的に規制する必要がある。

そのためには，現行環境法の規制対象の汚染物質を再検討すべきである。たとえば，農業で使用できる肥料は富栄養化を招き，海の健全性に悪影響を与えるため，肥料使用に関して再考する必要がある[77]。

さらに，規制対象の拡大，現行規制基準の見直しや厳格化も考慮に値する。たとえば，気温が上昇することにより光化学スモッグが発生する確率は高まるため，大気中のオゾンレベルを厳しくする必要が生じてこよう。CWA や CAA で採用される最善の利用可能な技術（BAT）[78]は，製造工程に対して技術基準を課し，継続的な汚染抑制技術向上を求める。行政が権限を活用して BAT レベルを段階的に高めることで，環境の気候変動への耐力を高めることができる。

アメリカに限らず，各国の環境法は環境媒体や汚染原因ごとに個別細分化していることが多い。しかし，気候変動時代に環境法の適応力を向上させるには，規制細分化を克服し，行政機関間で調整・協力体制を構築する必要がある[79]。

規制的手法のみならず，誘導的手法も再考しなければならない。農業補助金などのインセンティブは環境法にとって功罪ある。気候変動適応に逆行するインセンティブ付与は止めるべきであり，適応に資する活動にインセンティブを付与する仕組みにしていかなければならない[80]。

---

(77)　Daniel A. Farber, Rethinking the Role of Cost-Benefit Analysis, 76 U. Chi. L. Rev. 1355, 1358, 1374-1379 (2009).

(78)　CWA の Best Conventional Control Technology (33 U.S.C.§1311 (b)（2）(E)）や CAA の Reasonably Available Control Technology (42 U.S.C.§7502 (c)（1）) が BAT の典型例である。CAA の BAT については，拙稿「アメリカ合衆国の有害大気汚染物質（HAPs）規制」人間環境学研究10巻205-227頁（2012年）；同「アメリカ合衆国清浄大気法（CAA）における技術ベース規制」同229-250頁（2012年）も参照。

(79)　気候変動適応に関する論文はこのことを指摘するものが多い。たとえば，Glicksman, supra note 32, at 873-75; Robin Kundis Craig, Climate Change, Regulatory Fragmentation, and Water Triage, 79 U. Colo. L. Rev. 825, 834-836, 866-878, 884-90; Matthew D. Zinn, Adapting to Climate Change: Environmental Law in a Warmer World, 34 Ecology L.Q. 61, 83, 86-87 (2007); Daniel A. Farber, supra note 77, at 1397-99.

(80)　Craig, supra note 4, at 49-50.

106

5　他の適応関連法との関係

　適応策ないし適応事業は，それ自体，環境へ重大な悪影響をもたらすおそれ
があり，二次的な環境影響を生じさせる。営造物設置などの適応そのものが自
然本来の能力を害し，気候変動の深刻な影響を軽減できなくするおそれがある。
　環境法は，他の適応関連法にもとづいて実施される活動や事業に対して，環
境損害，とくに不可逆的な損害を防止する重要な役割を担い続けなければなら
ない。環境影響評価の一層の充実または横断的な環境配慮を一層強めることが
必要になろう[81]。
　気候変動適応の対象は環境法の規律対象以外の相当幅広い分野に及び，適応
策は地域特有の複雑な経済的，社会的，制度的な状況の中で実施される。気候
変動適応政策は，環境法の範囲をたやすく超越する。環境法は，災害対策事業
などを所掌する他の適応関連法にいかに関わり，連携を構築するかが重要にな
る[82]。
　環境法と他の適応関連法を協調的協働的に連携させるため，あらゆる政府レ
ベルや民間レベルで気候変動適応の主流化（mainstreaming）の必要性が提唱さ
れる[83]。主流化は，明確な政策を提案するわけでなく，政策提案のための政
策である。しかし，主流化は容易ではない。開発決定をする際の気候変動情報
の考慮の有無，気候変動情報の不確実性，政府の縦割り制度，開発機関内部の
細分化，気候変動目的と開発目的のトレードオフなどが主流化の制約として指
摘される[84]。
　とくに問題なのは，気候変動適応における環境法と他の適応関連法のそれぞ
れの保護価値のトレードオフ関係である。言うまでもなく気候変動は大災害の
ように破滅的で不可逆的な影響をもたらす。適応関連法にもとづく適応措置は，

---

(81)　ただし，環境影響評価にも気候変動問題などへの適用に関して議論がある。畠山・
　　　前掲注(39)158-169頁。
(82)　Ruhl, supra note 6, at 413-416.
(83)　2012年6月に連邦議会が可決したBigger-Waters Flood Insurance Reform Act（42
　　　U.S.C.§4004）がある。本法は，気候変動影響を実体法に導入した最初の連邦法で，
　　　国家洪水保険プログラム（National Flood Insurance Program: NFIP）に海面上昇の影
　　　響を取り入れた。Sean B. Hecht, Insurance, in Michael B. Gerrard & Katrina F. Kuh
　　　eds., THE LAW OF ADAPTATION TO CLIMATE CHANGE: U.S. and International
　　　Aspects 527-531 (2012).

［環境法研究 第 8 号 （2018. 7 ）］

これらの惨事から人の生命，健康，生活環境を保護するために実施され，場合
によっては緊急に必要となる。

適応措置実施にあたって，それでもなお環境を犠牲にしない，あるいは，現
行の環境法が求める基準や規則作成プロセスの遵守を擁護できるのかが課題に
なる。かかるトレードオフを調整・判断する仕組みが必要になろう[85]。実際，
既存法の枠組みで適応が主流化した例は少ない[86]。

6 そ の 他

気候変動時代に環境法を制度設計するにあたり，主体や利害関係者が協働で
きる体制を構築する理論的基盤として，ダイナミック・フェデラリズム
（Dynamic Federalism）とニュー・ガバナンス（New Governance）が新たなガバ
ナンス構造を支える代表的理論にあげられる[87]。また環境法に限ったことで
はないが，気候変動時代の環境法の制度設計は，気候変動適応における公益と
私益のバランスのとり方，動植物の絶滅など犠牲（損失）の受容の程度などを
検討しなければならないだろう[88]。

---

(84)　Parker-Flynn, supra note 18, at 21-22. 実際，連邦沿岸域管理法（Coastal Zone
Management Act: CZMA）の1990年修正は，「地球温暖化が沿岸域に重大な悪影響を
もたらす実質的な海面上昇を起こすかもしれないため，沿岸域州は，かかる事象に対
する予測と計画をしなければならない」との立法事実を追加した。しかし，CZMA
は連邦適合性要件をクリアした州に対して支援する枠組みであり，海面上昇への適応
を沿岸域管理計画に加える一部の州（メイン州，ロードアイランド州，サウスカロラ
イナ州）でさえ，具体的な適応策には至っておらず，主流化とまでは言えない現状が
ある。Ruhl, supra note 5, at 687-688. また，CZMA の最近の動向については，拙稿「ア
メリカの沿岸域管理法制度の実態と課題」人間環境学研究16巻83-100頁（2018年）を
参照。

(85)　Parker-Flynn, ibid., at 28-29.

(86)　ニューヨーク市は，適応計画作成イニシアティブで気候変動適応を主流化した数少
ない例である。Edna Sussman et al., The New Regulatory Climate: Greenhouse Gas
Regulation in the Obama Administration: Article: Climate Change Adaptation: Fostering
Progress through Law and Regulation (2010) 18 N.Y.U. Envtl. L.J. 55.

(87)　Ruhl, supra note 11, at 1397-1398.

(88)　Craig, supra note 4, at 61-63.

108

Ⅵ　むすびにかえて ── 将来の展望

　気候変動影響リスクが原発や遺伝子組み換え技術などの他の環境リスクと異なる点の1つに恒常性の崩壊がある。恒常性の崩壊により，気候変動影響が如実に現出する未来は過去の経験が役に立たず，これまで環境法が依拠してきた影響予測が困難ないし不可能になる。それゆえに，気候変動時代の環境法は，事前対応から事後対応への転換を迫られる。　新たな状況や科学的知見に合わせて事後的に反復的プロセスを制度化し，政策や措置を調整する適応管理は，気候変動の影響に対抗する唯一の有効な方法といわれる。

　しかし，適応管理は，法の支配や法的安定性，裁量の濫用危険と統制といった伝統的な法学とのバランスをどのように取るかについて，一層深く議論する必要がある。気候変動適応に適応管理は有効で必要だろうが，法原則も長い年月をかけて人類が幸福のため犠牲を払いながら築いてきた業である。

　また，気候変動の影響は，環境分野にとどまらず多岐にわたり，閾値のないnon-linear な性質であり，不規則に局所的に発生する。気候変動の影響に対応するには，多くの法分野が関与しなければならず，環境法は気候変動適応において支配的地位にはなれない。今後，気候変動適応の法制度が整備されていくにつれ，環境法の領域は狭まっていき，環境法固有の領域は，数十年前の環境法領域に先祖返りをするかもしれない。

　気候変動時代でも環境法が存在意義を継続して示すには，まずは一層の緩和策を推進し，影響をできる限り緩和することで，恒常性崩壊を防ぎ，歴史的な環境価値を保護することである。しかし，温室効果ガスの累積分もあり，パリ協定を嚆矢とする現在の緩和策では劇的な改善は見られず，パリ協定でも適応対策の推進が規定された。気温上昇を1.5度ないし2度に抑制する目標が達成できたとしても，影響は避けられない見通しである。したがって，気候変動時代に環境法が生存するには，環境法は，未経験の未来であるが，過去から現在まで発展的に構築してきたパラダイムを転換し，まさに気候変動に適応していかなければならない場面に遭遇するかもしれない。

　最後に，本稿は，環境法を批判的に論じた印象を与えたかもしれないが，気候変動時代でも環境法が存在意義を発揮し，輝きを放って欲しいとの願いがあったからである。本稿が気候変動時代あるいは将来の環境法のあり方に関す

［環境法研究　第 8 号（2018. 7）］

る議論の端緒となれば幸いである。また，本稿は，環境法の構造を取り上げて論じたため，抽象的な記述が多くなったことをお詫びしお許し願いたい。個別の法律，影響分野，措置などに関する具体的な検討は今後の課題として取り組む所存である。

〈景観・里山訴訟〉

◆ **4** ◆

景観・まちづくり訴訟の動向[1]

日 置 雅 晴

I　は じ め に
II　景観を巡る訴訟の動向
III　都市計画や建築確認を巡る訴訟の動向
IV　まちづくり権訴訟の出現

［環境法研究 第8号（2018. 7）］

I　は じ め に

　国立マンション事件最高裁判決から10年，景観法の制定から14年が経過した。この間の景観・まちづくりの動向を，主に訴訟の面から振り返るとともに，今後の展望を考えてみたい。

　景観・まちづくりに関連しては，地方分権により都市計画や建築行政などが機関委任事務から自治事務へ変わったことや，国立マンション事件最高裁判決が景観利益を認めたこと，これまでの都市計画法や建築基準法とは異なる構造を持つ景観法が施行されたこと，行政事件訴訟法の改正がなされたことなどから大きな状況変化が生じることが期待された。

　しかしながら，全体として公共事業や開発事業などが地域環境に対する十分な環境配慮を伴わないで立案され，それに対して周辺住民等が反対運動を行う事案が減少しているとは言い難いし，このような事案についての法的救済が行政事件訴訟法の改正などを通じて大幅に拡大したと言える状況にもない。

　他方で，これまで皆無であった都市計画が司法判断により変更される事案や，鞆の浦のように公共事業の埋立事業に対する事前の差し止め請求が認められる事案なども出現している。また自治体においては，新たに実効性を持った計画調整制度の導入や事業者と交渉を可能とする制度の導入などの動きも始まりつつある。このような中で筆者はいくつかの都市景観を巡る訴訟に関わるとともに，練馬区，国分寺市，狛江市，八潮市，小平市，杉並区，武蔵村山市など複数の自治体のまちづくりや景観に関連する委員会の委員としても関わってきた。

　本稿ではここ10年ほどの景観・まちづくりを巡る裁判の動向，そして訴訟と自治体の都市政策の関わりを概観する。

II　景観を巡る訴訟の動向[2]

　景観を巡る訴訟は，大きく分けると民事訴訟として受忍限度を超える景観利益の侵害（あわせて日照権や他の法益侵害も問題にすることが多い）を理由として，

（1）　本稿は平成23年度の環境法政策学会の講演内容をまとめた原稿を元に，平成29年に行われたまちづくり訴訟の研究会の報告を踏まえて，関連判例などを付加して，補足修正したものである。

4　景観・まちづくり訴訟の動向〔日置雅晴〕

工事の差し止めや損害賠償を請求する事案と，建築確認や開発許可，埋め立て許可などの事業許可を巡り景観利益の侵害等を手がかりとしてその処分の取消や差し止めを求める行政訴訟で係争する事案に分けることができる。いずれにおいても，厳しい判断が続いているのが現状である。

1　民事訴訟における景観利益を係争した事例

（1）国立マンション事件最高裁判決[3]は，良好な景観に近接する地域内に居住する者が有するその景観の恵沢を享受する利益が民事上の法的利益に該当するという判断を最高裁として初めて認めたが，同時にその侵害が違法となる場合について刑罰法規や行政法規違反や公序良俗に反するような場合に限定した。この基準を超えて受忍限度を超えた侵害を立証することはきわめて厳しいと考えられる。国立最高裁判決以降，多くの都市環境を巡る紛争や公共事業を巡る紛争で景観利益に基づく請求がされているが，最高裁判決の示した厳しい要件を満たして請求が認容された事例は出現していない。

（2）船岡山マンション事件の京都地裁判決[4]は京都市内の斜面地に建設されたマンション計画に対して景観権ないし景観利益に基づくマンションの一部除却，損害賠償を請求した事例であるが，判決は景観利益の成立と一部条例違反の存在，相当の高さと容積を有する建物であることを認定しつつ，その点を除けば周囲の景観の調和を乱すような点があるともいえず，他に公序良俗違反や権利の濫用に該当する事情はないとして請求を棄却している。（工事騒音等については請求を一部認容）

（3）都市計画道路建設を巡る名古屋地裁判決[5]は都市計画道路事業（高架道路計画）に対して，民事請求として景観権，眺望権，人格権，日照権，所有権，通行権などに基づき工事差し止めを請求した事例であるが，判決は地域環境について，「木々や緑地などが多い閑静な住宅地となっているが，日泰寺などの文化財あるいは自然環境を中心とした住宅地を目指して地域の整備を行ってきたという歴史的な経緯があるわけではない」として，本件地域において，文化

（2）　景観の私法上の保護における地域的ルールの意義　吉村良一。
　　　http://www.ritsumei.ac.jp/acd/cg/law/lex/07-6/yosimura.pdf
（3）　最高裁平成18年3月30日判決・集民60巻3号94頁。
（4）　京都地裁平成22年10月5日判決・判時2103号98頁船岡山マンション事件。
（5）　名古屋地裁平成21年1月30日判決・裁判所ウェブサイト掲載。

113

［環境法研究 第8号 （2018. 7）］

財，自然環境，建物の高さや位置，建物の様式などが，現に調和がとれた景観を呈していると認めることはできないと景観利益の成立を認定しなかった。(他の請求も含め棄却)

（4）住宅の色彩とデザインを巡る東京地裁判決[6]は，まことちゃんハウス事件として話題になった，住宅地における赤白ストライプの外壁塗装が景観利益，平穏生活権を侵害するとして外壁の撤去，損害賠償を請求した事例であるが，建物外壁の色彩について法的規制はなく，本件地域に居住する住民間で建物外壁の色彩に関する建築協定等の取り決めも存しないこと，実際にも，本件建物周辺には外壁が青色の建物，黒色の建物，薄紫色の建物など様々な色彩の建物が存在し，本件地域内の建物外壁の色彩が統一されているわけでないことから，本件地域内に居住する者が，建物外壁の色彩に係る景観の恵沢を日常的に享受しているとか，景観について景観利益を有するなどということはできないと景観利益の成立を否定している。

（5）町田市のマンション計画を巡る東京地裁判決[7]は高台に計画され，エキスパンションジョイントで接続された588戸という大規模マンション計画に対して景観利益などの侵害を理由として撤去を請求した事例であるが，本件土地周辺の景観は，良好な風景として，豊かな生活環境を構成するものであって，少なくとも原告を含むこの景観に近接する地域内の居住者は，上記景観の恵沢を日常的に享受しており，上記景観について景観利益を有すとその成立は認定したが，原告らの景観利益（その主眼は環境保護や緑化の充実にある。）との対比において違法とみるべき程度に建築関係諸法規の違反があるということもできないとして違法な侵害は認定しなかった。

（6）常盤台マンション事件東京地裁判決[8]は，板橋区ときわ台という戦前に計画的に開発された良好な住宅地をひかえる常盤台駅前に計画された高層マンションが，背後の良好な住宅地とそれにふさわしい駅前地区などの景観利益を侵害するとしてその撤去などを請求した事例であるが，判決は住宅地と駅前商業地域という異なる地域性を持った二つの地域が一体となった景観利益の成立は認定したものの，自主規制による景観利益の成立は認めず，違法性もない

（6） 東京地裁平成21年1月28日判決・判タ1290号184頁まことちゃんハウス事件。
（7） 東京地裁平成19年10月23日判決・判タ1285号176頁。
（8） 東京地裁平成18年9月8日判決・判例集未登載。

114

4 景観・まちづくり訴訟の動向〔日置雅晴〕

として建築物の撤去は認容しなかった[9]。

（7）二子玉川再開発事業差止請求事件東京地裁判決[10]は，世田谷の二子玉川地区における大規模再開発により，眺望景観等が侵害されることなどをめぐり，人格権等に基づく再開発事業の差し止めを求めた事案について「都市の景観が景観利益として保護されるためには，上記のとおり，当該景観が，良好な風景として，人々の歴史的又は文化的環境を形作り，豊かな生活環境を構成することが必要である。しかるに，原告らの主張する景観は，「多摩川の流れ」，「その上に広がる空」，「丹沢や富士の眺め」，「（それらが）一体となって形作る景観や自然」といった，人為の加えられない自然を対象としたものである上，これらの景観を守ることを目的として，高さの建築制限などといった意識的な行政活動が行われた形跡は本件全証拠によるも認められず，また，当該目的の達成のために，本件再開発地域周辺の住民らが意識的な活動を行い，成果を挙げてきた形跡も認められないことからこれを景観利益として評価することはできない。」として請求を棄却している。

（8）湯布院メガソーラー事件[11]大分地裁判決は，観光地である湯布院における大型太陽光発電施設いわゆるメガソーラーの設置を巡り，近隣居住者や旅館経営者などが人格権（地区の景観を含む自然環境を享受する権利）及び地区の景観に対する景観利益並びに営業権が侵害されるとして設置の差し止めを求めた事案について，「そもそも環境権及び自然環境に対する景観利益については，そのような権利又は利益が認められていると解すべき実定法上の明確な根拠はなく，また，少なくとも，その権利又は利益の内容及びそれが認められるための要件も明らかではない。これに加えて自然環境の性質に鑑みると，個人がこれを排他的・独占的に保有し支配するということは観念できない。そうだとすると，現時点において，原告らは，本件開発行為の差止めを求めることの根拠となり得る権利又は利益を有しているとはいえない。」として，請求を棄却している。

（9）一連の裁判事例を見ても，一定の良好な都市環境が形成されている場

（9）「マンション訴訟における景観利益の一考察」佐々木貴之・室田昌子『日本建築学会研究報告集Ⅱ』237-240頁，（2007年）。

（10）東京地裁平成20年5月12日判決・判例タイムズ1292号237頁。

（11）大分地裁平成28年11月11日判決 LEX 収録，越智敏裕・新・判例解説 Watch21号279頁。

［環境法研究 第8号（2018.7）］

合に，景観利益の成立が認定される可能性はかなり高いものの，個別の開発事業による景観利益の侵害行為が違法性を帯びるか否かについての裁判所の判断はかなりハードルが高い。

逆に言えば，一定の良好な都市環境が維持されている地域の場合，現在では高度地区による絶対高さ規制や地区計画や景観地区指定，景観協定や建築協定など，様々な都市環境保護のための行政規制手法が整備されてきているところから，地域に適合した手法による行政的な規制を適切に導入しておくことが決定的に重要になる。

しかしながら，様々な行政的な規制手法は，規制がなされると事前予防としては大きな効果を上げるものの，いったん制定された規制の範囲内の計画に対しては，さらなる違法性の主張はきわめて困難になる側面を有している。現実的にも，高度地区による絶対高さ規制が導入された地域では，高度地区規制ぎりぎりの高さの建築計画が次々と出現する事態となり，近隣紛争につながっている事例もある。背景としては，行政規制の導入に際して，既存不適格の出現の回避や，財産権規制に対する配慮などから，多くの自治体において規制基準がかなり緩く設定されるという問題がある。

行政規制の導入に際して，どの程度の基準を設定するかはきわめて重要な問題であるが，住民にとっては具体的な建築計画がない場合に，その影響を見極めることは容易ではなく，住民サイドにたった都市計画専門家によるアドバイス等を踏まえた適切な規制水準の設定が強く望まれる。

高度地区や地区計画など，規制内容に自治体独自の許可による緩和規定を盛り込むことができるような場合には，いくつかの自治体で見られるように厳格な基準を原則として設定したうえで，そこに一定の緩和許可規定を組み合わせることによる開発計画の誘導施策はかなり有効である。

本来都市景観を巡る民事訴訟は，良好な都市景観が存在しつつ現在適切な行政規制が導入されていない地区や，規制が導入されていても規制内容が不十分な場合に，住民による最後の救済手段と位置づけられるが，現在の判例の動向から見ると行政規制のないことは，景観の規制ルールがないという判断につながり，機能する場面はきわめて限定的にならざるを得ない。

2 行 政 訴 訟

（1）国立マンション最高裁判決が民事上の法的保護利益として景観利益を

4　景観・まちづくり訴訟の動向〔日置雅晴〕

認めたことを前提として，景観利益の侵害を原告適格の根拠として，あるいは根拠法令において考慮すべき要素として主張する行政訴訟も増えてきている。

（2）景観利益を原告適格の保護法益と位置づけるとともに公有水面埋め立てにおける考慮事項としても位置づけることで，事前差し止め請求を認容したのが鞆の浦世界遺産訴訟[12]である。この判決では，景観利益は私法上，保護に値するものであり，鞆の風景は全体として歴史的・文化的価値を有する法律上保護に値する利益があり，これに近接する地域居住者はその恵沢を享受しており，私法上法律上保護に値すると認定し，公水法3条の利害関係人の意見書提出権者に私法上の権利者は該当することや，瀬戸内法における埋め立てに際して瀬戸内海の特殊性を考慮する義務は国民の瀬戸内海に関する景観利益を保護していること，公水法4条1項3号は埋め立て用途が土地利用，環境保全に関する行政計画に適合すること，国と県の計画は環境保全に十分配慮すること，地域住民の意見を反映するなどと規定していることから，公水法・関連規定は鞆の景観を享受する利益を個別的利益としても保護する趣旨を含むと判断し，重大な損害を認定した上で差し止めを認容している。

（3）葛城市クリーンセンター建設許可差止請求事件の控訴審[13]は，自然公園法20条の許可に関して，自然公園法と景観法は目的を共通にするとした上で，景観計画上の手続き規定なども踏まえ「自然公園法は，少なくとも，本件許可が違法にされ，本件施設が建設されて稼働することによって害される自然風致景観利益，換言すれば，本件施設の建設及び稼働によって本件予定地周辺の優れた自然の風致景観が害されることがないという利益を，そこに居住するなど本件予定地の周辺の土地を生活の重要な部分において利用しており，本件施設の稼働によって騒音，悪臭，ふんじん等の被害を受けるおそれのある者に対し，個々人の個別的利益としても保護すべきものとする趣旨を含むと解するのが相当」であるとして周辺の居住者などの原告適格を認めた。ただし結論としては重大な損害要件が満たされていないとして却下した原審判断を維持した。

（4）しかしながら，今のところ鞆の浦地裁判決以外に景観利益を根拠として請求を認容した行政訴訟事例は出現していない。

建築基準法上の総合設計許可を巡る浅草寺超高層マンション事件[14]におい

---

(12)　広島地裁平成21年10月1日判決・判時2060号3頁。
(13)　大阪高裁平成26年4月25日判決・判例地方自治387号47頁。

117

ては，判決は浅草寺周辺地域の景観は人々の歴史的又は文化的環境を形作り，豊かな生活環境を構成するものとして一定の客観的価値を有すると認定したものの，計画建築物の周辺住民の景観利益が建築基準法の総合設計許可において個別的に保護されていると解することはできず，これらの利益は一般的公益の中で保護されているにとどまるとして，景観利益に基づく原告（浅草寺）の請求は却下している。

（5）景観法が制定されて，行政法規による景観規制が導入されたが，その制定が地域住民に対する都市景観上の問題に対する救済の範囲を拡大する根拠となるかという点に関しても，困難な問題が生じている。

まず，景観法は建築基準法のように原則的に全国一律に適用されるという制度ではなく，自治体が景観地区あるいは景観計画の対象地域として適用範囲を設定する必要がある。このことは，第1の1の（9）で述べた行政規制の導入の有無と民事的救済の関係と類似の状況を生み出し，景観法施行後に当該地域に景観計画も景観地区も指定されていない状況では，そのような地域における民事的な景観保護の必要性が否定されがちである。上述した，まことちゃんハウス事件の判断などにも，当該地域において景観規制等が存在していないという事実は，保護を否定する根拠とされているように，むしろマイナス要素として働きかねない側面がある。

景観計画に関しては平成29年3月31日時点で538団体で景観計画が策定されており，計画内容の厳格さはさておき，対象地域はかなり広範になっている(15)。

これに対して，より強い規制が可能な景観地区については平成29年3月31日時点で45地区と準景観地区6地区が指定されているが，その多くは景勝地や観光地，あるいは一体計画がなされた再開発区域などがほとんどであり，一般的な既成市街地が指定されている例はほとんどない。

景観法を積極的に活用している芦屋市は，一般的な住宅地を含んだ市内全域を景観地区指定したことで知られているが，（現在は市内全域の景観地区と，さらに厳しい規制を行う芦屋川特別景観地区が指定されている），その結果，建築行為を行う場合，すべての建築物と認定工作物に関しては，市長による認定手続

---

(14) 東京地裁平成22年10月15日判決・判例集未登載。

(15) 国土交通省 景観法の施行状況参照。
http://www.mlit.go.jp/toshi/townscape/toshi_townscape_tk_000021.html

4 景観・まちづくり訴訟の動向〔日置雅晴〕

きが義務つけられている(16)。

現実的には，認定申請に対する不認定事例が一例出現している。これは市内の住宅地域内に計画されたマンション計画に対してなされたものであるが，事業者は不認定処分を係争することなく，計画敷地を転売して撤退している。認定申請を行った事業者が不認定処分を受けた場合に係争できることは明白であるが，逆に周辺住民が許容しがたいと考える計画に対して行政が認定処分を行った場合に行政訴訟として係争可能であろうか。この場合，景観法が周辺住民らの個別的利益を保護しているか否かが問題となるが，現在の裁判所の原告適格の判断枠組からはかなり厳しい結果が予想されるが，この点をクリアすれば取り消し訴訟として救済の可能性がある。

これに対し，景観計画の場合には，そもそも規制がかなり緩く，一定規模以上の建築計画だけに届け出が義務づけられ，これに対して景観行政団体は景観法16条3項による勧告もしくは17条1項による変更命令を行うことができるとされているが，現実的には事前協議の範囲内で協議により処理されているようであり，変更命令が出された事例はない。

なお，勧告も変更命令も出されなかった事例に対して計画建築物の周辺住民が変更命令の義務付けを請求した事案に対する江東区東雲のマンション計画を巡る東京地裁判決(17)は，変更命令が景観法17条により届け出から原則30日以内とされていることから，30日を経過した時点で変更命令を行う権限が消滅しているとの理由により請求を却下する判断を行っている。

そもそも周辺住民が行政の対応に対して具体的な不服を唱えるか否かの判断が可能になるのは，行政が変更命令を出さないと判明した時点であるが，それは届け出から30日が経過した時点であり，この時点で命令権限が消滅していると解すると，係争すべきか否かの判断をなすべき時点ではすでに義務付けは不可能ということであり，この点だけで景観計画に基づき周辺住民らが行政的な救済を受ける余地は全くないこととなる。

係争期間の件をさておくとしても，景観地区の場合には周辺住民の係争形態としては，事業者が認定申請を行い，これが認められた場合に周辺住民がその

---

(16) 芦屋市の景観地区。
　　http://www.city.ashiya.lg.jp/toshikeikaku/keikan/keikan_tebiki.html
(17) 東京地裁平成24年1月17日判決・LEX登載。なお控訴審東京高裁平成24年6月28日判決も同様である。

119

[環境法研究 第8号（2018.7）]

取り消し訴訟を提訴することになるのに対して，景観計画の場合には，行政が当該計画を許容する場合には何ら処分が行われないことから，その結果に不服のある場合の係争手段は非申請型の義務付け訴訟とならざるを得ないこと，その場合どのような変更を命じるかに関しても裁量の余地が大きいことなどの要素もあり，行政訴訟による救済の可能性は厳しい状況にある。

結果的に，景観地区の場合には指定されている地区内住民は一定救済の可能性はあるが，そもそも指定地域が限定的であり，その指定状況を見ても，芦屋市などの事例を除けば近隣紛争等が生じる事態は想定しにくいのが現状である。他方で景観計画の場合には広範に指定されてはいるものの，行政が権限を発動しない場合に，周辺住民が訴訟による救済を求めることは困難である。結果的に，景観法を根拠とする行政訴訟による救済も困難である。

Ⅲ　都市計画や建築確認を巡る訴訟の動向

（1）行政や事業者と近隣住民の間の実質的な紛争は地域性にそぐわない巨大開発等による景観利益等の侵害であっても，景観侵害を訴訟における直接の争点とすることが難しいことから，個別の根拠法令の規定違反を問題として取消訴訟や差し止め訴訟などの行政訴訟を行う事例は数多い。

都市計画法上の都市計画決定や開発許可，建築基準法上の建築確認や特例許可を巡っては，原告適格や処分性という問題はあるが，本案の違法性に関しては，当該法令に具体的な判断根拠が明示されていることから，景観利益を主張する場合に比べれば請求が認容されやすいということができる。

しかし，従前，特に都市計画決定に関しては処分性が早い段階では認められなかったこと，処分の申請者以外が係争する場合については，原告適格が否定されてきたこと，開発許可や建築確認に関しては，工事が完成してしまえば訴えの利益が失われるとされてきたことなどから，事実行為が先行して完成してしまうことにより，係争継続が困難となる事例が多かった。しかしこの点に関しては近年いくつかの点において，変化が見られ始めている。実際の事例を踏まえて変化の兆しと，変わらない部分を眺めてみる。

（2）都市計画を巡っては，都市計画決定段階ではいわゆる青写真であるとして，処分性が認めれらず[18]，計画が進展した事業決定段階などかなり後の段階まで争訟対象とされてこなかった。このような裁判所の消極姿勢に対して

は，学説はもとより行政庁の中からも紛争の早期決着という視点からであはる
が，むしろ早期の都市計画決定段階から争訟対象とする必要性が提案されるよ
うな状況にあった[19]。

　このような状況の中で，行政事件訴訟法改正論議の中では，都市計画決定や
行政計画などに関して，処分性がないとしても確認訴訟による係争可能性が議
論されていたが，現実的には，最高裁は浜松区画整理事件大法廷判決[20]にお
いて，処分性を前倒しすることにより取消訴訟による係争可能性を拡大した。
もっとも，最高裁の処分性拡大の根拠は都市計画による土地利用規制を用途地
域指定などの完結型と，その後に事業が継続する区画整理などの非完結型に区
分し，非完結型である区画整理においては，都市計画決定段階においてすでに
一定の土地に対する具体的権利制限が生じるということを根拠としており，そ
の射程が問題となる。

　最高裁の考え方に従えば，一般的な地区計画などは完結型に分類される可能
性が高いが，最近大都市部で適用が増えている再開発等促進区を定める地区計
画[21]などは，地区計画を決定する段階で区画内の予定建築物の形状・日影図
等まで審査した上で地区計画の内容を決定することとされている[22]。この段
階で係争できないとなると，その後地区計画に従った個々の建築計画について
建築確認がなされた段階での係争が想定されることになる。しかし，地区計画
の内容そのものを問題とする場合には，後続の建築確認処分は現在ではほとん
ど民間確認機関によりなされていることや，複数出現が予定される個々の建築
確認処分をすべて係争しなくてはならなくなること等を考慮すると，少なくと

---

(18)　最高裁大法廷昭和41年2月23日判決・判時436号14頁。
(19)　都市計画争訟研究会「都市計画訴訟研究報告書」（都市計画協会　2006年），国土交
　　通省都市・地域整備局都市計画課「人口減少社会に対応した都市計画争訟のあり方に
　　関する調査業務報告書　2009年」は，いずれも国土交通省内で都市計画に関する争訟
　　制度の改正を検討した報告書であるが，いずれの報告書でも早期の都市計画段階から
　　争訟対象とする制度改正を検討している。
(20)　最高裁大法廷平成20年9月10日判決・判時2020号21頁。
(21)　再開発促進区を定める地区計画，国土交通省。
　　http://www.mlit.go.jp/jutakukentiku/house/seido/kisei/68-3saikaihatsu.html
(22)　東京都においては詳細な「東京都再開発等促進区を定める地区計画運用基準」が定
　　められており，この中で開発主体から具体的な建築計画をも内容とする企画提案書が
　　提出されることとされている。
　　http://www.toshiseibi.metro.tokyo.jp/seisaku/new_ctiy/sai_tiku.html

［環境法研究 第8号（2018. 7）］

も地区計画段階で処分性を認めるか，処分性を認めないとしても違法確認訴訟による係争を認めるべきではないかと思われる。しかしながら，中野駅前の警察大学校跡地の再開発等促進区を定める地区計画を係争した事案においては裁判所は地区計画決定，それに基づく地区計画条例，前提となった都市計画決定いずれも処分性を否定するとともに，確認訴訟形態においても確認の利益を認めず却下している[23]。例外的に道路に関する都市計画の変更を処分性ありとした裁判例[24]が見受けられるが控訴審[25]では従前通り処分性を否定しており，今のところ，都市計画に関連して，どの範囲まで都市計画決定段階で訴訟対象と出来るかは流動的である。

（3）伊東市都市計画道路事件[26]と林試の森事件[27]は数少ない都市計画決定を違法と判断した裁判結果に基づいて事案が決着した事例である。伊東市都市計画道路事件では，道路拡幅を内容とする都市計画決定について，前提とした基礎調査の将来予測が合理性を欠いていたことを都市計画の違法事由と認定した（土地所有者が違法性を主張したい都市計画道路を前提として道路予定地内の建築許可を申請し，その拒否処分を係争対象とすることにより，処分性などの問題を回避している）。林試の森事件では公有地より民有地を優先的に都市計画事業の対象とした点が裁量逸脱と判断された（こちらは都市計画事業認可を対象としている）。

前者はその後最高裁で確定，静岡県は都市計画の変更を行っている。後者は最高裁の破棄差し戻し後，東京都が判決を踏まえた都市計画の変更を行ったことから訴え取り下げとなっている。

しかし都市計画決定を巡る実体的な違法性の判断基準に関しては小田急高架訴訟小法廷判決[28]において「都市施設の規模，配置等に関する事項を定めるに当たっては，当該都市施設に関する諸般の事情を総合的に考慮した上で，政

---

(23) 東京地裁平成24年4月27日判決・判例集未登載（都市計画決定違法確認訴訟，地区計画決定取消請求事件，地区計画条例取消請求事件の3件の訴訟）。
(24) 奈良地裁平成24年2月28日判決・LEX登載。
(25) 大阪高裁平成24年9月28日判決・LEX登載。
(26) 東京高裁平成17年10月20日判決・判時1914号43頁。
(27) 最高裁平成18年9月4日判決・集民221号5頁。
(28) 最高裁第1小法廷平成18年11月2日判決・判時1953号3頁（小田急大法廷判決を受けた本案に関する判断）。

策的，技術的な見地から判断することが不可欠であるといわざるを得ない。そうすると，このような判断は，これを決定する行政庁の広範な裁量にゆだねられているというべきであって，裁判所が都市施設に関する都市計画の決定又は変更の内容の適否を審査するに当たっては，当該決定又は変更が裁量権の行使としてされたことを前提として，その基礎とされた重要な事実に誤認があること等により重要な事実の基礎を欠くこととなる場合，又は，事実に対する評価が明らかに合理性を欠くこと，判断の過程において考慮すべき事情を考慮しないこと等によりその内容が社会通念に照らし著しく妥当性を欠くものと認められる場合に限り，裁量権の範囲を逸脱し又はこれを濫用したものとして違法となるとすべきものと解するのが相当である」という極めて広範な行政裁量を認める判断枠組みが示されており，その後これら先行事例に続く都市計画決定を違法と判断する裁判例が出てくるという状況にはない。

（4）また都市計画法上の開発許可を巡っては，従前原則として近隣住民らの原告適格が認められていなかったが，行政事件訴訟法改正前に崖崩れの被害が及ぶ範囲の居住者に原告適格を認める判例[29]が出ており，その範囲は溢水被害[30]などには拡大されてきた。崖の場合は都市計画法33条1項7号を，溢水の場合は同法33条1項3号を根拠とするものであるが，そもそも開発許可の保護法益を都市計画法33条の1項の中の各号に分解して，その中で具体的な近隣保護の規定がある場合にのみ限定するという原告適格に関する判断手法の妥当性が問われるところである。行政事件訴訟法改正と，小田急大法廷判決を踏まえて，このような狭い法令解釈にとどまらず，行政事件訴訟法9条2項に規定された関連法令を広くとることにより，原告適格の拡大が期待された。しかしその後の都市景観や都市環境分野の判例の動向を見ていても，生命身体等に直接影響するような場合を除くと近隣居住者一般の環境影響にまで原告適格を拡大する状況にはない[31]。むしろ場外車券売り場に関する最高裁判決[32]のように，原告適格を限定的に解する判断がなされている。

---

(29)　最高裁平成9年1月28日判決・民集51巻1号250頁。

(30)　横浜地裁平成17年10月19日判決・判例地方自治280号93頁。

(31)　大阪地裁平成20年8月7日判決・判例地方自治320号71頁では崖崩れや溢水に関する原告適格は認めたものの，都市計画法33条1項2号や景観利益に基づく原告適格は否定した。

(32)　最高裁平成21年10月15日判決・民集63巻8号1711頁。

［環境法研究 第 8 号（2018. 7 ）］

（ 5 ）開発許可を巡ってもこのような判例の動向に大きな変化はないが，最近の大阪地裁判決[33]は，都市計画法33条 1 項 2 号の規定を根拠として，当該規定は空地の確保が不十分又は開発区域外への道路の接道が不十分な場合に，火災等による被害が直接的に及ぶことが想定される開発区域内外の一定範囲の地域の住民の生命，身体の安全等を，個々人の個別的利益としても保護する趣旨を含むものと解して，原告適格を認めている。都市計画法33条 1 項の枠内という判断は変わっていないものの，多少の拡大の動きということはできる。本質的な原告適格判断の枠組みの拡大を基本的には求めるべきであるが，このような地道な原告適格の根拠規定の拡大の追求も救済の拡大の側面からは重要である。

（ 6 ）工事の完成と訴えの利益の喪失

建築確認や開発許可に関しては，許可された工事の禁止を解除するものであり，該当工事が完了してしまえば，訴えの利益が消滅するとされてきた[34]。少なくとも開発許可については，異論[35]も見られたところであるが最高裁の判例としては確立していた。この点に関し，鎌倉市の市街化調整区域の開発許可を係争した事案に関し最高裁判決[36]は，市街化調整区域における開発許可の特殊性に着目して「開発許可を受けた開発区域においては，工事完了公告がされた後は，予定建築物等の建築等についてはこれが可能となる。そうすると，市街化調整区域においては，開発許可がされ，その効力を前提とする検査済証が交付されて工事完了公告がされることにより，予定建築物等の建築等が可能となるという法的効果が生ずるものということができる。したがって，市街化調整区域内にある土地を開発区域とする開発行為ひいては当該開発行為に係る予定建築物等の建築等が制限されるべきであるとして開発許可の取消しを求める者は，当該開発行為に関する工事が完了し，当該工事の検査済証が交付された後においても，当該開発許可の取消しによって，その効力を前提とする上記予定建築物等の建築等が可能となるという法的効果を排除することができる。」として，限定的ながら訴えの利益が消滅しない場合があることを認めた。

---

(33) 大阪地裁平成24年 3 月28日判決・判例集登載未確認。

(34) 開発許可について 最高裁平成 5 年 9 月10日判決・判例時報1514号62頁，建築確認について。

(35) 法協112巻 9 号1294頁〔山本隆司〕。

(36) 最高裁平成27年12月14日・判例時報2288号15頁。

124

4　景観・まちづくり訴訟の動向〔日置雅晴〕

（7）日影判定の発散法違法判決

　建築基準法における法56条の2による日影規制について，敷地北側に道路がある場合には，道路の幅の二分の一だけ敷地境界から5m，10mの判定ラインを外側に拡張することが認められていたが，この拡張方法に関し，日影規制導入時から，閉鎖法と発散法という二つの判定手法が通達により定められ，自治体によっても取り扱いが分かれていた。発散法は，道路の幅を斜めにとることにより領域を無限に発散させるという方法で，建築基準法の条文解釈からかなり無理な判定方法と言われていたが，長年にわたり実務で用いられてきた。

　この発散法について，「発散方式は，本来敷地境界線から放射状に任意の線を延ばし，道路を挟んだ反対側の敷地の道路に接する敷地境界線との交点から本来敷地境界線までの距離を測り，この距離に応じてみなし敷地境界線の定め方を区分するものであるから，敷地境界線から放射状に任意に延ばした線の長さを「幅」と捉えることになるが，かような解釈は，条文の文言からおよそかけ離れているといわざるを得ないし，いかに細い道路であっても，直線状のものである限り，放射線の取り方によって10メートル以上の「幅」が生じ，令135条の12第1項1号ただし書の適用を受けることになって，法が当該道路の一義的客観的な属性によってみなし敷地境界線の定め方を区分していることとも全く整合しない」として，違法とする判決[37]が出され，通達等に依存して法令の文言から乖離した解釈運用に警鐘を鳴らした。

（8）現実に建築確認の取消が確定した事例の出現

　タヌキの森事件[38]は，旗竿状敷地への長屋式住宅の建築を巡り，接道幅員に関する特例認定の違法性を認定して，それに引き続く建築確認を取り消した事例であるが，行政訴訟実務として特筆すべきは，高裁が取り消し判決を出した直後に，執行停止決定を出し，これが最高裁でも維持されたことから，工事が完成することなく取り消し判決が確定した点である。行政事件訴訟法改正により執行停止要件が緩和されたが，その後も処分の名宛人以外が執行停止を申し立てる場合，執行停止は容易には認められない。建築確認の執行停止事案

---

(37)　さいたま地裁平成26年3月19日判決・判例時報2229号3頁

(38)　一審東京地裁平成20年4月18日判決は請求一部却下，一部棄却，東京高裁 平成21年1月14日判決が確認を取り消し，高裁は平成21年2月6日決定・判例地方自治327号81頁で執行停止決定を行い，同決定は最高裁平成21年7月2日決定・判例地方自治327号79頁で確定，本案は最高裁平成21年12月17日判決・集民232号673頁で確定した。

125

［環境法研究　第8号（2018.7）］

についてみると何例か執行停止決定が出た事案はあるものの，いずれも上級審で取り消されており，執行停止が最終的に確定した事案はタヌキの森事件以外には見当たらない。なお後に当該建築物は解体撤去されたとのことである。

また文京区小石川のマンション計画を巡る建築確認処分の取消審査請求について，東京都建築審査会が執行停止と取消裁決(39)を出した事例が出現している。審査請求の裁決の場合には，直ちに処分が失効することから，工事は中止されており，その後事業者が東京都に対して取消裁決の取消訴訟を提訴したものの地裁は事業者の請求を棄却している(40)。係争中である。

これらの訴訟は，具体的な争点としては建築基準法違反や東京都建築安全条例違反が争点とされているが，紛争としては地域環境に適合しない建築物に対する抗争と見るべきである。

Ⅳ　まちづくり権訴訟の出現

日照権という個別の被害から，景観利益等による地域的な被害へと都市を巡る権利概念は拡大されてきたが，さらに幅広く地域住民のまちづくりへの参加を法的利益ととらえて主張する「まちづくり権」を提唱する事例が登場してきている。まだまだ提唱され始めた段階であり，その概念の範囲や成立要件等は明確になってはいないが，今後の発展に期待したい分野であり，ここでは行政・民事両分野での主張事例を紹介するにとどめる。

（1）日田市場外車券売り場設置許可無効確認・取消請求事件(41)

場外車券売り場の設置計画に対して，地元自治体がまちづくり権に基づく原告適格を主張して係争した事案であるが，判決は自転車競技法は自治体の個別利益を保護していない，地方自治法や憲法も根拠とならないとして請求を却下した。

（2）高塚山まちづくり権訴訟　平成29年6月に神戸地裁に提訴され現在係争中の事案である。原告等は人格権の具体化されたものとしての「まちづくり権」を主張し，その侵害に対して開発工事の差し止めと損害賠償の民事的請求を行っている。

---

(39)　東京都建築審査会平成27年11月2日裁決。
(40)　東京地裁平成30年5月24日判決。
(41)　大分地裁平成15年1月28日判決・判例タイムズ1139号83頁。

◆ 5 ◆
里山訴訟の現状分析

越 智 敏 裕

I 概　　観
II 若干の裁判例の検討
III ま と め

I 概 観

　周知の通り,「二次的自然」は里山に限られない。雑木林, 水田, 棚田, 農地, 二次的草原その他いわゆる里地, さらには里海をも含む。本稿では, 研究会のテーマとされた「まちづくり訴訟」の観点から, 純粋な二次的自然たる里山のみならず, 都市公園や, 管理されていない緑地なども含め, 都市部に存在する自然の保護に関連する訴訟 (さしあたり三面関係訴訟に限定する) を, 便宜「里山訴訟」と呼ぶ。したがって, まちづくりとはやや離れ, 別の法体系に服する里海関連の訴訟は除く。

　里山訴訟は, 紛争が生じる当該土地の利用状態を考えると,「まちづくり訴訟」と「自然保護訴訟」(以下, あわせて「隣接領域訴訟」ともいう) が重なり合う領域にあると容易に予測される。まず, ほかならぬこの重なり合いが里山訴訟の特徴といえよう。なお, 事案によっては紛争の原因施設とそれを規制する個別法が一大訴訟分野を形成している廃棄物訴訟とも重なり合い, 実際に例がある。

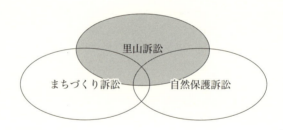

　里山訴訟の特徴を確認するために, 近時の裁判例を中心としてやや幅広に捉えつつ, 民間開発訴訟と公共事業訴訟に分けて見ると, 行政訴訟, 民事訴訟の別を問わず, 隣接領域訴訟と共通, 重複する側面が相当程度ある。これは, 里山訴訟が両訴訟の形式を「流用」する関係にあるといってもよい。

　しかし, 二次的自然は歴史的に第一次産業と密接な関係を持ちながら, 人為的な土地利用を前提として成立する。本来的に都市化とは両立しにくく, 他方で, 原生自然でもないという特質を有している。ゆえに, 潜在的原告が第一次産業にかかる権利利益をも付加的に有している場合, すなわち, 本来の意味での二次的自然の保護が問題となる場合には, 当該権利利益を活用した里山訴訟

独自の訴訟戦略をも想定しうる。見方を変えれば，隣接領域訴訟が里山訴訟を流用する場合もありうる。

本稿では，①里山訴訟が隣接領域訴訟とどのような関係にあるか，②異なる特徴を有しているとすれば，それは何か。すなわち，借り物でない里山訴訟については訴訟形式，訴訟要件，本案勝訴要件の点でどのような傾向を看取しうるか。③どのような場合に隣接領域訴訟と重複し，あるいは独自領域を形成しうるのか，について若干の考察をする[1]。

分析手順としては，若干の主な裁判例につき検討を加えながら，里山訴訟の特徴を抽出することとしたい。

II　若干の裁判例の検討

以下では，比較的近時の典型的な里山訴訟のいくつかについて，まちづくり訴訟，自然保護訴訟の順に見る。①民間開発訴訟と②公共事業訴訟では，訴訟形式の点で共通する側面があるため[2]，①②を大別しつつ，それぞれを行政訴訟，民事訴訟の順で検討する。

最後に里山訴訟特有の法的構成が見られる裁判例をいくつか取り上げる。

1　里山訴訟とまちづくり訴訟との関係

（1）民間開発訴訟（行訴）

平針里山訴訟（名古屋地判平成24年9月20日 LEX/DB25482966）は，市長がした都市計画法29条1項に基づく戸建て分譲地開発目的の開発許可につき，取消訴訟が提起された事案である。

原告らによると，平針里山にはため池，湿地，棚田，果樹林などがあり，訴訟の目的はその保護にあったが，主要な争点は接道要件の充足性（都計法33条1項2号）であった。

大船観音訴訟（横浜地判平成21年8月26日判自325号66頁）は，マンション建設目的の開発許可の取消裁決につき，取消訴訟が提起された事案である。訴訟に

（1）　生物多様性の「第二の危機」とされるように，二次的自然の保護における本来的課題は第一次産業の衰退による人的干渉の減少であり，言うまでもないが，第一次的には司法審査でなく，適切な法政策により有効に保護されるべき価値である。

（2）　越智敏裕『環境訴訟法』（日本評論社，2015年。以下『環境訴訟法』）21頁以下。

［環境法研究　第8号（2018. 7）］

先立ち，大船観音前の崖地の緑地保護を目的として近隣住民が開発審査会に審査請求をしたところ，接道要件を充足しないとして認容裁決がされたために，事業者原告により本件訴訟が提起され，住民らは訴訟参加していた。

　訴訟要件につき，平針里山訴訟を例に見ると，原告適格の判断は火災等（都計法33条1項2号），溢水等（同3号），がけ崩れ等（同7号）による被害から保護されるべき生命・身体の安全を根拠としており，あくまで人格権を法律上の利益として捉えている点で，通常のまちづくり訴訟と差異はない。開発区域及び周辺地域における環境保護を求め，里山保護とも関連しうる9号[3]が保護する利益は「公益に属する利益」とされ，いわゆるサテライト最判（最一判平成21年10月15日民集63巻8号1711頁）をベースに，根拠法規が原告の主張する権利利益を個別的に保護する趣旨を含むことを必要とするいわゆる「個別保護要件」が否定されている[4]。

　本案審理を見ると，平針里山訴訟では9号要件不充足の違法主張につき審理がされており，この点は純粋なまちづくり訴訟と異なる里山訴訟の特徴ともいえる。しかし，合議体によっては行訴法10条1項に基づき厳格な主張制限をする可能性が少なからずあり[5]，その場合は本案審理においても，里山訴訟とまちづくり訴訟との間に実質的な差異はないことになろう。上記いずれの本案でも接道要件が主たる争点として争われたが，これは開発許可要件に里山それ自体の保護が（関連はしても）直接含まれていないためである。これら二例はまちづくり訴訟の形式をいわば「流用」して里山訴訟を提起したケースといえようか。

　玉川学園マンション行政訴訟（東京地判平成18年9月29日 LEX/DB28131742）は，東京都町田市玉川学園で建築予定のマンションの建築確認につき周辺住民が取消訴訟を提起した事案である。判決では，火災等による被害想定地域内の住民

───────────

（3）　政令で定める規模以上の開発行為にあっては，開発区域及びその周辺の地域における環境を保全するため，開発行為の目的及び第二号イからニまでに掲げる事項を勘案して，開発区域における植物の生育の確保上必要な樹木の保存，表土の保全その他の必要な措置が講ぜられるように設計が定められていること。

（4）　小早川光郎『行政法講義下Ⅲ』（弘文堂，2007）256頁以下。なお，処分は原告にとって不利益なものでなければならず（不利益要件），不利益といえなければ適格は認められないが，環境訴訟ではまず問題とならない。

（5）　『環境訴訟法』67頁。たとえば三井グラウンド判決・東京地判平成20年5月29日判時2015号24頁参照。他方で，広く違法主張を認める立場として，たとえば東海第二原発判決・東京高判平成13年7月4日判タ1063号79頁。

5 里山訴訟の現状分析〔越智敏裕〕

と日照侵害・風害のおそれのある住民の原告適格が認められた。他方で，里山訴訟としての側面から原告らが主張した「生態系の多様性等が確保された自然環境」，「景観」及び「自然との触れ合い活動の場を持つ利益」は「良好な住環境を享受する利益」にすぎず，個別保護要件を欠くとされ，原告適格が認められなかった。本案では1建築物1敷地の原則違反，接道要件やハートビル法・条例違反等が主張されており，やはり違法事由の点でも，通常のまちづくり訴訟と差異はない。

船岡山行政訴訟（京都地判平成19年11月7日判タ1282号75頁）では建築工事完了に伴い，建築基準法9条1項に基づく是正命令の非申請型義務付け訴訟が提起されたが，重大な損害が否定された。訴訟理論的には重大な損害要件の厳格な絞り自体に立法上の課題もあるが，里山にかかる利益侵害が重大とされる可能性はかなり低く，まちづくり訴訟を流用せざるを得なかった事案であろう。判決は原告適格について判断していないが，同事案の民事訴訟（後述）におけるように，原告適格を基礎づける利益として景観利益を主張したとしても，建築基準法上は容易に認められるとは考えにくく，重大な損害要件以外にも，原告適格が大きなハードルとなろう。

タヌキの森事件（最判平成21年12月17日判時2069号3頁など）は都市に残る緑地の保護を目的として提起された一連の裁判であった。ここでは建築確認に加えて，委任条例（東京都建築安全条例）に基づく安全認定の取消訴訟の形式がとられた。生命・身体侵害のおそれを理由として原告適格が認められ，本案でもあくまで安全認定の違法性が争われた事件であり，訴訟要件，本案審理の内容は都市内自然の保護と直接に関係しない。住宅街の緑地であるために，第一次産業にかかる権利利益の主張可能性もなく，通常のまちづくり訴訟と異なる点もなさそうである。換言すれば，純粋にまちづくり訴訟の形式を流用して勝訴したケースといえそうである。

他にも大なり小なり都市の自然と関連する同種事例は多数存在するが，めぼしいものを上げた(6)。

（2）民間開発訴訟（民訴）

玉川学園マンション民事訴訟（東京地判平成19年10月23日判タ1285号176頁）は，上記行政訴訟と同様の事案で，里山を含む良好な景観利益の侵害を理由にマンション建築工事差止（撤去）の民事訴訟が提起された事案である。判決は，国

[環境法研究 第 8 号（2018. 7）]

立マンション最高裁判決（最一判平成18年 3 月30日民集60巻 3 号948頁。以下「国立最判」）に基づいて，都市部の自然を含む景観につき景観利益を承認したものの，行政法令違反がなく違法侵害はないとして請求を棄却した。

里山訴訟の特徴は景観利益の中に常に自然的要素を含む点であろうが，国立最判は「都市の景観」につき一定の場合に景観利益の法的保護性を承認したものの，純粋な自然景観についてはただちに同最判の射程が及ぶとはいいがたい(7)。しかし，二次的自然は人的関与を成立の前提とする点で原生自然とは異なり，その成立と維持に人為が働いている点を厳密に捉えれば人工景観ともいえる側面があること，また，公園や沿道並木など都市内緑地も人工的に管理されることから，この判決が認めたように「良好な風景として，人々の歴史的又は文化的環境を形作り，豊かな生活環境を構成する」場合には，都市内の二次的自然景観も法的に保護されるべき景観に含まれると考える余地があろう。

また，景観利益侵害の社会的相当性判断における行政法令違反の主張においては，里山破壊に伴う違法を取り上げる余地があるものの，少なくとも都市内の緑地についてはそれが必ずしも有効でなくまちづくり訴訟の流用とならざるを得ない点は，行政訴訟の場合と同じである。さらに出発点の問題として，景観利益を法的根拠とする民事訴訟で，損害賠償請求を超えて建築差止ないし撤去請求ができるか否かについても争いがある。

船岡山民事訴訟（京都地判平成22年10月 5 日判時2103号98頁）は，景観利益等に基づく建物の一部除却請求等において，自然的・歴史的要素を含む船岡山の景観利益につき法的保護性を承認し，風致地区条例違反も認定したが，社会的相当性を欠くとまでは言えないとして棄却した（明示的ではないが，差止請求の余地を否定していない）。上に触れたように都市の自然的要素をも景観利益の対象範囲に含めうるなら，社会的相当性判断のハードルが高く差止請求の可否そのものに議論はあるものの，事案によっては景観利益に基づく民事訴訟が有効な里山訴訟の一形式となりうるのではないか。

（6）　一例として大阪高判平成21年 3 月 6 日 LEX/DB25441764（一審判決は大阪地判平成20年 8 月 7 日判タ1303号128頁）で，豊中市におけるマンション建設目的の開発許可につき差止訴訟を提起した原告らは，許可対象地が里山である旨を主張したが，一審判決では崖崩れや溢水等による直接的な被害を受ける蓋然性がない等として原告適格が否定され，さらに控訴審判決では開発許可がされたために訴えの利益が消滅したとされた。

（7）　『環境訴訟法』159頁以下。

132

（3）公共事業訴訟

林試の森訴訟（最判平成18年9月4日集民221号5頁）は，公共事業訴訟で都市内緑地の保護が裁判により争われた著名事件である。都市計画法に基づく都市計画公園事業認可により所有地が事業地となり収用されることとなった公園の周辺住民が，その取消訴訟を提起した事案で，訴えが認容された。

やや特殊な事案ともいえるが，訴訟要件において通常の都市計画事業訴訟と変わる点はなさそうである。事業地内地権者であるために原告適格が容易に肯定されたが，仮に地権者でない者が緑地保護にかかる利益のみを主張したとすれば，訴訟要件の充足は困難であったと考えられる。また，本案も，主たる争点は緑地の保護そのものではなく，民有地に代えて公有地を利用できる場合の土地利用方法にかかる裁量権の逸脱濫用であり，里山訴訟特有の法的構成が見られるわけではない。

箕面市小野原財産区行政訴訟（大阪地判平成17年8月25日判自282号84頁）は箕面市にある財産区（争いあり）の住民である原告らが，被告市施行の区画整理事業の施行地区内の山林，墓地等についてされた仮換地指定につき取消等を求めた訴訟で，原告らが主張するまちづくり権や里山の自然環境を享受する利益といった個別的利益を保護する趣旨まで読み取れないとして，原告適格を否定した。また，住民という立場で財産区財産に関する処分を争う原告適格も認められない（是正は住民訴訟によるべき）としたが，財産区にかかる主張は里山訴訟特有のものといえようか（後述）。

小石川植物園訴訟（東京地判平成27年12月15日 LEX/DB25533078・東京高判平成28年8月30日 LEX/DB25448384）は，植物園の周辺道路について特別区が行う道路整備工事に係る支出負担行為及び支出命令の差止めを求める住民訴訟が提起された事案である。環境分野の住民訴訟は勝訴のハードルが高い中で複数の原告勝訴案件が見られる程度だが[8]，地方レベルの公共事業で住民訴訟が活用されうる点は里山訴訟でも変わりがない。

鞆の浦訴訟（広島地判平成21年10月1日判時2060号3頁）も，鞆の浦湾内の里海を保護する目的を併有していたが，歴史的景観の保護に不可欠な要素である海面が，公共事業訴訟の形式を取る景観訴訟によって保護された事案であり，やはりまちづくり訴訟の流用事例といえよう。

（8）　『環境訴訟法』350頁。

［環境法研究 第8号（2018.7）］

　後述の圏央道訴訟のように，道路建設などまちづくり分野の公共事業訴訟が
里山保護の分脈で民事訴訟の形式を取る場合もありうるが，少なくとも近時に
おいて有効に活用された例は見当たらない。

　まちづくりにおける典型的な開発手法である住宅地やマンションの開発・建
設を目的としない場合でも里山保護は問題となりうるが，住居等の少ない郊外
においては，まちづくり訴訟の流用が困難である。民事訴訟では当然ながら人
格権を根拠とした請求を立てにくく，環境権や自然享有権に基づく法的構成が
される傾向があるが，裁判例の容認するところではないから，里山保護のため
の法的構成がより困難となる。民間開発の行政訴訟においては原告適格のハー
ドルが高くなり，また，公共事業にかかる行政訴訟では行政過程に抗告訴訟の
対象としうる行政処分が存在しない場合も多い。里山訴訟は自然保護訴訟の限
界にそのまま遭遇するわけである。

2　里山訴訟と自然保護訴訟との関係

（1）民間開発訴訟（行訴）

　川平湾マンション訴訟（那覇地判平成21年1月20日判例タイムズ1337号131頁）
は，農振除外地域におけるマンションの建築確認の差止訴訟で，自然的要素を
含む景観利益を「法律上の利益」として原告適格を認めたが，重大な損害要件
を不充足と判断した。石垣市風景条例，同市自然環境保全条例違反等の主張も
されたが，建築確認の違法事由にならないとされた。通常の自然保護訴訟の限
界が現れたとみるべきであろう。

　産業廃棄物処理施設の設置はしばしば里山保護の要請と緊張関係にあり，そ
の設置を巡る裁判例は民訴，行訴を問わず多数存在する。この場合でも，廃棄
物処理法はあくまで「生活環境の保全」を法目的としており，訴訟でも主に生
活環境利益の侵害の有無を巡る争いが展開されている。

　葛城市一般廃棄物処理施設訴訟（大阪高判平成26年4月25日判自387号47頁）は，
市による一般廃棄物処理施設の建設に係る自然公園法20条3項に基づく許可の
差止訴訟であり，判決は「自然風致景観利益」を法律上の利益と認めたものの，
重大な損害要件を欠くとして訴えを却下した。他では見慣れない利益認定であ
り，ただちに一般化できる論理ではなさそうである。ただし，判決はあくまで
生活環境利益をも取り込んだ上で法的保護性を認めている点に注意が必要であ
る。

その他，産業廃棄物処理施設の設置操業が農業用水を汚染する等の主張がされる案件も珍しくない（筑紫野産廃訴訟・福岡高判平成23年2月7日判時2122号45頁など）。しかし，これらの案件で里山保護に関わる主張がされるとしても，人格権侵害を主争点とする廃棄物訴訟に，訴訟要件や本案での主張として農業被害等を付加する程度にすぎない。その意味で，里山保護を目的として提起する場合でも，一大訴訟分野である廃棄物訴訟について里山訴訟として特筆すべき質的な変容をもたらすものではないように思われる。残土条例を巡る訴訟も同様であろう。

丹沢オートキャンプ訴訟（横浜地判平成23年3月9日判自355号72頁）は，オートキャンプ場運営会社による国定公園内の違法な河川流路の変更につき，河川法75条1項，自然公園法34条1項に基づく是正命令等の義務づけ訴訟を付近の同業者が提起した事案で，重大な損害を否定した。事業として人為的に管理された自然をめぐる新しい現代型訴訟ともいえるが，原告適格に加え，重大な損害要件が障害となっている。

また，霊園開発が里山破壊に繋がると主張される紛争例も散見される。みやじだけ霊園訴訟（福岡高判平成20年5月27日LEX/DB28141382）では，墓地埋葬法に基づく経営許可の取消訴訟を提起した周辺住民の原告適格が，結論として否定された。判決は，居住地が墓地から相当程度離れている（210m）ために訴訟要件を満たさないとした。民間開発に対抗する自然保護訴訟では，当該事案で原告適格を持ちうる者がひとりも存在しない事態がしばしば生ずるが，これと同様の問題状況である。自然保護訴訟そのものの限界が現れて司法審査を得られなかった例といえようか。

他方，原告適格の判断方法は異なるが，都市部（練馬区）の霊園開発では墓地埋葬法に基づく経営許可取消訴訟の原告適格を認めた例がある（東京地判平成22年4月16日判時2079号25頁）。本案では墓地関連条例による植栽規制などの争点が都市の緑と関係しうるが，やはり直接に里山を保護する趣旨の規制ではなく，里山訴訟の特徴と見るに足りない。

（2）民間開発訴訟（民訴）

北川湿地訴訟（横浜地判平成23年3月31日判時2115号70頁）は，発生土処分場を建設しようとする民間事業者を被告として，事業対象地の周辺住民らが人格権，環境権，不法行為等に基づき建設差止めを求める民事差止訴訟を提起した

［環境法研究 第8号（2018.7）］

事案である。

北川湿地は神奈川県内における最大規模の平地性湿地（市街化区域内）であり，以前は水田として利用されていたが，耕作が放棄されて谷戸全体が湿地化していた。判決では，人格権侵害は認められず，環境権等には実体法上の明確な根拠がない等として請求が棄却された。多くの自然保護訴訟と変わりがない。

湯布院メガソーラー訴訟（大分地判平成28年11月11日 LEX/DB25544858）は，観光地として著名な大分県由布市湯布院町内の塚原地区に居住し又は旅館等を経営する原告らが，同地区の計画地上に被告らによりメガソーラー設備が設置されるなどすると，原告らの①人格権（判決は実質が塚原地区の景観を含む自然環境を享受する権利だととらえる），②塚原地区の景観に対する景観利益，③営業権が侵害されると主張して，上記設置等をする開発行為等の差止めを求めた事案で，すべての請求を棄却した。

判決は，本件訴訟で主張された景観は，自然景観であるために国立最判の射程を超えるとし，景観利益の法的保護性が認めなかった[9]。これは，里山保護のためにまちづくり訴訟（景観訴訟）の流用がうまくできなかったケースといえる。古い裁判例に認容例が複数あるように，観光地における営業権（あるいは眺望利益）侵害のほうがまだしも有効であったろうか。

（3）公共事業訴訟

たとえば著名な日光太郎杉判決も，観光地である日光の杉並木の保護を目的とした訴訟であり，公共事業のためにされる土地収用法の事業認定の違法を争う行政訴訟が，里山訴訟の側面を持つ場合がありうる。

近時では圏央道行政訴訟（東京地判平成22年9月1日判時2107号22頁・東京高判平成24年7月19日 LEX/DB 25482676）も，〈都会のオアシス〉とも評される高尾山の保護訴訟であった。地権者がいる場合には事業認定がされ，かつ20条3号要件充足性を攻撃するなかで，里山破壊の主張が可能であるが，典型的な自然保護訴訟と質的な差異はないように思われる。並行して圏央道民事訴訟（東京地判平成19年6月15日訟月57巻12号2820頁・東京高判平成22年11月12日訟月57巻12号2625頁）も提起されたが，実質的には道路公害による人格権侵害の主張が審理された程度であり，行政訴訟に比べると自然破壊についての主張が有効に

（9）　越智敏裕「メガソーラー設置等差止請求事件判決」新・判例解説 Watch21号279頁。

5　里山訴訟の現状分析〔越智敏裕〕

できず，棄却されている。

新石垣空港訴訟（東京地判平成23年 6 月 9 日訟月59巻 6 号1482頁・東京高判平成24年10月26日訟月59巻 6 号1607頁）は，石垣島に設置しようとする新石垣空港の予定地内に土地を共有する住民らが航空法に基づく空港設置許可につき取消訴訟を提起した事案であるが，典型的な自然保護訴訟としての側面が強い（事業認定を争った東京地判平成25年 9 月17日判タ1407号254頁も同様である）。

その他，森林につき保安林指定解除や，里海につき公有水面埋立免許を争う訴訟などもあるが，やはり典型的な自然保護訴訟と質的に変わるところはなさそうである。

3　里山訴訟特有の法的構成が見られる裁判例

（1）入 会 権

かねて薪炭林等に活用されていた山林につき，入会権を根拠として里山保護訴訟が提起される場合がある。

たとえば身延町北川産廃施設訴訟（甲府地判平成21年10月27日判時2074号104頁）は，一般・産業廃棄物処理施設の建設に賛成する原告らが，建設予定地上に入会権があると主張して建設に反対する被告らに対し，入会権の不存在確認を求めた訴訟で，請求が棄却された。村落共同体の所有する山林について，入会権の存在が廃棄物処理施設の建設を阻止した事案といえる。

上関原発訴訟（最判平成20年 4 月14日民集62巻 5 号909頁）では，もともと薪炭林として利用されていた入会地の交換契約の無効が主張された事案で，一部の入会権者が入会権の内容である使用収益権に基づき土地所有権移転登記の抹消登記手続と，立木伐採及び現状変更の禁止を求めた事案で，判決は同契約の有効性を認め，請求を棄却した。訴訟提起時点では入会地の使用収益者がすでにいなくなっていたが，里山であった二次的自然について残存する権利を利用して里山保護を図ろうとした訴訟であり，里山訴訟特有の法的構成といえようか。

もっとも，入会地の場合は，里山保護が入会権者の意向に左右されやすい。少数の入会権者や非入会権者が里山保護を望んだとしても，有効な法的構成は難しい面がある。

（2）財 産 区

箕面市小野原財産区住民訴訟（大阪地判平成16年 1 月20日判自267号102頁）では，

137

区画整理事業の施行対象となった土地が財産区と認定され，その結果，共有入
会地として個人名義で所有権保存登記のされた土地が財産区財産であるとし
て，①当該登記の抹消登記手続等の措置をとらない不作為，及び②当該土地の
占有を回復するための措置をとらない不作為が，それぞれ違法とされた。この
案件では最終的に財産区財産として緑地を保護するとの和解が成立した。公共
事業訴訟で住民訴訟の形式が選択される案件は一般にあるが，財産区にかかる
法的主張がされうる点は里山訴訟の特徴といえよう。

　入会地と財産区の線引きは明確でなく地域差もあるが，里山訴訟特有の法的
構成のひとつである。

（3）都市部の自然を保護する法令に関わる訴訟

　風致地区制度は都市部の自然を保護する法制度のひとつであるところ，風致
地区条例をめぐって訴訟が提起される場合がある。大阪市風致地区訴訟（大阪
高判平成22年7月30日判自334号74頁・大阪地判平成22年2月17日 LEX/
DB25443072）では開発許可，建築確認の違法を争ったほかに，風致地区条例に
基づく木竹伐採にかかる是正命令の義務付け訴訟が提起されたが，判決は同条
例が景観利益を個別的に保護する趣旨を含まないとして原告適格を否定した。
仮にこの訴訟要件上のハードルをクリアーできるなら，都市景観利益を基礎と
して直接的な里山保護の法的構成が可能となろう。サテライト最判を乗り越え
る必要があるが，私見では国立最判の射程に照らしても，少なくとも都市部で
は理論的に全く不可能ではないように思われる。

　寝屋川緑地協定廃止認可取消訴訟（大阪地判平成21年8月20日判自331号99頁）
は，都市緑地法の定める緑地協定の目的となる土地区域内の地権者が，市長に
よる緑地協定の廃止認可の取消を求めた事案であるが，廃止時の所有者の過半
数の合意のみで適法に協定を廃止できるとして，請求を棄却した。緑地協定が
里山保護の目的を持つ場合もありえようが，都市内緑地についても所有者の意
向に左右される法的状況にある。

　広瀬川マンション訴訟（仙台地判平成25年12月26日 LEX/DB25446142）は，広
瀬川の清流を保護する条例に定める環境保全区域内でのマンション建築にかか
る同条所定の行為許可の取消訴訟を近隣住民が提起した事案で，原告らの主張
する「良好な河川景観を享受する利益」は個別的利益として保護されていない
として訴えを却下した。

5　里山訴訟の現状分析〔越智敏裕〕

都市部の自然保護に関わる法令・条例を巡って提起される訴訟は他にも散見されるが，里山訴訟が有効に提起されているとはいいがたい。

Ⅲ　ま　と　め

1　隣接領域訴訟との関係

里山訴訟はその土地利用形態の特徴から必然的に，まちづくり訴訟及び自然保護訴訟という隣接領域訴訟と重なり合う領域に位置する。郊外の自然がしばしば廃棄物処理施設の敷地として利用されるために，廃棄物処理法をベースに独自世界を形成する廃棄物訴訟とも重なりを持つ。

二次的自然に影響を及ぼす①土地利用方法（設置目的・設置施設），及び②当該土地の状況（自然的条件や権利利益関係など法的条件）によって，里山保護を目的とする訴訟の形式や本案勝訴要件が異なるのは当然である。

まちづくり訴訟と重なり合う領域では，典型的には都市計画法の開発許可や建築基準法の建築確認などが争われている。これらの訴訟では日照権，身体権等の人格権，財産権が行政訴訟の原告適格を基礎づける権利利益とされ，また，これらに基づく民事訴訟も提起されている。国立最判による景観利益の法的保護性の承認を受けて，その延長線上で，仮に純粋自然でない〈自然景観を含めた都市の景観〉を対象とする景観利益の法的保護性を積極に解する方向性が定着すれば，里山訴訟が有効となる余地がある。ただし，その場合でも，民事訴訟では差止請求を許容し，行政訴訟では原告適格の個別保護要件（事案によってはさらに「重大な損害」要件）をクリアーできなければならない。

一部の廃棄物訴訟などでは，まちづくり訴訟と同様に，訴訟形式を流用して里山保護目的で提起し，本案において方便的主張をするケースが見受けられる。これは，そもそも里山を保護する個別環境実体法が弱いだけでなく，たとえば耕作放棄地や荒れた山林などに見られるごとく，実際の土地利用が「里山」として保護されるべき状態にない事情が影響していると考えられる。

自然保護訴訟は対象となる自然や係争施設によって適用される個別法が異なるが，もともと環境訴訟の機能不全が著しい領域であり，里山保護目的の訴訟も同様の限界を引き継いでいる。むしろ入会権，水利権など一定の権利利益の主張可能性がある里山訴訟のほうが，純粋な自然保護訴訟よりも有効な訴訟戦略となる事案もあろう。

139

[環境法研究 第 8 号（2018. 7）]

2　里山訴訟特有の法的構成

IIのささやかな判例分析によると，里山訴訟は，①隣接領域訴訟の単なる流用にすぎない場合，②隣接領域訴訟の法的構成に別の要素を付加する場合，③里山訴訟独自の法的構成ができる場合に大別できそうである。

①はもちろん，②は大なり小なり隣接領域訴訟のモデルに包摂されよう。本案勝訴要件で里山訴訟特有の法律構成をする（できる）側面もあるが，里山保護と直接には関係のない違法を争う場合のほうがむしろ多いようである。他方で，③は実際に散見され，理論的には有効でありうるものの，第一次産業の衰退を宿痾とする里山の現状を反映してであろう，数が少なく，里山訴訟が有効に提起されているとは言いがたい。この点は里海訴訟と比較したとき，より明確となる。

本稿では扱わなかった里海訴訟では，第一次産業にかかる権利利益である漁業権が確固たる物権として主張されうる。漁業権は収用対象ともなり，放棄されない限りは有効な公共事業訴訟を提起可能とするだけでなく，一連の諫早訴訟に見られるように民事差止請求の法的根拠として強力に活用されるケースが実際にある。

逆に，漁協により漁業権が放棄された場合には，鞆の浦訴訟のように里海保護のために排水権侵害を流用できる場合もあるにせよ，通常は有効な訴訟戦略を欠く。たとえば広島高松江支判平成19年10月31日 LEX/DB25421170は，県知事が原子力発電所の増設のためにした公有水面埋立免許の取消訴訟につき，埋立予定地周辺の土地所有者が原告となり，土地所有権や陸地における慣習法上の入会権・公有水面における漁業協同組合の組合員としての漁業を営む権利に基づき岩のり等を採取する権利を主張したが，原告適格が否定されている。また，民事訴訟でもいわゆる入浜権などはかねて認められていない。

本来的な意味での里山は二次的自然であり，人的介入を前提とするから，その土地利用については農林水産業と結びついた法的権利利益が存在するはずであり（事案によっては水利権もありえよう），それを武器とした訴訟戦略が里山訴訟として有効なはずである。

結局，里山訴訟が活発でないのは，まず第一次産業にかかる権利利益自体が事実上放棄されており，そのような権利利益が侵害される場面が少ないためであろう。本稿で見た入会権の事案もその一例だが，里山訴訟の弱さはむしろ耕

作放棄地や荒廃した山林になどに見られるごとく，二次的自然の利用停止という根本問題（これは所有権者の意向に基づく）に由来する面がある。

　他方，都市の公園など管理された現代的な自然についても，判例を含め現在の支配的な見解では単なる利用者の反射的利益としてしか認識しないため，やはり所有権者の意向に左右される面が強く，環境保護のための訴訟戦略は脆弱で，せいぜい上記の景観利益の拡大と強化が考えられる程度である。

　現に第一次産業のために利用中の（あるいは権利利益が残存する）二次的自然の場合は，里山訴訟に特有の法的構成をする余地があるが，この場合でも，農振除外を含め所有者（入会権者らを含む）の意思で里山としての土地利用を変更する（した）場合に，第三者が里山保護のために対抗できる有効な訴訟戦略は乏しい現状にある。

〈翻訳〉

◆ **6** ◆

民事責任法における生態学的損害の回復[訳注1]

Mathilde Hautereau-Boutonnet
Professeure à l'Université Jean Moulin, Lyon 3

M. オトロー＝ブトネ

［大塚直＝佐伯誠 訳］

Ⅰ　生態学的損害回復制度の実体的要件
Ⅱ　生態学的損害回復制度の手続的要件

［環境法研究 第8号 (2018. 7)］

　本報告の目的は，生物多様性，自然及び景観の回復についての2016年8月8日法[1]に際してフランス法に創設されるに至った新しい環境の民事責任制度を示すことである。この法律は，民法典中に，もっぱら自然に生じた損害の回復に向けられた新しい制度を挿入した。この新しい制度は，民法典の1246条から1252条に規定されている。2008年にフランス法に創設され，環境法典の中に規定された，EU法に由来する行政警察の制度を，民事法の側から，補完することとなったのである。

　新しい法律を説明する前に，フランスにおける民事責任法，及び新法の制定理由を理解することが重要である。

　（1）民事責任法は，私人が他人に生じさせた損害を回復することを義務付ける分野として定義される[2]。

　一方で，民事責任の一般法が存在する。これは，被害者に損害を発生させる所為，因果関係及び損害の存在の証明責任を負わせるものである。損害は属人的なもの，すなわち権利主体である人の属人的な利益を侵害するものでなければならない。他方で，特定の損害又は特定の活動に適用される制度に関する民事責任の特別法が存在する。環境の分野では，原子力及び海洋油濁についてのものがこれに該当する。生態学的損害回復の制度は，民法典の1246条以下に挿入されており，一般法上のいくつかの原則から離れ，損害の賠償を容易にする特別法制度に通じるところがある。

　（2）新法の制定理由は，生態学的損害の回復が民事責任の伝統的な法に欠如していることに対応する点にある。

　このことを理解するために，具体的な状況から説明しなければならない。あ

〔訳注1〕　本稿は，2017年4月5日に早稲田大学で開催された，WS「生態学的損害の賠償と環境法」でのブトネ教授の報告に加筆修正したものについての翻訳である。《réparation》には回復と賠償の意味があるが，本稿では回復の訳語を当てる。

（1）　Loi nº 2016-1087 du 8 août 2016 (JO du 9 août 2016) pour la reconquête de la biodiversité, de la nature et des paysages. V. M. Hautereau-Boutonnet, La loi sur la reconquête de la biodiversité par la conquête du droit civil, JCP G 2016, nº 37, p. 948

（2）　フランスの民事責任法については，特に下記の文献を参照のこと。S. Porchy-Simon, Droit civil, 2ᵉ année, Les obligations, Dalloz HyperCours, 9ᵉ éd., 2017 ; J.-L. Aubert, E. Savaux et J. Flour, Droit civil, Les obligations, Sirey coll. Université, 16ᵉ éd ; Y. Lequette, F. Terré et Ph. Simler, Droit civil, Les obligations, Précis Dalloz, 11ᵉ éd., 2013 ; G. Viney et P. Jourdain, Traité de droit civil, Les conditions de la responsabilité, dir. J. Ghestin, LGDJ, 4ᵉ éd., 2013.

る活動が環境に対する侵害を生じさせたとき，人に対して，すなわち財産的な秩序及び非財産的な秩序へ影響するだけでなく，自然そのものに影響を与え得る。すなわち，侵害が自然の要素及びその機能を乱したのである。このような状況に直面して，新法の施行日前から，フランス法は様々な訴訟類型[3]を既に規定していたし，今も規定している。

一方で，通常の訴訟は，個別的な損害の回復を得ることを目的としており，これは民事訴訟法典31条に基づく要件，すなわち属人的な訴えの利益の証明に対応している。ここでは，属人的なものとしての，自然人及び法人に生じた損害が問題となる。(環境)汚染が人の健康又は経済的活動に影響を与える場合がその例である。被害者は，自ら訴訟を提起し，属人的な訴えの利益を証明したのちに，環境を悪化させた所為から被った損害の証明を行う。

他方で，種々の特別な訴訟の要件は，民事責任法が要求する要件とは異なる。すなわち，それらの訴訟は，手続的な面で属人的な利益の要件を放棄するだけでなく，実体的な面で属人的な利益の侵害による損害とは要件が異なっている。それらの訴訟は，特定の法人が属人的な訴えの利益及び損害を証明することなく，集団的な損害の回復を請求することを可能とする[4]。集団的な損害は，属人的な損害を越えて，人の集合が，個人としてでなく集団として被るものである。環境の分野において，汚染があったとき，人自身の利益を侵害することを越えて，社会全体に付与された環境上の利益を侵害する場合がそれである。環境への侵害を通じて，拡散した態様で被害を受けるのは集団である。

反面，2016年8月8日法より前には，整合的な方法で生態学的損害そのものを回復することを目的とした真の意味での訴訟が民事責任には欠けていた。

(通常の)個別の訴訟も集団的な訴訟も，生態学的損害を把握していない。実際，それら2つの訴訟において，個別の精神的又は財産的損害のような人自身に関する損害にせよ，集団的な損害の中に存在する人的な環境上の利益に関する損害にせよ，もっぱら人に生じた損害を回復することが問題となる。これに対し，生態学的損害は，人についての個別の又は集団的な影響とは関係なく

---

(3) これらの訴訟について，Sur la responsabilité civile dans le domaine environnementale, L. Neyret, Répertoire Dalloz, V. mot Environnement ; M. Boutonnet, Juris-classeur Environnement et Développement Durable, v. Fascicule Contentieux civil.

(4) これらの訴訟について，前掲注(3)の文献を参照。

［環境法研究　第 8 号　(2018. 7)］

自然そのものが被った損害である。

　確かに裁判官は，エリカ号事件の際に，生態学的損害の回復に向けられた新しい訴訟の構築を始めた。エリカとは，トタルの小会社である Total Transport Corporation (TTC) が賃借した石油タンカーの名前で，1999年12月12日にブルターニュ付近の沖で難破した。30,000トンの重油が漏出し，重大な海洋汚染を発生させ大規模な訴訟となった。2008年 1 月10日のパリ大審裁判所[5]及び2010年 3 月30日のパリ控訴院[6]という 2 つの事実審の重要な判決によってはじまり，2012年 9 月25日に破毀院刑事部判決[7]により終結した。破毀院は，トタル社が海洋汚染の犯罪をしたこと，及び環境に生じた損害を含む，多数の損害について民事上責任を負うことを認めた。このとき，破毀院は，NGO や地方公共団体のようないくつかの法人が，集団的利益の防御の名のもとに損害の回復を請求することを認めた。

　それにもかかわらず，この判例には批判が加えられている。というのも，裁判官が示したことと，裁判官が表明した解決策の帰結とがまったく矛盾しているからである。一方で，裁判官は，生態学的損害は，自然について生じた損害そのものとして認識されなければならないと概括的に述べた。他方で，裁判官が本件において生態学的損害の回復を認めたとき，裁判官はそれを無形損害のような，人が被った「属人的な損害」と性質決定している。したがって，生態学的損害の理論的な承認にもかかわらず，裁判官は，現実には人が被った損害と自然そのものが被った損害とを混同していると考えられる。

（ 5 ）　この判決について，JCP G 2008, act. 88 et JCP G 2008I, 126, note K. Le Couviour. - JCP G, II, 10053, note B. Parance ; AJDA 2008, p. 934, note A. Van Lang. - V. aussi, M. Boutonnet, 2007-2008, L'année de la responsabilité environnementale : Rev. Lamy dr. civ. avr. 2008, p. 21. - L. Neyret, Pour un droit commun de la réparation des atteintes à l'environnement : D. 2008, p. 2681を見よ。

（ 6 ）　N° 08.02278, MP c. Total SA et a. V. M. Boutonnet, note sous l'arrêt ERIKA 30 mars 2010, Environnement 2010/ 7, p. 13; L. Neyret, D. 210, chron. p. 2238.

（ 7 ）　N° 10-82-938, v. : M. Boutonnet, L'Erika, une vraie-fausse reconnaissance du préjudice écologique, Environnement et Développement Durable 2013/ 1 , Etude 2 ; F.-G. Trébulle, Quelle prise en compte pour le préjudice écologique après l'Erika ?, Environnement et Développement Durable 2013/ 3 , p. 19 ; M. Bacache, Quelle réparation pour le préjudice écologique, Environnement et Développement Durable 2013/ 3 , p. 26 ; P. Jourdain, Consécration par la Cour de cassation du préjudice écologique, RTD. Civ. 2013, p. 119.

146

6　民事責任法における生態学的損害の回復〔M.オトロー=ブトネ〕

　フランスの立法者は，裁判官から作業を引き継ぎ，生態学的損害のみをもっ
ぱら把握する民事責任の特別な制度を創設した[8]。そのために，立法者は実
体的な観点だけでなく，手続的な観点からも生態学的損害の回復を包括的に設
計したのである。

　以下では，生態学的損害回復制度の実体的要件（Ⅰ）及び手続的要件（Ⅱ）
について論じることにする。

Ⅰ　生態学的損害回復制度の実体的要件

　民事責任法がそれを要求するように，回復は以下の3つの要件を証明した場
合にのみ認められる。すなわち，損害を発生させる所為，損害及び因果関係で
ある。新しい制度は因果関係に言及していない。因果関係について，裁判官は
一般法に立ち戻らなければならないであろう。反面，新しい制度は損害及び所
為の証明に関する特別の要件を置いている。

A/ 損害

　民法典1247条によると，「生態系の要素若しくは機能又は人が環境から得る
集団的な利益の無視できない侵害から生じる生態学的損害は，本章で規定され
た要件において，回復可能である」。

　ここから，証明される損害は「生態学的損害」であり，そしてそれは裁判官
によって定義されると考えられる。

　このことから，いくつかの点を指摘することができる。

　第1に，立法者は，一般法とは反対に，人が被ったものではない損害の回復
を認めるに至った。立法者は判例の傾向を継承し，学説，ここではとくに
Laurent Neyret の説や様々な作業グループから出された報告書[9]の説に影響
されたエリカ号事件の判例を承認した。個別的及び集団的な人の利益侵害の回
復に加えて，人的なものでない利益に対する侵害の回復が可能となったのであ

（8）　この新しい制度について，L. Neyret, La consécration du préjudice écologique dans
　　　le Code civil, D. 2017, p. 924 ; M. Hautereau-Boutonnet, Quelle action en responsabilité
　　　civile pour la réparation du préjudice écologique, Revue Energie Environnement
　　　Infrastructures, Juin 2017, Etude 14.

（9）　L. Neyret, Le vivant et la responsabilité civile, LGDJ, 2005.

［環境法研究 第8号（2018.7）］

る。

　第2に，本法は生態学的損害を限定しており，「無視できない」侵害が問題となる。この限定は，生態学的な利益と社会生活とを調整する必要性を示すもので，驚くべきものではない。民事責任法において，すべての侵害が本来回復可能なものでは決してない⁽¹⁰⁾。侵害は一定の重要性を有していることを証明しなければならない。そもそも，訴えの利益の検討の段階から，原告は訴訟が彼の属人的な状況の改善をもたらすであろうことを証明しなければならない。重要性に乏しい侵害の場合，フランスの裁判官は次の理由により民事責任訴訟を棄却する。すなわち，「裁判官はあまりにも些細な問題は扱わない（*de minimis non curat praetor*）」のである。生態学的損害の回復訴訟にこのことを適用すると，すべての原告は，裁判官に侵害に理由があるか否かを判断させるためには，その重要性を証明しなければならないのである。

　より正確には，「生態系の要素若しくは機能又は人が環境から得る集団的な利益」の侵害が問題となる。この定義は，生物多様性を非手段的であり同時に手段的である観念としている国内法及び国際法の生物多様性に関する定義を想起させる。裁判官は，ここで，鑑定人の助けを要すると考えられる。どのように侵害が無視できないことを評価するのか？　要素，機能若しくはサービスに対する侵害をどのように証明するのか？

　この点について，行政警察の制度が裁判官の助けになるかもしれない。実際，同制度は侵害の重大性を評価することを可能にするクライテリアを定めている。行政警察の制度は，裁判官が鑑定人に質問をするときだけでなく，判決において生態学的損害の重要性を基礎付ける際に裁判官に着想を与えることができる。

　第3に，本法は，様々な生態学的損害の間の区別をすることなく損害の「包括的」観念を採用する選択をした。しかしながら，本法制定の数年前，学説は生態学的損害の目録を作成することを提案していた⁽¹¹⁾。目録は，水，大気，動物相及び植物相が被った損害を区別することとしていた。行政警察の制度も同様の考え方を採用している。（本法の規定にもかかわらず）裁判官が，判決の理由づけの際に，生態学的損害の種類を明確にすることは全く妨げられない。

---

(10)　この考えについて，G. Viney et P. Jourdain, Traité de droit civil, Les conditions de la responsabilité civile, 3ᵉ éd. 2006, LGDJ, nᵒ 248.

(11)　L. Neyret et G. Martin (dir.), Nomenclature des préjudices environnementaux, LGDJ 2012.

6 民事責任法における生態学的損害の回復〔M.オトロー=ブトネ〕

第4に，行政警察の制度と同じように，この制度は生態学的損害のみに適用される。すなわち，環境の侵害から生じた個人的なそして集団的な損害は，既存の一般法又は特別法の制度に依然として残っているのである。

損害を発生させる所為についてはどうか？

B/ 損害を発生させる所為

フランス法において，民事責任法における所為には2つの種類が存在することを想起しなければならない。すなわち，責任者の非難されるべき行為を証明する必要のあるフォート又はフォートのある所為と，属人的なフォートが証明されない客観的な所為とである。

生態学的損害の回復のための民事責任制度に関して，立法者は一般的な原則を置くに至った。すなわち，「生態学的損害を生じさせたすべての者は，その損害を回復する義務を負う」（民法1246条）。フォートはまったく要求されていない。客観的な制度は汚染者のフォートの証明を全く必要としないと推測される。フランスにおける規範の階層という観点から，この客観的な制度の重要性に留意する必要がある。

フランス法においては，憲法的な性質のある環境憲章があり，4条で，「全ての人は，法律が定めた要件において，自らが環境に生じさせた損害の回復に貢献しなければならない」と要求している。一方で，民法典によって採用された定式は，環境憲章の義務を想起させずにはおかない。この定式は，まさに環境憲章の適用である。他方で，1246条はさらに先を行っている。同条は，「貢献しなければならない」という用語を採用せずに回復の義務を規定する。この指摘は重要である。なぜなら，「貢献しなければならない」という語であれば，立法者が，フォートのない責任制度を規定する際に回復を限定する制度を設けることもありえたからである。このような限定そのものは，憲法院によって承認されている。加えて，法律の採決の際に，何人かの国民議会議員は，国家によって活動が許可されている場合に汚染者の責任を免除する修正案を提出した[12]。最終的に，立法者は，損害の発生源である被告の行為よりも客観的な制度を優先することで，回復を強化する選択をした。

したがって，実体的な面では，生態学的損害の回復を容易にする意思を示している。行政警察制度ではこの点は異なっている。行政警察制度は主観的な制度と客観的な制度とが混合した制度を定めている。

149

［環境法研究 第8号（2018. 7）］

民事責任の手続はどうなっているか？　新しい制度により要求される手続的な要件についてどう考えるか？

II　生態学的損害回復制度の手続的要件

　民事責任の実体的な要件と並んで，立法者が手続的な要件を規定したことが，民法に今般挿入された制度の独創性の1つである。立法者は，民事責任訴訟の要件及び効果を明らかにすることにより，生態学的損害回復の枠組みを定めた。より正確には，立法者は2つの重要な点を示した。すなわち，この制度は回復における訴権保持者を指定した(A)。一方で，訴訟の受益者を明らかにした(B)。

A/ 訴権保持者

　1248条は，「生態学的損害の回復に関する訴訟は，国，フランス生物多様性庁，関係する地域の地方公共団体及びその連合体，並びに訴訟の開始の日の少なくとも5年前から認可され若しくは創設された，自然の保護及び環境の保護を目的とする公的機関及び団体のような，当事者適格及び訴えの利益を有するすべての人により提起される」と規定する。

　この規定は非常に曖昧である。

　一方で，立法者は，特別な訴訟提起の権利を与える一定の人を指定した。明定された人が生態学的損害の回復を請求することができる。「特別」訴訟が問題となる[13]。

　明定されていることは，少なくとも2つの理由から驚くに値しない。第1に，フランス法においては，すべての訴訟の原告は属人的な利益を証明しなければ

---

(12)　幾人かの国会議員から提出された動議の否決を見よ。当時，彼らは，法律，規則及びフランスの国際的な役割により認められた侵害又はその適用のために発せられた資格によって認められた侵害から生じた損害は，回復の対象としてはならないと考えていた。この考えについて，Rapport à l'Assemblée Nationale dirigé par Geneviève Gaillard nᵒ 3564 rectifié, 9 mars 2016, point 58, http://www.assemblee-nationale.fr/14/rapports/r3564-t 1. asp#P620_159272.

(13)　フランス法の「通常」訴訟と「特別」訴訟における民事手続について，S. Guinchard, C. Chainais et F. Ferrand, Procédure civile, Précis Dalloz, 33ᵉ éd. 2016, p. ; 訴訟理論について L. Cadiet, J. Normand et S. Amrani Mekki, Théorie générale du procès, PUF 2 é éd., p. 33é et s.

6　民事責任法における生態学的損害の回復〔M.オトロー=ブトネ〕

訴えが受理されないのが原則だが，立法者は一定の者に明白な利益を守るために訴えの資格（qualité）を与えることでこの原則から離れることを可能とした。一定の法人が環境の分野において集団的な利益の侵害について損害の回復を請求しうるのは，この資格（titre）に基づくものである。立法者は，人のものではない，自然の利益を守るための訴訟を創設することでさらに先に進んだ。

　第2に，本法が指定した者は，従来環境の集団的な利益を守る可能性を有してきた者である。環境保護団体や地方公共団体のような，環境の集団的な利益を守る可能性を有している者のうちの一部について，エリカ号事件の判例は既にこの意味で訴権を確立していた。本法は，集団的利益の訴訟を生態学的損害の回復に向かって拡大することしか行っていない。

　実際には，公法人又は私法人すべてが訴訟を提起することができそうである。すなわち，それら法人が守る利益に対する侵害から生じた集団的な損害の回復を得ることができるし，さらに，法人が被ったものではない生態学的損害の回復を請求することもできるということである。混乱を生じてはならないのは，生態学的損害回復の訴訟が民法典に規定されているのに対し，環境集団訴訟は環境法典に由来し，同法典の要件に従うことである(14)。環境集団訴訟は，特に違反の存在を要求する。

　他方で，立法者は，訴えの資格と利益を有するすべての者が生態学的損害の回復を請求し得ることを明言した。立法者は，「のような」という表現とともに，明定された者は例示でしかないとしているようである。より正確には，このことは，環境に対する侵害が，自らの属人的な利益〔訳注2〕に影響を与えることを証明したすべての者が生態学的損害の回復を請求できることを意味する。実際，民事訴訟では，属人的な訴えの利益が証明されれば，裁判官は訴えの資格があると推測している。したがって，立法者の言葉を借りるならば，自然人は，個人的な利益に対する侵害の回復を請求するための民事責任訴訟を用いて，個人的な利益ではない，自然そのものの利益に対する侵害の回復を請求することができることとなったのである。すなわち，伝統的な個人の訴訟と新しい特別訴

---

(14)　環境法典 L.132条及び L.142-2条を見よ。

〔訳注2〕　この点については，生態学的損害の賠償を請求する際に，属人的利益への影響を要求することは合理的かと言う問題が生ずるであろう。ブトネ教授に問い合わせた回答によれば，裁判官の柔軟な解釈により，生態学的損害の賠償を得ることを属人的利益と捉える可能性があるとのことである。

訟とを連動させたのである。しかし，2つの訴訟を混同してはならない。すなわち，第1のものは訴訟の原告たる被害者自身の利益を満足させるためのものだが，第2のものは，訴訟の原告ではないがその受益者である自然の利益をもっぱら満足させるためのものなのである。

上述の混乱を避けるために，新しい民事責任制度は，訴訟の受益者を指定する。

B/ 訴訟の受益者

民事責任法においては，原則として訴権保持者と訴訟の受益者とが一致している。訴訟を提起する者は，訴訟の結果から利益を受ける者である。したがってその者は個人的な又は集団的な損害に基づいて請求した賠償を受けるであろう。ところで，生態学的損害の回復は，立法者にそのような伝統を破るように促した。生態学的損害の被害者は自然であり，訴権保持者は自然ではない。訴権保持者は自然が被った損害の回復を請求するためだけに訴える。言い換えると，訴権保持者は自らが被ったわけではなく，権利主体でない被害者が被った損害の回復を得るために訴える。それゆえに，一貫性を保つために，原告と被害者を分離しなければならず，そのために，訴権保持者は訴訟の結果から利益を得てはならないことを認める必要がある。

立法者は上記のことを行った。民法1249条によると，現実賠償がなされなければならず，それが不可能又は不十分な場合は，「環境の回復」（同条）に充当される損害賠償の支払いによってなされなければならない。条文は原則と例外とを定めている。

原則は現実賠償である。現実賠償は，ほかの損害の回復との混乱を避けることを可能とする。つまり，回復は被害者が被ったものに対して向けられる。確かに，裁判官は現実賠償の方法を決定するために鑑定に依拠しなければならないであろう。また，裁判官は，現実賠償について定める規定，すなわち第一次的回復（réparation primaire），補足的回復（réparation complémentaire）及び補償的回復（réparation compensatoire）についての規定[15]を有する行政警察制度から着想を得ることもできる。

次のような状況を推測することができる。すなわち，一方で個人的な及び集団的な損害は，既存の訴訟において回復の対象となるが，他方で生態学的損害は — にその損害が訴訟の時点で残っていれば — …現実賠償の対象となる。

6　民事責任法における生態学的損害の回復〔M.オトロー=ブトネ〕

もっとも，現実賠償に理由がない場合や訴訟が効果を有しない場合についても注意しなければならない。

　1）生態学的損害が，訴訟以外で，関係する自然人又は法人による現実賠償請求の対象になった場合を想像せよ。この場合，関係者は，個人的な財産損害としての，投入された費用の償還のほかは請求できない。

　2）生態学的損害が，（県知事が介入した場合の）行政警察の制度によって規定された現実賠償の対象になった場合を想像せよ。この場合も，訴訟を提起する理由はない。このことは，民法1249条3項が規定している。すなわち，「損害の評価は，必要な場合は，既に行われた回復の措置，特に環境法典第1編第6章の実施の範囲における措置を考慮して行う。」

　原則の後に，立法者は次のような例外を定めた。現実賠償から離れ，それを環境回復に充当される金銭による賠償によって補完することである。ここでは，損害賠償の使途の自由を認める民事責任の一般法との抵触が問題となる。この抵触は，新しい訴訟の一貫性に寄与するために必要である。すなわち，原告が被ったわけではない生態学的損害の回復を目的とした訴訟が問題となるからである。その一方で，この例外は制限されている。すなわち，現実賠償の措置が不可能なとき又は不十分なときに限られるのである。

　一方で，この規定のプラグマティズムは慶賀すべきである。実際，訴権保持者による環境の回復のための金銭的な充当を促進すべきいくつかの状況が想定

────────────

(15)　環境法典L.162-8条でリスクの停止措置が検討されたのち，同法典L.162-9条は原状（état initial）を回復しうる措置を考慮する。より正確には，この規定は3種類の措置を考慮している。すなわち，まず「自然資源及びその機能を原状又はそれに近い状態に戻す全ての措置を指定する」「第一次的回復」である。次に，「第一次的回復による原状又はそれに近い状態の再現ができなかったときは，もしサイトが原状に戻されていれば提供されたであろう水準と同様の自然資源及びその機能の水準を提供するために，補足的回復が行われなければならない。補足的回復は，別のサイトで実行されることができ，サイトの選択は，損害と関係のある動植物の利益を考慮しなければならない。」利益（bénéfices）について同様の状態に戻すことを導くという考え方が見いだされる。最後に，「補償的回復は，損害の発生時と第一次的回復及び補足的回復がその効果を生じさせる時との間の自然資源及びその機能の中間的な喪失を補償するものである。補償的回復は別のサイトで実行されることができ，また金銭的な補償で表されることはできない」。

［環境法研究 第 8 号 (2018. 7)］

できる。

- ・行政警察の制度において県知事が義務付けた措置が不十分な場合
- ・侵害が不可逆な場合であるため，単純な復元による損害の回復が不可能であり，同一の生態学的な状態を取り戻すために，損害を受けた場所と別の場所において補償（ミティゲーション。環境影響緩和措置）を行うにあたり非常に複雑な技術を用いる必要性がある場合
- ・個人的な自由の尊重，過大な措置費用，又は県知事が命じた措置と抵触することを回避するための裁判管轄といった，民事責任の一般法に存在する別の原則によって，裁判官が被告に対する措置の実施の義務付けを拒絶する可能性がある場合[16]

全ての場合において，被害を受けた環境のために損害賠償額を充てるように，回復を原告に委ねることが整合的であると考えることもできる。実際，訴権保持者は，行政警察の制度で規定された技術から着想を得て回復を行うことについてより能力があるといいうる。

他方で，「生物種に対する環境侵害」ではなく，「環境の回復」という表現を用いたことを後悔することになるかもしれない。思うに，問題となっている損害をより個別的に明言することなく「環境」を対象とすることは，非常に広がりをもつことは明らかである。ここでは，損害賠償金が，訴訟で認められた生態学的損害の回復でなく，より一般的に環境の回復のために使用されることがリスクとなる。すなわち，集団的利益を保護する法人が提起した訴訟において，訴訟の原告が，金銭を生態学的損害を回復するためでなく，法人が保護する集団的な利益に対する侵害から生じる集団的な損害を回復するために使用することがリスクとなる。環境保護団体が集団的損害と生態学的損害の双方について同時に回復を請求する場合にこのような問題が生じる。

したがって，立法者が充当の方法について補足的な指示を与えなかったこと，そしてとりわけフォローアップ（suivi），管理（contrôle）及び制裁（sanction）についての措置をまったく定めなかったことが悔やまれる。将来，集団的な損害に対して損害賠償金を充当するのを避けるために，裁判官が充当の内容を正当化すること及び明確に述べることが期待されるが，立法者がこのような欠点

---

(16) 民事責任法における回復の要件について，G. Viney et P. Jourdain, Traité de droit civil, Les effets de la responsabilité, LGDJ, 3ᵉ éd., nᵒ 27 et s.

6　民事責任法における生態学的損害の回復〔M.オトロー=ブトネ〕

を改善するために介入する可能性もあろう。環境回復への充当は「義務（obligation）」と解されうるため，原告による不遵守（non respect）は民事責任を危険にさらすだろう[17]。

損害賠償金が「原告に，又は原告が上記の目的のために有効な措置をとることができないときは国家に対し」支払われることについても批判しうる。条文は，受理可能性の要件が充足されれば，全ての訴訟の原告がこの種の損害賠償金を受け取ることができるとしているように読める。しかし，生態学的損害の回復に充当される金額を減額すること及び分割することは，その回復にとって逆効果であるように思われる。金員を分配する場合には作業も配分しなければならないのだろうか？　様々な原告の間での協定（convention）を結ばなければならないのか？　立法者は，補償（ミティゲーション）といった複雑な物理的措置を引き受けることが最も技術的に可能である，国家のような唯一の受託者を指名すべきであったといえよう。

結　論

1）本法には利点と欠点がある。

利点：本法は，生態学的損害の回復にもっぱら向けられた制度を創設した。そしてそれは特別訴訟であり，環境の利益になる影響を与える客観的な制度である。

欠点：訴権保持者及び損害賠償金充当制度については曖昧な状態にとどまる。

2）本法は改善されうる。

まず，義務付けられる賠償措置のタイプを明確化すること，及びフランスにおける環境への損害の回復についての行政警察の制度を創設した EC 指令（2004/35/EC）に由来する措置から司法裁判官が着想を得ることが挙げられる。この点について，生物多様性法は，環境に対する侵害のリスクがある場合の補償の方法についての一般的な制度を，環境法典に同様に挿入した〔訳注3〕。例えば，開発者はフランスの空間についてミティゲーション（補償）を実施する際に専門家の支援を受けつつミティゲーション契約を締結することができる。開

---

(17)　前掲注（8）Neyret 教授の論文参照。

〔訳注3〕　環境法典 L. 110-1条，L.163-1条1項，L. 163-1条2項（ミティゲーション契約）。

［環境法研究 第8号（2018.7）］

発者はまた，ミティゲーションの取引について生物多様性のユニット（unité，クレジット）を購入することができる。立法者は，これらのミティゲーションの方法は民事責任制度にも適用すると明定できるかもしれない。そうすると，環境の回復に充当される賠償金を受け取る訴権保持者は，それらの方法を用いることができる。もっとも，裁判官が充当のタイプを判決において明確にすることは直ちに行うことができる。同様に，訴訟の当事者らがこの点に同意することも可能である。契約は，損害の回復の実施の際に有用である。

　次に，裁判官が判決を下すのを支援する措置を創設することが挙げられる。ここで，損害を評価するため及び現実賠償の措置を命じるために環境の鑑定人以上のものを活用することができる。環境裁判所の創設も考えられよう。

　3）本法を理解するには，環境の侵害と関連した損害の回復のための訴訟を全体的に考慮しなければならない。今後，環境の侵害の場合に，4種類の訴訟が目的に応じて原告に提示されうる。
　① 所有者や商人のような，特定の者により一般的に提起される，環境の悪化から生じた個人的な損害を回復するための個人的な訴訟
　② NGO又は行政機関のような，法によって指名された特定の者によって提起される環境上の利益に対する侵害を回復するための集団訴訟
　③ 生態学的損害を回復するための特別な新しい訴訟
　④ さらに，新しい環境のグループ訴訟を加えなければならない[18]。2016年11月18日，環境法典 L.142-3-1条2項が導入された。「同様の状況に置かれた複数の者が，法律上又は契約上の義務に対する違反を共通の原因として，同一人により，本法典 L.142-2条に示された分野における被害の結果として損害を受けたときは，民事裁判所又は行政裁判所にグループ訴訟を提起することができる」。

　結論として，環境への侵害から生じた損害を回復する訴権保持者は様々な資格の下で訴えることができるだろう。すなわち，①NGOが，回復のための費用を支出していたならば財産的損害について，②NGOが侵害された環境上の利益を保護するならば集団的損害について，④多くの個人の利益を保護するな

---

(18)　グループ訴訟は，環境法典 L.142-3-1条と，2016年11月18日法が民事手続法典（副章Ⅴ：L'action de groupe の826-2条以下を見よ）及び行政手続法典に挿入した訴訟手続の共通枠組みに関係する諸規定によって規律されている。

156

らば多くの人に生じた「マス（masse）」の損害について（グループ訴訟），③自然を保護するならば（自然の代理をすることなく）生態学的損害について，それぞれ同時に回復を求めることができる[訳注4]。

　回復の一貫性のなさを避けるために，4つの訴訟が混同しないように注意が必要である。

《参考》フランス民法改正条文（生態学的損害）

	条文
1246条	生態学的損害を生じさせたすべての者は，その損害を回復する義務を負う。
1247条	生態系の要素若しくは機能又は人が環境から得る集団的な利益の無視できない侵害から生じる生態学的損害は，本章で規定された要件において，賠償可能である。
1248条	生態学的損害の回復に関する訴訟は，国，フランス生物多様性庁，関係する地域の地方公共団体及びその連合体，並びに訴訟の開始の日の少なくとも5年前から認可され若しくは創設された，自然の保護及び環境の保護を目的とする公的機関及び団体のような，当事者適格及び訴えの利益を有するすべての者により提起される。
1249条	生態学的損害の回復については，現実賠償が優先される。 2　回復措置が法的に又は事実的に不可能であるか不十分であるとき，裁判官は，責任者に対し，環境の回復に充当される損害賠償を，原告に，又は原告が上記の目的のために有効な措置をとることができないときは国家に支払うよう判決を行う。 3　損害の評価は，必要な場合は，既に行われた回復の措置，特に環境法典第1編第6章の実施における措置を考慮して行う。
1250条	アストラントについては，裁判官は，それを環境の回復に用いる原告のために算定する。原告がこの目的のために有効な措置をとることができないときは，同様の目的のためにそれを用いる国家のために算定される。 2　裁判官は，アストラントを算定する権能を有する。
1251条	被害の急迫な実現を防止するために使われた費用，その悪化を避けるために使われた費用又はその被害の発生を減少させるために使われた費用は，賠償可能である。
1252条	生態学的損害の回復とは別に，1248条に定められた者によってこの趣旨の請求を提訴された裁判官は，被害を予防し又は被害を停止させるのに適した合理的な措置を命じることができる。

〔訳注4〕　番号は，前頁のものに揃えた。

〈翻訳〉

◆ 7 ◆

環境損害に関する国際訴訟と国家責任
―― 最近の発展と展望

Sandrine Maljean-Dubois,
Director of research at CNRS

S. マリジャン=デュボア

［鶴田順＝小島恵 訳］

Ⅰ　「伝統的な」国家責任の拡大
Ⅱ　ソフトな責任の進展
Ⅲ　健全な環境に対する権利の国際的保護の展開

［環境法研究 第 8 号（2018. 7）］

　国際的な義務の違反によって環境損害が引き起こされた場合，国はどのよう
なリスクを負うか。

　国際法は，国が自らに課した義務に違反した場合に，それに対処する最良の
手段を有していない。このことはよく知られている。問題は，対処のための手
段が国内法秩序や欧州連合法（EU 法）において利用可能な手段よりも洗練さ
れておらず，あまり強力でもないことである。さらに，対処のための伝統的な
手段はとりわけ環境分野においては適切なものではないことである。

　たとえば，多数国間条約において広く採用されている対応ではあるが，ある
国が条約上の義務に違反した場合の伝統的な対応として，他の締約国が条約の
一部または全部の適用を停止するという対応がある(1)。このような対応は環
境条約ではほとんど採用されていない。人道的性格を有する条約や1969年に採
択されたウィーン条約法条約60条 5 項で述べられているような一般的な規則に
対する例外は，環境条約にも適用されるべきである。一般的には，国が条約を
遵守することに共通の利益を有している場合には対抗措置の威嚇は効果的であ
る。しかしながら，条約上の義務が相互性を欠き，一般的で上位の利益である
「共通の善（common good）」に基づくものである場合，すなわち，国際司法裁
判所（ICJ）の言葉を借りれば「条約の締約国は，各国の個別的な利益を有さず，
条約の存在理由である高邁な目的の実現という共通の利益を有するのみ」であ
る場合(2)，違反した当事者である国は対抗措置を恐れることはほとんどない。
条約に違反しても，少なくとも短期的には，遵守するよりも大きな利益を得る
ことができるからである。

　さらに，環境を保護する国際的な義務の違反についての国の責任を問い，紛
争を国際裁判所に持ち込むことができるか否かに関わる実行は，長期にわたり
単発的であった。国は，「大きな負担となり，しばしば予見不可能で，なおか
つ政治的にダメージが大きい手段である」(3)との判断から，環境分野では国際
裁判という紛争解決メカニズムを用いたがらない。そうした態度はさまざまな

（ 1 ）　See Article 60 of the Vienna Convention on the Law of Treaties, Vienna, 23 May 1969,
in force 27 January 1980, 1155 UNTS 331; see also Chapter II of the third part of the
draft articles of the International Law Commission, adopted in second reading in 2001
and annexed to Resolution 56/83 of the General Assembly (12 December 2001).

（ 2 ）　See *Advisory opinion on reservations to the Convention for the Prevention and Punish-*
ment of the Crime of Genocide, ICJ Reports, 1951, p. 23.

7 環境損害に関する国際訴訟と国家責任〔S. マリジャン=デュボア〕

理由によるもので，この問題はすでに他の様々な論考で扱われている(4)。それはとりわけ次の三点に関連している。一つ目は，環境分野における国際法上の義務の曖昧さ。二つ目は，環境損害の特殊性。三つ目は，環境分野における国際法上の義務の軽視は，国の悪意によるものではなく，技術的あるいは財政的な理由によるもので，そもそも義務の遵守が困難あるいは不可能であること。実際に，すべての国によって追求される共通の利益については，義務の遵守に「失敗している」国の責任を追及するよりも，技術的または財政的な支援を通じて，そのような国が義務を遵守できるようにすることのほうが効果的である。P.-M. Dupuy によって論じられているように，国際法上の責任追及は一般的には「迂回」されている。迂回は，上流では伝統的な紛争解決手続きに訴えることの回避を目的とする防止メカニズムや技術的・財政的支援の発展によって，下流では制裁の代わりとなる支援について規定した条約規定によって行なわれる(5)。

しかしながら，ここ数年，環境分野の国際法では重要な発展がみられる。その発展は，実体的な義務が詳細になりつつあることと無関係ではなく(6)，国際慣習法と条約の両方で生じているものである。これらの発展には三つの領域

（ 3 ） P.-M. Dupuy, 'À propos des mésaventures de la responsabilité internationale des États dans ses rapports avec la protection de l'environnement', in M. Prieur (ed.), *Les hommes et l'environnement*, En hommage à A. Kiss, M. Prieur ed., Frison Roche, Paris, 1998, p. 275.（拙訳）

（ 4 ） P.-M. Dupuy, 'Où en est le droit international de l'environnement à la fin du siècle ?' (1997) 4 *RGDIP*, 892 and following, "À propos des mésaventures de la responsabilité internationale des États dans ses rapports avec la protection de l'environnement", *op. cit.*, pp. 269 and following; A. Kiss, 'La réparation pour atteinte à l'environnement', in Colloque du Mans de la SFDI, *La responsabilité dans le système international*, (Paris: Pedone, 1991), pp. 226 and following; L. Boisson de Chazournes, 'La mise en œuvre du droit international dans le domaine de la protection de l'environnement : enjeux et défis' (1995) 1 *RGDIP*, pp. 50 and following; Y. Kerbrat, 'International Law Facing the Challenge of Compensation for Environmental Damage', in Y. Kerbrat, S. Maljean-Dubois (eds.), *The Transformation of International Environmental Law* (Paris, London : Pedone & Hart Pub., 2011), pp. 213-231.

（ 5 ） P.-M. Dupuy, 'Où en est le droit international de l'environnement à la fin du siècle ?', *op. cit.*, p. 895.

（ 6 ） Y. Kerbrat, 'Le droit international face au défi de la réparation des dommages à l'environnement. Rapport général sur le thème de la deuxième demi-journée', in SFDI, *Le droit international face au défi de la protection de l'environnement* Colloque d'Aix-en-Provence (Paris: Pedone, 2010), p. 125.

161 ·

［環境法研究 第8号（2018. 7）］

がある。すなわち，（国際法上の義務の違反に対する国際法上の国家責任という意味での）伝統的な国家責任の拡大，ソフトな責任[7]の実施，そして，健全な環境に対する人権の国際的保護の発展である。フランスと欧州における責任法の近年の発展に関する Gilles Martin の言葉を借りれば，それぞれの分野は「環境に関する責任の領域をはるかに越えた効果」をうみ出すものである[8]。

I 「伝統的な」国家責任の拡大

国は，国際法上の義務に違反するとき，それにより生じる責任を負うことになるという覚悟のもとで，そうするものである。国は権利を侵害された主体の不満に対応する必要がある。常設国際司法裁判所は1928年に「約束違反は賠償義務を伴うということは国際法の原則であり，法の一般概念でもある」と判示した[9]。このような賠償義務は非常に広範囲にわたるものである。ICJ は1997年にダニューブ河のダムに関するガブチコヴォ・ナジマロシュ事件[10]でこのことを再確認した。

環境分野においては，これまで長期にわたり，義務違反から生じる国家責任はごく稀にしか国際裁判所で扱われたことはなく，紛争の平和的解決メカニズムもあまり利用されてこなかった。しかし，本稿では，近年見られるようになった二つの現象に光をあてる。すなわち，一つは国際訴訟の展開であり，もう一つは，それ自体が新しい可能性を開くことになる「伝統的な」国家責任法の適用である。

1 訴訟の増加

環境分野では，これまで長期にわたり，国際「判例」はほとんどみられなかった。プリビロフ諸島オットセイ事件[11]，その後のトレイル溶鉱所事件[12]，他

（7） ここでは以下の表現を使用している。P.-M. Dupuy, 'À propos des mésaventures de la responsabilité internationale des États dans ses rapports avec la protection de l'environnement', *op. cit.*, p. 280.

（8） G. Martin, 'La responsabilité environnementale', in O. Boskovic (ed.), *L'efficacité du droit de l'environnement, mise en œuvre et sanctions* (Paris: Dalloz, 2010), p. 19.（拙訳）

（9） *Factory of Chorzów*, 13 September 1928, series A, n°17, p. 29.

（10） *Gabcikovo-Nagymaros Project (Hungary/Slovakia)*, Judgment of 25 September 1997, *ICJ Reports*, 1997, p. 3, §150.

162

7 環境損害に関する国際訴訟と国家責任〔S. マリジャン=デュボア〕

にもラヌー湖事件[13]などが，とりわけ越境環境汚染と共有天然資源に関する国際環境法の基盤を築いてきた。しかし，環境に関する判断が逃されてしまった機会もあった。核実験事件IおよびII[14]や，ナウル燐鉱地事件[15]において，ICJは事件の本案審理をしなかった。核兵器使用の合法性事件における国連総会による勧告的意見の要請は国際環境法にとって重要な問題提起であったが，裁判所は環境は直接的に関係する争点とはみなさなかった[16]。

これとは対照的に，この15年間は環境分野の国際訴訟に重要な展開をみることができる。1997年のダニューブ河のダムに関する事件では，ICJに持ち込まれた紛争で初めて環境が中心的な争点となった[17]。この決定はこの分野での裁判所の「ミニマリスト（最小限主義）」の傾向を相当程度示すものではあるが[18]，国際環境法の基本原則，とりわけ，他国の環境に対する損害を未然に防止する原則，協力の原則，また条約規則の発展的解釈の必要性を宣明する機会を裁判官に与えた[19]。同様に，ウルグアイ河パルプ工場事件（アルゼンチン対ウルグアイ）でも，環境は中心的な争点となった。同事件で裁判所は2010年4月20日に決定を言い渡した[20]。国境地域におけるニカラグアの活動事件[21]

---

(11) Arbitral Award, 15 August 1893, *Moore's International Arbitration Awards*, 1898, p. 755.

(12) Arbitral Award, 11 March 1941, *Trail Smelter*, United States vs Canada, *R.S.A.*, volume III, pp. 907 and following.

(13) Arbitral Award, 16 November 1957, *R.S.A.*, XII, p. 285.

(14) *Nuclear Tests I (New Zealand v. France)*, Judgment of 20ᵗʰ Dec. 1974, *ICJ Reports 1974*, p. 253 and *Nuclear Tests II*, (New Zealand v. France) Order of 22 Sept. 1995, *ICJ Reports*, 1995, p. 288.

(15) *Certain Phosphate Lands in Nauru (Nauru v. Australia)*, Order of 13 Sept. 1993, *ICJ Reports 1993*, p. 322.

(16) *Legality of the Threat or Use of Nuclear Weapons*, Advisory opinion of 8 July 1996, *ICJ Reports 1996*, p. 226. On this point, see M.-P. Lanfranchi and Th. Christakis (eds.), *La licéité de l'emploi d'armes nucléaires devant la Cour internationale de Justice* (Paris: Economica, 1997), pp. 56 and following.

(17) *Gabcikovo-Nagymaros Project (Hungary/Slovakia)*, Judgment of 25 September 1997, *ICJ Reports* 1997, p. 3.

(18) P. Sands, 'La Cour internationale de Justice, la Cour de Justice des Communautés Européennes, et la protection de l'environnement', in M. Prieur (ed.), *Les hommes et l'environnement*, En hommage à A. Kiss (Paris: Frison Roche, 1998), p. 334.

(19) S. Maljean-Dubois, 'L'arrêt rendu par la Cour internationale de Justice le 25 septembre 1997 en l'affaire relative au projet Gabcikovo-Nagymaros (Hongrie/Slovaquie)' (1997) vol. XLIII *Annuaire français de droit international*, 286-332.

［環境法研究 第 8 号（2018. 7）］

およびサン・フアン河沿いのコスタリカ領における道路建設事件（ニカラグア
対コスタリカ）も環境に関する争点を相当程度有していた[22]。南極海における
捕鯨事件（オーストラリア対日本）も同様に興味深いが，これらの事件に比べ
ると環境に関する争点の度合いは低い[23]。国際海洋法裁判所（ITLOS）の判例
のほとんどは海洋環境と海洋資源の保護に関するものである[24]。司法的な権
限行使ではなく諮問的な権限行使において，ITLOS は海洋環境の保護に関し
て非常に豊かで重要な見解を示してきた[25]。同様に，様々な国家間紛争で環
境保護に関する仲裁判断が示されきた[26]。

こうした判例の増加は，環境分野において，前述したように，国の主要な義
務が詳細になりつつあることに由来するところが大きい[27]。ICJ は「ここ数

---

(20)　S. Maljean-Dubois, Yann Kerbrat, 'La Cour internationale de Justice face aux enjeux
de protection de l'environnement : réflexions critiques sur l'arrêt du 20 avril 2010,
Usines de pâte à papier sur le fleuve Uruguay (Argentine c. Uruguay) ' (2011), t. CXV,
Revue générale de droit international public, 1, 39-75.

(21)　以下を参照。 the order for the indication of provisional measures, 8 March 2011. 報
告書には未掲載。

(22)　Judgment of 16 Decembre 2015. 未公表。
http://www.icj-cij.org/docket/files/152/18848.pdf, consulted on 8 August 2016.

(23)　Judgment of 31 March 2014, Whaling in the Antarctic (Australia v. Japan: New
Zealand intervening), *Judgment, I.C.J. Reports 2014*, p. 226.

(24)　特に以下を参照。Cases No. 3 and No. 4 *Southern Bluefin Tuna Cases* (New-Zealand v.
Japan; Australia v. Japan), Provisional measures; Case No. 7 *Case concerning the Conser-
vation and Sustainable Exploitation of Swordfish Stocks in the South-Eastern Pacific Ocean*
(Chile v. European Union); Case No. 10 *The MOX Plant Case* (Ireland v. United
Kingdom), Provisional measures; Case No. 12 Case concerning *Land Reclamation by
Singapore in and around the Straits of Johor* (Malaysia v. Singapore), Provisional
Measures.

(25)　Case No. 17, *Responsibilities and obligations of States sponsoring persons and entities
with respect to activities in the Area (Request for Advisory Opinion submitted to the Seabed
Disputes Chamber)*, Advisory opinion, 1ˢᵗ Feb. 2011.

(26)　以下を参照。the *Southern Bluefin Tuna* (Australia and New-Zealand v. Japan) arbitration,
award on jurisdiction and admissibility; the *Dispute concerning access to information under
Article 9 of the OSPAR Convention* (Ireland v. United Kingdom) arbitration, award 2 July
2003; the *Case concerning the audit of accounts between the Netherlands and France in appli-
cation of the Protocol of 25 September 1991 Additional to the Convention for the Protection of
the Rhine from Pollution by Chlorides of 3 December 1976* (Netherlands v. France) arbitration,
award 12 March 2004; the *Iron Rhine* (Belgium v. Netherlands) arbitration, award 24 May
2005.

7　環境損害に関する国際訴訟と国家責任〔S. マリジャン=デュボア〕

年に生じている環境法と環境保護の分野の発展を考慮し，また，管轄下にある
あらゆる環境事件を可能な限り扱えるように準備すべきであるとの考慮から」
環境問題を扱う特別部を創設し，諸国に環境紛争を ICJ に付託するように促し
ている⁽²⁸⁾。ICJ は，とりわけ ITLOS の設立の例につづいて，特定の分野の国
際紛争を扱う特別裁判所が増設されることを懸念して，諸国に「強いシグナル」
を送っている。しかし，ICJ の環境問題を扱う特別部はこれまで利用されたこ
とがなく，刷新されたこともない。さらに，ITLOS もその一部として海洋環
境に関する紛争の解決のための特別部を創設した。常設仲裁裁判所も2001年に
その一部として天然資源及び環境に関する仲裁の選択規則を採択し，興味深い
可能性を開いた。

2　「伝統的な」国家責任法の適用

伝統的な国家責任法の適用は，国際的な国家責任の追及と履行だけでなく，
国家責任の発生にも関連している。

これら二つの分かちがたい要素が国家責任の発生を構成している。すなわち，
国際法上の規則の違反によって発生する客観的な要素（違法行為）と，違法行
為と当該行為を行った国を結びつける主観的な要素（因果関係）である。客観
的な要素は国際法上の規則の違反で構成されている。しかし，ある仮説におい
ては，国は国際法によって禁止されていない行為から生じる不当な結果に対し
て責任を負うことがある。この現象は，一般に，リスクや客観的な責任である
ことから，無過失責任（liability without fault）と呼ばれているものである。その
ようなレジームは国内法ではよく知られているが，国際法ではこれまでほとん
どその影響はみられなかった。この問題についての国連国際法委員会（ILC）
の作業は結論的なものではない。環境損害に対する国家責任を含めて，そのよ
うな客観的な国家責任に関する国際慣習法上の原則は存在しない。唯一，その

---

(27)　Y. Kerbrat, 'Le droit international face au défi de la réparation des dommages à l'
environnement. Rapport général sur le thème de la deuxième demi-journée', *op. cit.*, p.
125.

(28)　Press Release of the ICJ, 19 July 1993, *Constitution of a Chamber of the Court for Envi-
ronmental Matters*; see R. Ranjeva, 'L'environnement, la Cour internationale de Justice
et sa chambre spéciale pour les questions d'environnement' (1994) vol. XL *Annuaire
français de droit international* 433 and following.

165

［環境法研究 第 8 号（2018. 7）］

ような客観的な国際責任に関するレジームを設定した宇宙損害責任条約がある
のみである[29]。環境損害に対するより良い賠償を可能にするために，およそ
15の国際条約が客観的な責任レジームを発展させてきた。これらの条約では操
業者（管理者および所有者）に責任を課すことで，公的な国際法から私的な国
際法への移行がみられる。このように，いくつかの条約は，「客観的な」責任
のシステムを発展させ，潜在的な紛争の解決を促進し，操業者の責任を切り開
くことを目指している。そのような目的のために，それらの条約は，操業者が
破産した場合や損害が一定額を超過した場合に損害の補償を可能にする補償基
金の創設を規定している。さらに，これらの条約は，管轄権を有する裁判所の
決定や判決の執行についても規定している。しかしながら，責任についてのこ
うした展開は，環境分野のすべてで起こっているわけではない。危険物の輸送，
とりわけハイドロカーボン，核エネルギーや遺伝子組換体の輸送など，特定の
活動が関わる環境分野でのみ生じている展開である。欧州理事会で採択された
（あまりにも？）野心的な環境に対する危険な活動に起因する損害に対する民事
責任に関するルガノ条約の批准がなされていないこと，またこの問題に関する
指令の作成に関して欧州委員会の作業が遅れていることに示されているように
に，諸国はそのような責任レジームの一般化には消極的である[30]。

　こうした展開は，一見，残念なことのように思われるが，国際法の下で国が
負う実体的な義務における注目すべき発展によって前進している面もある。そ
れは条約と国際慣習法の発展，すなわち，条約上の義務の増加と詳細化，国際
慣習法上のルールによる基盤の強化に関係している。これは環境分野での相当
の注意義務についてあてはまる。各国は，自国の領域内あるいは管轄権内で行
われる危険な活動が損害をもたらすことがないことを最大限に確保するため
に，相当の注意（due diligence）を払わなくてはならない。この義務は非常に
重要である。この点についての ICJ の判例をふまえ，最近 ITLOS の海底紛争

---

(29) P-M. Dupuy and Y. Kerbrat, *Droit international public* (Paris: Précis Dalloz, 2010), p. 526.

(30) 今日まで，環境に対する危険な活動に起因する損害に対する民事責任に関するルガ
ノ条約（the Lugano Convention (21 June 1993) on Civil Liability for Damage resulting
from Activities Dangerous to the Environment, adopted under the auspices of the
Council of Europe. See the Directive 2004/35/CE of 21 April 2004 on environmental
liability with regard to the prevention and remedying of environmental damage, OJ 2004
No. L143, 30 April 2004, p. 56.）を批准した国はない。

裁判部（Seabed Disputes Chamber）はその射程を明確にした[31]。それは「方法」の義務であり，結果の義務ではない。つまり，「適切な手段を採り，ありうる限りの最良かつ最大限の努力をし，そのことで結果を達成する義務」である[32]。Yann Kerbrat が指摘するように，「責任が発生する行為であるか否かの評価は防止基準の定義に基づいており，その評価は明らかに不確かで主観的である」[33]。しかし，ICJ は極めて厳格である。曰く，「それは適切なルールと方法を採用するだけでなく，その執行におけるある一定レベルの警戒，公的および民間の操業者による活動のモニタリングなど，公的および民間の操業者に対して適用可能な行政的コントロールの執行を含む義務である」[34]。ITLOS の裁判部の意見は欧州人権裁判所の判例を完全に踏襲している。たとえば，欧州人権裁判所は次のように述べている。「国は，とりわけ危険な活動の場合においては，当該活動の特性に応じて適切に，とりわけ当該活動から生じるリスクのレベルに基づいて，ルールを実施する積極的な義務を負う。この義務は，問題となっている活動の授権，実施，開発，安全と管理を規律するものでなければならない。また，この義務は，生命が危険にさらされる可能性のある市民の実効的な保護を確保する実践的な手段の採用をあらゆる関係者に求めるものでなければならない」[35]。ITLOS の裁判部は，上記の判示から，環境汚染を防止する国際的な義務を越えた予防的アプローチを実施する義務を推論した。裁判部にとっては「予防的アプローチは，国が負う相当の注意に関する一般的義務の不可欠な部分でもあると指摘するのが適切である。それは規則の射程外であっても適用可能なものである」[36]。相当の注意についてのこのような拡大的な解釈は，その慣習法としての性質は確立しており，諸国にとって大きな結果をもたらすものとなった。環境分野の国際法におけるその「アンブレラ」的な性質

---

(31)　Case N°17, *Responsibilities and obligations of States sponsoring persons and entities with respect to activities in the Area (Request for Advisory Opinion submitted to the Seabed Disputes Chamber)*, Advisory opinion, 1st Feb. 2011.

(32)　同上。§ 110.

(33)　Y. Kerbrat, 'Le droit international face au défi de la réparation des dommages à l'environnement. Rapport général sur le thème de la deuxième demi-journée', *op. cit.*, p. 125.

(34)　*Pulp Mills on the River Uruguay* (Argentina v. Uruguay), Judgement of 20th April 2010, *ICJ Reports* 2010, p. 14, §197.

(35)　*Di Sarno and others v. Italy, (Request no 30765/08)* case, ECHR decision of 10th Jan. 2012, § 110（フランス語のみ利用可能。拙訳）

［環境法研究 第 8 号（2018.7）］

は，条約文書の不足を補うものである。紛争の未然防止という役割だけでなく，紛争の解決にも資するものである。

　環境損害に対する責任を国に負わせることを促進するような展開もある。したがって，伝統的には，予見可能で，国境を越え，かつ「重大な」または「深刻な」損害が求められてきたが，これら三つの要件は「明らかに緩和され」てきている[37]。

　ここ数年，国家責任の実現，とりわけ訴訟を提起する権利の明確化が図られた。伝統的には，国際法は，少なくとも原則として，「客観」訴訟を許容していない。現実に紛争が存在することが司法機能と訴訟提起にとっての条件である。裁判所は「紛争」という用語の狭い定義を用いることで，裁判所が訴訟として扱える範囲と訴訟提起の範囲を制限している。裁判所にとっては，紛争とは「二当事者間における，法または事実についての不一致，法的見解または利益の衝突」[38]である。これらの要件を通じて，裁判所は「仮想の」または「抽象的な」紛争を裁判所の審理対象から除外している。裁判所によれば「ある国が他の国の主張に法的に反対する主張をしている場合に，法的な意味での紛争が存在する」[39]。裁判所が審理対象とするには，ある国によって法的に反対する主張がなされているだけでなく，ある国が他の国に対して要求を行い，その要求が拒否されていなければならない。同様に，「一方の当事者の主張がもう一方の当事者から積極的に反対されていることが示さなければならない」[40]。北部カメルーン事件は卓越した判示を行った。裁判所は「不当だとされていることへの対処」や「賠償を与えること」を求められているのではないため「裁判所が判決を下すことはできない」と述べた。裁判所の機能は法の支配を保証するものではあるが，この機能は「法的利益をめぐる争いを含む現に存在する

---

(36)　Case N°17, *Responsibilities and obligations of States sponsoring persons and entities with respect to activities in the Area（Request for Advisory Opinion submitted to the Seabed Disputes Chamber）*, Advisory opinion of ITLOS, *op. cit.,* § 131.

(37)　Y. Kerbrat, 'Le droit international face au défi de la réparation des dommages à l'environnement. Rapport général sur le thème de la deuxième demi-journée', *op. cit.,* p. 133.（拙訳）

(38)　*The Mavrommatis Palestine Concessions*, PCIJ, *Reports series A*, n°2, 1924, p. 11.

(39)　Ch. De Visscher, *Aspects récents du droit procédural de la Cour internationale de Justice*（Paris: Pedone, 1966）, p. 32.

(40)　*South West Africa*（Ethiopia v. South Africa, Liberia v. South Africa）case, *Preliminary objections*, Judgement of 21st December 1962, *ICJ Reports 1962*, p. 328.

争いが当事者間に判決時にも存在するような具体的な事件との関連において」行使されるものであることが再確認された。また，裁判所の決定は「当事者の現に存在する法的な権利または義務に影響を及ぼすという意味で実際的な効果をもつものでなければならず，それにより当事者の法的な関係から不確実さを取り除くものでなければならない」[41]ことも再確認された。

このように，一般的には，国際法は民衆訴訟 (*action popularis*)，すなわち，国際法に違反した国の責任を他のあらゆる国が明らかにするような可能性を認めてはいない。1966年に裁判所は「この種の権利は一定の国内法システムでは認められているかもしれないが，これまでのところ国際法では認められてはいない」[42]と判示した。しかしながら，この原則にはひとつの例外がある。それは対世的 (*erga omnes*) 義務であり，あらゆる人が援用することができるすべての (*omnium*) 権利を創出するものである。裁判所は，明示的に，また繰り返し，対世的義務に言及している。ボスニア・ヘルツェゴビナ対ユーゴスラヴィア事件における先決的抗弁の審理において，裁判所は「(ジェノサイド) 条約に定められた権利および義務は対世的 (*erga omnes*) 権利と義務である」[43]ことを確認した。対世的義務という概念に内在している基本的な考え方は，すべての国は対世的義務の違反が生じた際に提訴する利益を有するということである。これはまさに裁判所がバルセロナ・トラクション事件で述べたことである。同事件で裁判所は「すべての国はこれらの権利の保護について法的な利益を有すると考えられる」[44]と判示している。このように，ジェノサイドの禁止に対

---

(41)　*Northern Cameroons* (Cameroon v. United Kingdom), *Preliminary objections*, Judgment of 2nd December 1963, *ICJ Reports 1963*, p. 15.

(42)　この判決は裁判所内部ですら批判が多かった。以下を参照。*South West Africa, Second phase*, Judgment of 18th July 1966, *ICJ Reports 1966*, p. 47 and the separate opinion of Juge Jessup, Rep. 1966, esp. pp. 387-388.

(43)　*Application of the Convention on the Prevention and Punishment of the Crime of Genocide* (Bosnia and Herzegovina v. Serbia and Montenegro), Judgment of 11th July 1996, *ICJ Reports 1996*, p. 616, § 31.

(44)　以下を参照。*Barcelona Traction Light and Power company, Ltd, Second phase* (Belgium v. Spain), Judgment of 5 Feb. 1970, *ICJ Reports* 1970, p. 32. 以下も参照。*Legal Consequences of the Construction of a Wall in the Occupied Palestinian Territory*, Advisory opinion of 9 July 2004, §§87-88. この勧告的意見において，裁判所は，自決に関する人民の権利は対世的に対抗力を有する権利であり，イスラエル「以外の国」に対しても法的な帰結を招くと述べた。

［環境法研究　第8号（2018. 7）］

する違反は「あらゆる他の国に対して，そのような行為が行われないことを要求する権利を与える。国際法のあらゆる主体は，他の国に対して，ジェノサイドを行わないこと，または，少なくとも，そのような行為を中止することを要求することができる。世界中のすべての国はジェノサイドの禁止が遵守されることを求める権利を有する」[45]ことは広く受け入れられている。

　このような理解は，もはや主観的な権利ではなく，合法性を尊重する客観的な利益を動かしていくものである。このような理解は，限定的ではあるものの，民衆訴訟を直接に導くものである。国際法は次の二つのタイプの義務に関連して民衆訴訟を認めている。

　——「完全な」義務。この義務によると，国は国際人権法や国際人道法において人の状況に関する義務を負っている。

　—— いわゆる「相互依存の」義務。そのような義務によると，義務の引き受け手として第三者を特定することが不可能である場合であっても，提訴する利益を確立するためには条約の締約国であることで十分である[46]。環境条約に含まれる大半の義務はこのカテゴリにあてはまると考えられる。2001年に採択された国家責任に関する国連国際法委員会（ILC）条文草案の条文は，被害国以外のあらゆる国は，次の場合には，他国の責任を追及することができるとしている。すなわち，「a）違反された義務が当該国を含む国の集団に向けられたものであり，当該集団の集団的利益の保護のために設けられたものである場合，または，b）違反された義務が国際共同体全体に向けられたものである場合」（48条）。ILC が発行しているコンメンタールによれば，a）項は主に環境保護に関する義務に関する規定である[47]。しかも，2011年2月1日の勧告的意見において，ITLOS の裁判部は，「各国は公海と深海底の環境保護に関する義務の対世的性格に照らして賠償を請求する権利を有する」[48]と述べるために，ILC 条

---

(45)　A. Cassese, 'La Communauté internationale et le génocide', in Mél. M. Virally, *Le droit international au service de la paix, de la justice et du développement* (Paris: Pedone, 1991), p. 186.

(46)　C. Santulli, *Droit du contentieux international* (Paris: Montchrestien, 2005), p. 240.

(47)　International Law Commission, *Draft articles on State responsibility internationally wrongful act with commentaries*, 2001, p. 345.

(48)　Case N°17, *Responsibilities and obligations of States sponsoring persons and entities with respect to activities in the Area (Request for Advisory Opinion submitted to the Seabed Disputes Chamber)*, Advisory opinion of ITLOS, *op. cit.*, § 180.

7　環境損害に関する国際訴訟と国家責任〔S. マリジャン=デュボア〕

文草案の条文を用いた。環境損害に対する国または国の集団の責任追及の重要な整理をみてとることができる。

　国家責任の追及は次のような進化あるいは革新によって促されていることも付け加えておきたい。イラクの事例で，国連安全保障理事会は，国連憲章第7章に基づき，国連補償委員会が戦争の賠償をおこなうための独自の洗練されたメカニズムを開発した。1990年8月2日のクウェート侵攻とその結果によって生じた戦時損害に対するイラクの責任に対処する国連安全保障理事会の補助機関である[49]。Jean-Christophe Martin によれば「このメカニズムの効率性は，その構成，手続き，実体的な権限において独自なものであるが，今後，環境に関する請求を取り扱うに際しての興味深いモデルを提供するものである。このメカニズムの構築を導いた状況にはそれ特有のものがあるが，新しい分野を切り開き，とりわけ今後の実行は環境の融資条件に関する革新的なフォローアッププログラムから示唆を得るであろう」[50]。国際裁判所は国際法上の義務の尊重を管理する唯一の裁判所ではないということも付け加えておきたい。この点についてきわめて広範な管轄権を有してる欧州司法裁判所と同様に，各国国内の裁判所も国際法上の義務違反を罰することができる[51]。欧州連合とその加盟国が共に締結する混合協定（mixed agreements）の実施も共同責任に関する興味深い問題提起をしている[52]。

　この分野における展開はソフトな責任の進展にも関係している。

---

(49)　以下を参照。J.-C. Martin, 'La pratique de la CINU en matière de réclamations envi-ronnementales', in Colloque de la SFDI d'Aix-en-Provence, *Le droit international face aux enjeux environnementaux* (Paris: Pedone, 2010), p. 257.

(50)　同上。p. 273. （拙訳）

(51)　C. Tietje, 'The Status of International Law in the European Legal Order: The Case of International Treaties and Non-binding International Instruments', in J. Wouters, A. Nollkaemper, E. de Wet (dir.), *The Europeanisation of International Law: The Status of International Law in the EU and Its Member States,* (The Hague: TMC Asser Press, 2008), pp. 55 and following. See also Y. Kerbrat and Ph. Maddalon, 'Affaire de l'Usine MOX : la CJCE rejette l'arbitrage pour le règlement des différends entre États membres (commentaire de l'arrêt du 30 mai 2006, *Commission c. Irlande)* ' (2007) *RTDE*, 2007, 1, 154-182. See also the case on the"étang de Berre": Case C-239/03, *Commission v. France* [2004] ECR I-9325.

(52)　例えば京都議定書に関連して，以下を参照。A.-S. Tabau and S. Maljean-Dubois, 'Non-compliance Mechanisms: Interaction between the Kyoto Protocol System and the European Union' (2010) 21 *The European Journal of International Law* 3, 749.

［環境法研究 第 8 号（2018. 7 ）］

II　ソフトな責任の進展

懸案の利益に対する法と手続きの適用を模索するにあたって，環境保護の分野における実施には特有のハードルがある。ソフトな責任に基づく実施のための特別な手法の進展が促されている。

1　不遵守メカニズムの進展

環境分野では，不遵守の事案を特定し是正するという目的で，締約国の活動を評価し，評価が一般的で特定の締約国の活動に焦点をあてたものとはならないように，または，反対に，特定の締約国の活動に適切なかたちで焦点をあてたものとなるように，さまざまな定期的モニタリングメカニズムが開発されてきた。そのような手続きは合意された規範の有効性を評価できるようにし，規範の明確化や規範の適用を導くことができる。定期的モニタリングメカニズムはそのような規則の集団的学習プロセスを促進する（learning by doing）。モニタリングメカニズムの透明性の向上は，信頼を醸成し，いわゆるフリーライダーを制限することにもつながる。こうしたいわゆる「不遵守」手続きは違反への対応を構成することにもなる。その目的は，国が直面する条約上の義務の遵守にまつわる困難さをできるだけ早期に特定し，国に対する支援策から罰則にまでわたる，そして遵守に対する国のインセンティブを削ぐことのない段階的で順応的な方法で，そうした困難さを克服することにある（アメとムチ）。

不遵守手続きは，1987年のオゾン層を破壊する物質に関するモントリオール議定書のもとで，1992年にはじめて開発された。このようなメカニズムは国際環境条約の歴史的な展開からうまれたものである。環境保護に関する最初の国際条約は，条約内部でのモニタリング手法について何ら規定せず，締約国間での協力やそのようなコントロールの必要条件も制度化されていなかった。さらにいえば，これらの条約はあまり効果をあげるものではなかった。環境分野では，70年代中ごろから，締約国間の協力が制度化され，人権分野や軍縮分野からいくつかの要素について着想を得ることで，様々なコントロール手法が実験的に試みられてきた。もっとも利用されてきたモニタリング手法は報告システムである。ただ，報告システムは，重要でないわけではないが，国際法に存在する強力なモニタリング手法の一つとはいえない。報告システムには様々な限

界がある。調査手続きにも発展がみられた。90年代から様々な条約のもとでモ
ニタリング手法がシステム化され，意欲的な，いわゆる「不遵守」手続きの進
展によって強化されてきた。

　こうした手続きは，一般的には，条約の全体的な意思決定を行う機関（通常
は条約の締約国会議）の一つまたは様々な決議を通じて公式化されてきた。遵
守委員会が設立され，その構成，権限，決定プロセス，他の機関との関係が決
定で決められる。このような公式化のほか，これらの手続きは，その性質にお
いて地球規模で一貫性があるという点で，環境分野でこれまで用いられてきた
実施に関する他の手法や手続きとは異なっている。理想としては，こうした手
続きは，締約国の協力によって不遵守という状況が発生するのを防止し，遵守
を保証し，不遵守の場合に支援を提供できるものであるべきである。紛争処理
のためのメカニズム，さらに強制的な実施措置を含むべきである。理論的観点
からは区別することができるとしても，こうしたさまざまな要素は実際には密
接に関係している。すなわち，プロセスは動態的で，一つの事実が時を経て一
連の措置をもたらしているのである。

　モントリオール条約の手続きはけっして網羅的なものではないが，次にあげ
るように大いに踏襲されてきた。1979年の長距離越境大気汚染に関するジュ
ネーブ条約，1991年の越境環境影響評価に関するエスポー条約，1995年の有害
廃棄物の国境を越える移動及びその処分の規制に関するバーゼル条約，1998年
の環境問題における情報へのアクセス，政策決定における公衆の参加および司
法へのアクセスに関するオーフス条約，2000年のバイオセーフティに関するカ
ルタヘナ議定書，1973年の絶滅のおそれのある野生動植物種の国際取引に関す
る条約（CITES），1997年の国連気候変動枠組条約（UNFCCC）のもとでの京都
議定書，1991年のアルプス条約，1992年の越境水路及び国際湖沼の保護及び利
用に関する条約のもとでの水と健康に関する1999年ロンドン議定書，汚染に対
する地中海の保護に関するバルセロナ条約，オーフス条約のもとでの有害物質
の排出及び移動登録に関する条約，2001年の食料農業植物遺伝資源国際条約，
そして生物多様性条約のもとでの2010年の名古屋議定書で採用された手続きで
ある。これらの手続きは，1998年の残留性有機汚染物質に関するストックホル
ム条約や有害化学物質等の輸出入の事前同意手続きに関するロッテルダム条約
のもとで行われたプロジェクトでも採用されている。

　これらの条約は，「共通の善（common good）」のために，短期・中期的な国

［環境法研究　第8号（2018. 7）］

の利益とは関係なく採択されてきた。そのことをふまえると，こうした手続き
は，条約上の義務の遵守が困難な国を助けることのほうが，不遵守を罰するよ
りも，疑いなく重要であるという考えに基づくものである。制裁を科すことは
とくに条約への国の参加を妨げることになり，条約の目的の実現を損なうこと
になりかねない。したがって，様々な理由により，環境分野では，不遵守への
対応が，個別的であるよりも，条約実施機関の判断に基づく集団的なものであ
ることが正当化される。違反への伝統的な対応が不十分な役割しか果たさず，
法の支配の尊重を促進することに重きが置かれている場合には，それがあては
まる。論理的には協力の精神が制裁や賠償に取って代わる。条約を進展させる
という目的のために，問題状況への対応のあり方が締約国に提案され，必要な
場合には修正される。法的，技術的，財政的な支援というかたちで，条約上の
義務の遵守のインセンティブも提案される。不遵守手続きは国際協力の組織化
に基づくものであり，そのことは環境分野における締約国の協力の大きな特徴
である。条約上の義務の遵守のための締約国のコントロールのあり方は，条約
のもとで集団化されたものであり，伝統的な国家間の相互主義に基づくもので
はなくなっている。締約国のコントロールは，様々な環境条約で設立された締
約国会議，委員会，事務局といったこの点で重要な役割を果たすアドホックな
機関に委ねられる。さらに，締約国のコントロールの「多数国間化」は，締約
国による受け入れやすさにも資するものである。

　同じモデルに着想を得てはいても，こうした手続きは完全に同じではない。
共通の特徴を超えて様々な特性を示している。とりわけ，活動の規模，条約の
目的，条約採択の文脈に関する特性である。手続きのなかには革新的な特性を
有しているものもある。京都議定書の手続きは準司法的な特徴を有する[53]。
強い効果を有する措置で，少なくとも理論上は，まさに制裁としての効果をも
たらすものである。部分的には，オーフス条約は市民社会に相当な機会をもた
らす手続きを進展させた。なぜなら，オーフス条約は「一またはそれ以上の公
衆メンバー」に遵守委員会に対して締約国の条約遵守に関する「通報
（communications）」を提出する権利を与え，それによって遵守メカニズムを発

───────────

(53)　L. Boisson de Chazournes and M. Mbengue, 'À propos du caractère juridictionnel de
la procédure de non-respect du Protocole de Kyoto' in S. Maljean-Dubois (ed.), *Change-
ments climatiques. Les enjeux du contrôle international* (Paris : La documentation
française, 2007), pp. 73-109.

174

7　環境損害に関する国際訴訟と国家責任〔S.マリジャン=デュボア〕

動しようとするものであるからである。二つの条件が定められている。すなわ
ち，締約国は公衆のこのような権利を認めなくてはならないが，条約の寄託者
に通知することで拒否することができる（最長で4年間）。そして，条約事務局
を通じて遵守委員会に送られる通報は「強く支持される」ものでなければなら
ない。遵守委員会は受理可能性を審査する。遵守委員会は，通報が「a）匿名
であること。b）通報を行う権利の濫用であること。c）明らかに不合理である
こと。d）この決定の条項または条約と両立しないこと。」のいずれかにあた
ると認められる場合を除き，通報を検討する。国内的救済については，「委員
会は，すべての関連段階において，利用可能な国内的救済を考慮に入れるべき
である。ただし，このような救済の適用が不合理に遅延するかまたは明らかに
実効的かつ十分な救済の手段を提供しない場合には，この限りではない」[54]。
オーフス条約の不遵守手続きのこのような際立った独自性は，環境法と人権法
が交錯する地点で，条約が採用した人権分野のアプローチに由来するものであ
る。オーフス条約の不遵守手続きが採択されたとき，その革新さはとりわけ米
国によって強く批判された。米国は，この手続きを採択した締約国会合の報告
書に米国によって表明されたこの手続きへの懸念を記録することを要望した
が，条約の締約国ではないため，手続きの採択を阻止することはできなかっ
た[55]。実際に，公衆はオーフス条約の不遵守手続きに基づいて委員会に通報
を提出している。オーフス条約はこの点で他の条約の手続きに影響を与えてい
る[56]。

　不遵守メカニズムが環境保護分野の国際条約の締約国に対して影響を及ぼし

---

(54)　強調筆者。

(55)　Statement by the delegation of the United States with respect to the establishment of
the compliance mechanism, Report of the First Meeting of the Parties, 2002, ECE/
MP.PP/2, pp. 19-20.

(56)　例えば，The Compliance Committee of the Protocol on pollutant release and transfer
registers of the Alpine Convention (Decision I/2, Conference of the Parties, point D, §51
and following) "shall process the requests for reviewing supposed non-compliance with
the Convention and its Protocols submitted to it by the Contracting Parties and
Observers" (Article 2.3, Conference of the Parties, Decision VII/4 Mechanism for
Reviewing Compliance with the Alpine Convention and its Implementation Protocols). See
also the Protocol on water and health, whose Committee for the examination of
compliance is open to communications sent by members of the public (Point VI, § 15,
Procedure on the respect of dispositions, Conference des Parties, Decision I/2).

［環境法研究 第8号 (2018. 7)］

ていることは否定できないし，その影響力は確実に増している。締約国の国内
法制が条約規定を遵守しているか否かを判断する条約規定の解釈は第三者に委
ねられており，それは国や国際組織ではなく「公衆」の求めによるものである
こともある。オーフス条約の遵守委員会は，2011年4月14日，環境正義へのア
クセスに関する欧州裁判所による解釈と同様に，EU法の一次法の不遵守につ
いて判断を示した。しかし，遵守委員会は，当該事案は条約の効力発生以前の
ものであるとして，条約違反については認定しなかった。他方で，遵守委員会
は，判例法を維持するのであれば，EUは条約義務に違反したことになるとの
判断を示した[57]。疑いようもなく，このような圧力は，オーフス委員会が現
在評価しようとしている2011年5月12日決定[58]に反映されているように，EU
判例法の展開を部分的に説明するものである[59]。

2 不遵守メカニズムの展望

多くの条約レジームで採用されてきた learning by doing メソッドのモデル，
そのようなメカニズムの構築は「これまでずっと」締約国会合による一連の決
定で認められてきた。そこで得られた経験は，メカニズムを徐々により洗練さ
れたものにしていくことに寄与する[60]。NGO と市民社会はこれらのメカニズ
ムを徐々に受け入れ，権限の強化に貢献している。環境保護に関する国際条約
の実施について何度も試行されてきた不遵守手続きの増加，多様性，独自性は，
国際環境法のめざましい活力を示すものである。それは将来の国際法の実験室

---

(57) *Findings and Recommendations of the Compliance Committee with regard to communica-
tion, ACCC/C/2008/32 (Part I) concerning compliance by the European Union*, 14 April
2011. 特に以下を参照。 point 64.（「妥当する法に変更がないならば，締約国が条約を
遵守しているかどうかを明らかにすることができる。」）および points 87-88.

(58) Case T-338/08, *Stichting Natuur en Milieu et Pesticide Action Network Europe contre
Commission européenne*［2012］. 未公表。

(59) *"With regard to communication ACCC/C/2008/32 (European Union (EU)), the Com-
mittee noted that on 14 May 2012, the General Court had issued its judgment on the Sticht-
ing Milieu case.1 The Committee decided that it would consider how to proceed with the
case at its thirty-eighth meeting, depending also on whether the European Commission ap-
pealed the Court's judgment"*, see *Compliance Committee, Report of the Compliance Com-
mittee on its thirty-seventh meeting*, ECE/MP.PP/C.1/2012/5, 8 August 2012, p. 4.

(60) V. Richard, 'Learning by doing. Les procédures de non-respect de la Convention d'
Espoo et de son Protocole de Kiev' (2011) *Revue juridique de l'environnement*, 3, 327-
344.

7　環境損害に関する国際訴訟と国家責任〔S. マリジャン=デュボア〕

として位置付けられることがある。不遵守手続きの発展を通じて起こる組織的で規範的な革新は，グローバルな行政を徐々に構築していくという点においても役割を果たしており，真の意味での「グローバル行政法」の存在について問題提起するものである(61)。しかしながら，進化は直線的にはおこらない。2015年の気候変動に関するパリ協定は，より柔軟で国家主権を尊重した手続きを設定していくものとなるであろう(62)。

国にもっと大きな圧力をかけるために，様々な手続きが組み合わされることもあった。ウクライナとルーマニアが争った Bystroe 運河事件は，様々な多数国間環境協定（MEA）のもとで設置された機関の間の協調，そして懸案の地域の生態学的豊かさに応じて極めて多数存在している関係の国際機関を越えての協調を示すものであった。この事件は，ベルン条約，エスポー条約，オーフス条約のもとでの不遵守手続きの利用による解決が模索された(63)。不遵守事件の増加は，通常はそれぞれの条約のサークルで作動しているが，ここでは協働すべきとされる手続き相互の連関（linkage）の増加をもたらしている。現在は「現在進行形の相乗効果のプロセス」のもとで，このような他の条約との協働は様々な条約の手続によって規定されている(64)。したがって，オーフス条約の手続きのもとで，「この遵守手続きと他の取極における遵守手続きの相乗効果を高めるため，締約国会合は，遵守委員会に対して，適当な場合には，他の取極の関連機関と連絡を行い，締約国会合に対して報告（適当な場合には勧告を添えることを含む。）を返すように要請することができる。遵守委員会はまた，締約国会合の会期間の関連する発展について締約国会合に対して報告を提出することができる」(65)。同様に，水と健康に関する議定書の不遵守手続きによれば，「遵守委員会は，遵守に関して適用できる手続きにしたがい，検討するた

---

(61)　See S. Cassesse, 'Le droit administratif global : une introduction' (2007) *DA*, 5, 17.

(62)　See its Art. 15, FCCC/CP/2015/L.9/Rev.1, at 30.

(63)　S. Maljean-Dubois, 'Les organes de contrôle du respect des dispositions internationales', in B. Jadot (ed.), *Acteurs et outils du droit de l'environnement : développements récents, développements (peut-être) à venir* (Bruxelles: Anthémis, 2010), pp. 249-278. V. Richard, *'Learning by doing.* Les procédures de non-respect de la Convention d'Espoo et de son Protocole de Kiev', *op. cit.*, p. 327.

(64)　See Decision IX/10 of the Basel Convention COP, "Cooperation and coordination between the Basel, Rotterdam and Stockholm Conventions" (2008).

(65)　Decision I/7 of the COP; see *mutatis mutandis* § 37 of the non-compliance procedure of the Protocol on water and health (decision 1/2, Jan. 2007).

177

［環境法研究 第8号（2018. 7）］

めに，他の国際環境に関する取極の事務局に対して情報を送付することができる。遵守委員会は，委員会が諮問された問題と関連する問題を扱っている他の取極の遵守委員会のメンバーを招聘することができる」[66]。

さらに，最近の実行は，多数国間環境条約の枠組みのもとで二国間の紛争を解決するために，不遵守手続きを利用できることを示している。ルーマニアとウクライナが争った Bystroe 運河事件という紛争は，当事者それぞれの要請に従い，異なる条約のもとでの異なる不遵守手続きが用いられた。どういうわけか，本件は ICJ に提訴された黒海における海洋境界画定に関する紛争とも関連付けられ，2009年2月3日に決定が下された[67]。

もちろん，一般的には，国際法上の責任追及と紛争の平和的解決のメカニズムは，特別に採択された不遵守手続きと比べて，不遵守事案の管理にはあまり適合的ではないように思われる。それらは，その性質上，条約の義務違反の後に発動されるものであるため，不遵守手続きと同じような防止的な性格を有しているわけではない。不遵守手続きが集団的に対応することで関係者の集団化と義務の多数国間化への対応に重きを置いている場合，国際法上の責任追及と紛争の平和的解決のメカニズムのほうが二国間紛争の解決には適合的である。最終的には，不遵守事案のグローバルかつ段階的な管理においては特別に採択された手続きのほうが適合的であると考えられる。

しかし，仮に国家責任追及のメカニズムだけでは不十分で不適切と考えられるならば，不遵守手続きを共に用いることはできないだろうか？ 条約はそれぞれに紛争の平和的解決に関する伝統的な規定を有しており，それらは条約の義務違反に対する国家責任の追及をするために用いることができる。しかし，司法メカニズムの事前の受諾についての規定は，ICJ であれ，その他の仲裁裁判所であれ，任意のものであり，それを受諾している国はわずかである。実際には，そのような条約規定はいずれも今日まで用いられたことはない。それゆえ，組織的な監視と不遵守メカニズムはそうした伝統的なメカニズムの代りとなり，他方で，訴訟によらない手続きと訴訟による手続きはより良いかたちで結びつくことができる。裁判官による介入は，とりわけ違反が繰り返されて国家間の協調が拒否されているような事案においては，組織的な管理と不遵守手

---

(66) *Ibid.*, §38.

(67) *Maritime delimitation in the Black Sea* (Romania v. Ukraine), Judgment of 3rd February 2009, *ICJ Reports 2009*, p. 61.

続きによって観察することができる義務違反の状態の長期化をまねいてしまう
ものである。条約規定の文言が民衆訴訟の権利を明確に認めていない場合には，
国際人権法の分野におけるのとは対照的に，当該文言（「条約の解釈と適用に関
する紛争が発生した場合には・・・」）と当該条約は尊重されることにあらゆる
国が法的利益を有している条約であることをもって，当該文言は拡大的に解釈
することも許容されるとする結論に至ることも可能である。欧州人権条約のも
とで設置された諸機関の先例を参照すると，集団的に行動することは疑いなく
受け入れやすく，おそらく実現可能性のある条約の実施方法である。

　不遵守メカニズムの手続き規則の大半は，伝統的な条約上の紛争解決メカニ
ズムを「損なうことなく」適用することができることを一般的に規定している。
したがって，モントリオール議定書の不遵守手続きでは，「次の手続きはモン
トリオール議定書第8条に従って作成された。この手続きの適用はウィーン条
約第11条に定める紛争解決手続きの適用を妨げるものではない」と確認されて
いる。他の例としては，カルタヘナ議定書が「次の手続きおよびメカニズムは
バイオセーフティに関するカルタヘナ議定書第34条に従って作成されたもので
あり，生物多様性条約第27条に従って作成された紛争解決手続きおよびメカニ
ズムとは別個のものであり，また，これらを損なうことなく適用する。」と規
定している。このように，P.-M. Dupuy が指摘するように，国家責任追及の伝
統的なメカニズムはアドホックな不遵守手続きよりも適合的なものではないに
しても，それは実際に用いられており，今後も用いられるであろう(68)。しかし，
不遵守手続きは，締約国によって条約のもとで設定された特別なメカニズムで
あるという点において，依然として二次的なものである(69)。不遵守手続きそ
のものとはいえないが，国がそのようなメカニズムの採用に消極的な例は，
2015年の気候変動に関するパリ協定における気候変動の不可逆的な影響に関す
る「損失および損害」について見ることができる。パリ協定は，その第8条で，
気候変動の悪影響に伴う損失および損害に関するワルシャワ国際メカニズム制
度を採用している。しかし，締約国は「協定の第8条はいかなる責任または補

---

(68)　P.-M. Dupuy, 'Où en est le droit international de l'environnement à la fin du siècle ?',
　　　op. cit., p. 897.

(69)　M. Koskenniemi, 'Breach of Treaty or Non-Compliance? Reflections on the
　　　Enforcement of the Montreal Protocol' (1992) *Yearbook of International Environmental
　　　Law*, p. 134.

［環境法研究 第 8 号（2018. 7）］

償の根拠を含みまたは提供するものではない」と明確に述べている[70]。

　このように，伝統的な国際法の実施方法よりも環境分野により適合的なものとなるように作られているこれらの手続きは，一般的に，またほぼ争いなく，画期的な結果をもたらしている。これらの手続きは条約の実施に効果的に寄与するものである。

Ⅲ　健全な環境に対する権利の国際的保護の展開

　健全な環境に対する人権の国際的保護の展開は二つの経路を辿っている。一方で，国に対してきわめて広範で実体的な義務を課している。これらの義務は実質的には「伝統的」な責任の拡大という文脈で言及した義務に近いもので，同じく国に課せられている国際的な義務である。しかし，健全な環境に対する人権については，権利は個人に与えられており，条約締約国のコントロールのために設置された国際機関において，国に対して行使される。他方で，健全な環境に対する人権の国際的保護に関する規範は企業にも及んでおり，間接的な義務と直接的な義務の双方を課している。

1　国に課せられる実体的な義務の拡大

　健全な環境に対する人権という認識は，国際的な環境保護のメカニズムと相まって，環境保護にとっての実に好ましい展開を示すものである。もちろん，そのようなメカニズムは，環境保護それ自体を可能にするものでもなければ，環境に対してもたらされた損害を補償するものでもない。ここで保護されるのは，その定義上，人間中心主義な視点にたつ人権である。この点に大きな限界がある。それにもかかわらず，健全な環境に対する人権をめぐる展開には目覚ましいものがあり，とりわけ欧州レベルではそのように言える。

　よく知られていることだが，健全な環境に対する権利は1950年署名の欧州人権条約（ECHR）で明文で認められたわけではない。1950年の時点では問題が認知されていなかったため，これは驚くことではない。欧州評議会の議員会議（the General Assembly of the Council of Europe）は「健全で生存に適した環境に対する個人の権利に関する」追加議定書を採択する機会を何度も求めてきた

---

(70)　Paris Decision, FCCC/CP/2015/L.9/Rev.1, § 52, at 8.

180

が(71)，これまでのところ採択されていない。この段階にはまだ達していない(72)。健全な環境に対する権利を公式に認めることは，権利の範囲が明確さを欠くことから，野心的で投機的な適用が行われてしまい，欧州人権裁判所を困惑させてしまうことが憂慮され，これまで何度も退けられてきた(73)。しかし，ECHRは国に対して強い実質的な義務を課してきた。ECHRは健全な環境に対する人権の保障を導く判例法を少しずつ発展させてきた。このことは，健全な環境に対する人権に関する（その他の論点についてと同様に）法の発展にとっての基盤となる役割を果たしてきた。そうすることで，裁判所は，特に戦後の文脈で書かれた文言が，「今日の状況に照らして解釈されなければならない生きた道具」として存続することを可能にした(74)。1991年以降，裁判所は今日の社会が環境保全により多くの関心を寄せていることを無視できないと述べ(75)，さらに，より最近では，環境への配慮は大局にたってものごとを捉える力となり，そのことは公衆の意見の正当な根拠を擁護することにつながり，また，結果的には，環境への配慮は公共団体にとっても持続的で支持を得られる利益を生むと述べた(76)。環境法は，国際レベルでも，地域レベルでも，また国家レ

---

(71) See Recommendation 1431 (1999) of the General Assembly "Future action of the Council of Europe for the protection of the environment" in which it recommends to the Committee of Ministers to entrust the appropriate bodies of the Council of Europe with examining the feasibility: (…) b. of an amendment or an additional protocol to the ECHR, concerning the rights of the individual to a healthy and viable environment; see also the Agudo Report to the General Assembly, Doc. 9791, 2003.

(72) 2003年，議員会議は以下のような提案を支持した。すなわち，「ガイドラインかマニュアルという形で，裁判所の判例法で解釈されている権利の要点をまとめるような適切な文書を起草する。そのような文書は，特に環境に関する情報へのアクセス・意思決定プロセスへの参加・司法へのアクセスに関して，国レベルで環境保護を強化する必要性を強調することになろう。閣僚委員会は，そのような文書は，条約によって環境に対して間接的に与えられている保護をより明確にすることで，条約が加盟国に課している既存の義務が意味するところについての加盟国の認識を強めていくうえでの有効な手段にもなるだろうという見解を共有している。」Recommendation 1614 (2003).

(73) Council of Europe, Parliamentary Assembly, session 29 Sept. 2009, Opinion on the elaboration of an additional protocol to the ECHR on the right to a healthy environment, Doc. 12043.

(74) *Tyrer v. United Kingdom (Application n° 5856/72)*, ECHR decision of 25th April 1978, § 31.

(75) *Fredin v. Sweden*, decision 18 Feb. 1991, § 48.

(76) *Hamer v. Belgium*, decision 27 Nov. 2007, § 79.

［環境法研究　第8号（2018.7）］

ベルでも，重要な発展をしている。多くの国内立法が，憲法レベルのものも含めて，健全な環境に対する人権を認めている[77]。

　いくつかの環境に関する事例において，欧州人権裁判所は，ECHR第8条の違反があると決定した。1990年，Powell and Rayner v. United Kingdom 事件において，ヒースロー空港の近くに住んでいた原告は昼間の航空機騒音について訴え，裁判所は，「住民の健康に影響を与えている。生活に悪影響をもたらすが，健康を深刻に害してしまうことはないかたちで住民が生活を送ることを妨げている」ため，第8条が考慮されなければならないと決定した[78]。Hatton and others v. United Kingdom 事件では，裁判所は，「条約では清浄で静謐な環境に対する権利が明示的に規定されているわけではないが，住民が騒音やその他の汚染から直接的かつ深刻な影響を受けている場合には第8条の問題となる」ことを認めた[79]。1994年の López Ostra v. Spain 事件では，裁判所は，「住民の健康に影響を与える。生活に悪影響をもたらすが，健康を深刻に害してしまうことはないかたちで住民が生活を送ることを妨げている」と述べて，第8条は深刻な環境損害から保護される権利を含むと宣言した[80]。Hatton and others v. United Kingdom 事件においては，裁判所は，「条約では清浄で静謐な環境に対する権利が明示的に規定されているわけではないが，住民が騒音やその他の汚染から直接的かつ深刻な影響を受けている場合には第8条の問題となる」ことを明確に認めた[81]。

　さらに，2004年の Oneryildiz v. Turkey 事件では，欧州人権裁判所の大法廷が，ECHR第2条で保護される生命の権利の侵害は環境に関する問題との関係で検討することができることを明確に認めた。廃棄物保管場所でのメタンガスによる偶発的爆発の後に発生した地滑りで，廃棄物保管場所の下に位置していた M.

----

(77)　特に以下を参照。フランス環境憲章第1条「すべての人は健康を尊重する安定した環境で生きる権利を有する」（拙訳）。

(78)　Request n°36022/97, decision 9 Dec. 1994, series A n°303-C, § 51.

(79)　*Hatton and others v. United Kingdom（Application no. 36022/97）*, ECHR decision of 8 July 2003, Reports of Judgments and Decisions 2003-VIII, § 96, quoting *Powell and Rayner v. United Kingdom（Application n° 9310/81）*, ECHR decision of 21st Feb. 1990, series A n° 172, § 40.

(80)　*López Ostra v. Spain（Request n° 36022/97）*, ECHR decision 9th Dec. 1994, series A n° 303-C, § 51.

(81)　8 July 2003, Rec. 2003-VIII, §96.

7 環境損害に関する国際訴訟と国家責任〔S. マリジャン=デュボア〕

Oneryildiz's の家を含む11軒の家屋が埋まり，この事故で M. Oneryildiz's は 9 人の家族を失った。裁判所は，Turkey が第 2 条にしたがって生命を守るためにすべての必要な措置をとる実体的な義務を怠ったとした。第 2 条は，すべての締約国が，なによりもまず，生命の権利の侵害の防止を定める立法および行政的な仕組みを構築する根本的な義務を課せられていると解することができる[82]。いくつかの事件では，環境問題を解決するために，財産権に関する第 1 議定書第 1 条や効果的な救済措置を受ける権利に関する ECHR 第13条の規定など，ECHR 等の他の条項も用いられた。

　裁判所は，国に対して，「あらゆる必要な措置」を講じることで健全な環境に対する権利を保障する実体的な義務を課した。国家責任は，行政による許可，規制の欠如，あるいは私的セクターの活動についての十分ではない措置から導くことができる[83]。Hatton 事件では，裁判所の大法廷は，「第 8 条を，汚染が国により直接的に引き起こされているのか否かをめぐる環境事案に対して，あるいは，民間企業を適切に規制できていないことで国家責任が生じるのか否かをめぐる環境事案に対して，適用することができる」ことを認めた[84]。これまで裁判所によって認められてきた健全な環境に対する権利は，汚染やニューサンスが国やその機関の活動によって発生した場合のみならず，条約の間接的で水平的な効果の理論に従えば，それらが私的な活動によるものである場合であっても援用できるため，その射程は広範に及ぶものである[85]。

　この分野における最近の注目すべき決定において，裁判所は，以下のことを明確にする機会を得た。すなわち，「合理的で適切なあらゆる措置を講じるという実体的な義務は（略）なによりもまず，すべての国に対して，環境と人の健康への損害を効果的に防止する行政上および立法上の枠組みを構築する義務

---

(82)　*Oneryildiz v. Turkey (Application n° 48939/99)*, ECHR decision of 30th Nov. 2004, case, Rep. 2004-XII.

(83)　F. Haumont, 'Le droit fondamental à la protection de l'environnement dans la Convention de sauvegarde des droits de l'homme et des libertés fondamentales' (2008) *Amén.*, n° spécial, 25.

(84)　*Hatton and others v. United Kingdom*, ECHR decision of 8th July 2003, *op. cit.*, § 119, and also § 98.

(85)　この理論について，例えば以下を参照。J.-P. Marguénaud, 'La Charte constitutionnelle de l'environnement face au droit de la Cour européenne des droits de l'homme', in *La charte constitutionnelle de l'environnement*, Actes du colloque organisé avec la Cour de cassation les 20 et 21 juin 2005 (2005) *RJE* n° spécial, 206.

[環境法研究　第 8 号（2018. 7）]

を伴うものである（略）。国が環境と経済政策の複雑な問題に対処しなければならないとき，とりわけそれが危険な活動に関する問題であるときには，活動の特徴に対応した規制に特別の位置づけを与えておく必要がある。この義務は，当該活動の許可，実施，開発，安全と管理を決定する義務であり，また，すべての関係者に対し，当該活動が行われる領域で命を危険にさらされる公衆を実効的に保護することができるような実践的な措置の採用を義務づけるものである（後略）。さらに，強調しておく必要があるのは，その決定プロセスは，環境を損ない，個人の権利を侵害する可能性のある活動の影響を事前に防止しかつ評価するために，適切な調査と研究の遂行を含むものでなくてはならず，また，さまざまな競合する利益の均衡の確立を可能にするようなものでなくてはならないということである（略）。危険の評価を可能にするこうした情報や研究の結論に公衆がアクセスすることの重要性は疑いの余地が無い（略）。最後に，関係する個人は，自分たちの利益や見解が十分に意思決定プロセスで考慮されていないと考える場合には，いかなる決定，活動や不作為に対しても，裁判所で請求を提起することができなければならない（後略）」[86]。このように，裁判所はオーフス条約の三幅対（環境問題における情報へのアクセス，政策決定への公衆の参加，司法へのアクセスの三要素）を用いることで，国に対して三つの要素のそれぞれについて明確で正確な実体的な義務を課している[87]。裁判所は，最近，「公衆が自分たちが晒されることになる危険を評価できるように環境に関する情報や研究の結論にアクセスできることは重要であり，このことは第 8 条のもとでの実体的な義務の一部でもある」ことを認めた[88]。

　こうした展開はすべての大陸に広まっている。それゆえ，アフリカで自然保護に関して2003年に新たに採択された条約（自然および天然資源の保全に関するアフリカ条約）は「手続き的権利」と題する次のような第16条を設けている。

　　　「1．締約国は以下のことを適時かつ適切に確保するために必要な
　　　立法措置および規制措置をとらなくてはならない。
　　　a) 環境情報の普及

---

(86)　*Tatar v. Romania（Request n° 67021/01）*, ECHR decision of 27 January 2009, § 88.（拙訳）
(87)　*Ibid.*
(88)　*Tănăsoaica v. Romania（Request n° 3490/03）*, ECHR decision of 19th June 2012, § 44.（拙訳）

184

7 環境損害に関する国際訴訟と国家責任〔S.マリジャン=デュボア〕

b) 環境情報への公衆のアクセス

c) 重大な環境影響の可能性がある政策決定への公衆の参加

d) 環境および自然資源の保護に関連する問題に関する司法へのアクセス

　2．越境する環境被害を発生させた締約国は，当該被害によって影響を受けている他の締約国の私人が行政上および司法上の手続きにアクセスできる権利を有することを保証しなければならない。当該権利は，国内で環境被害が発生した場合に，当該被害の発生地国の国民または居住者に認められた権利と同等のものでなければならない」[(89)]

こうした可能性を考えることは少しずつ請求者の声を反映することにつながる。このような観点からは，最近，コロンビアが，米州人権裁判所に対して行った，米州人権条約第1条（1）（権利の尊重義務），第4条（1）（生存権），第5条（1）（人間らしい待遇／個人の尊厳の権利）の解釈と範囲に関する勧告意見の要請に言及することには価値がある[(90)]。ここでの主要な論点は次の通りである。主要な新しいインフラ・ストラクチャー・プロジェクトによる建設と操業が広域カリブ圏の海洋環境に対して深刻な影響をもたらすリスクがある場合，さらに，協定の締約国の沿岸および／または島嶼の住民の権利の完全な行使と享受に不可欠な人の居住に対して深刻な影響をもたらすリスクがある場合，国家間で適用可能な条約と国際慣習法で確立している環境法に照らして，サンホセ協約（the Pact of San José）（訳者註：米州人権条約の別名がサンホセ協約である）はどのように解釈されるべきか？この勧告的意見の要請は，興味深いことに，ICJとITLOSが定義した人権と国の相当の注意を払う義務を架橋するものである。

このことにより，この手続は，一般的には，国家間ではなく，国と個人を対置する手続きではあるが，環境損害の事件においては国際法違反に対する国家責任を追及する手段を提供している。

---

(89)　Art. XVI of the African Convention on the conservation of nature and natural resources, Maputo, 11 July 2003.

(90)　S-DVAM-16-024746, 14 March 2016.

[環境法研究 第 8 号 (2018. 7)]

2 企業に課せられる義務の範囲

「Ruggie」報告書は，次のように，企業に義務を課している法の執行についての実際上の困難さについて述べている。「企業が人権を尊重するように直接的または間接的に規律する既存の法令の執行ができていないことは，国家実行上の深刻な法的欠陥である。そのような執行が不十分な法令は，無差別待遇や労働に関する法令から，環境，財産，プライバシー，反贈収賄の法令まで広範囲に及ぶ。それゆえ，国が，そうした法令が現在効果的に執行されているか否か，もし効果的に執行されていないのであれば，なぜそうなのか，そしていかなる措置を講じることでそのような状況を合理的に是正することができるかを検討することが重要である」[91]。

国際人権法は環境保護を増進させていくうえでの助けになるかもしれない。ECHR の判例法につづいて，国内裁判所が私人間の紛争を解決するために国際人権法を直接的に参照することがある[92]。これは衝撃波となり，その効果はまだ消えていない。欧州大陸だけが関係しているわけではない。アフリカ人権委員会は，2001年10月の「社会権および経済権活動センター」および「経済権および社会権センター」対ナイジェリア事件（cin the people Ogoni 事件）に関する決定において，国は立法と実効的な救済の発展によって権利の保有者を他の個人から保護しなくてはならないことを強調した[93]。

同様に，国際的なレベルで発展しつつあり，企業を環境と人権の保護に資するような活動を企業に促す協調的あるいは自主的な規制に関する数多くの文書にも言及しておく必要がある。これは，国際的な平準化や，国連グローバル・コンパクト，すなわち，企業が自らの操業や戦略を人権，労働，環境，腐敗防

---

(91) *Report of the Special Representative of the Secretary general in charge of the question of human rights and transnational societies and other companies, John Ruggie*, 21 mars 2011, A/HRC/17/31, p. 9.（強調筆者）

(92) Yann Kerbrat, 'La responsabilité des entreprises peut-elle être engagée pour des violations du droit international ?', in H. Ghérari and Y. Kerbrat (eds.), *L'entreprise dans la société internationale* (Paris: Pedone, 2010), p. 93.

(93) Communication n°155/96 - Social and Economic Rights Action Center, Center for Economic and Social Rights / Nigeria, § 56, 15th Annual Report of activities of the African Commission of Human and People's Rights, 2001-2002, 31ᵗ ordinary session of the African Commission held from 2 to 16 May 2002 in Pretoria, South Africa, Annex V.

7 環境損害に関する国際訴訟と国家責任〔S.マリジャン=デュボア〕

止の分野で世界的に受容されている10の原則に一致させる試みについてあてはまる。さらに，国連グローバル・コンパクトはより伝統的な文書にも言及している。それは世界人権宣言，「経済的，社会的及び文化的権利に関する国際規約」，国際労働機関（ILO）の労働に関する基本的原則などである。国連グローバル・コンパクトは法的拘束力を有さない文書であるが，それにもかかわらず，国内法令に依らない法的責任の形成に資するものではなかったことについて疑問を投げかけられることがある[94]。国際組織によって提案されている行動規範，指導原則や指針は同じ発想から生まれている。この点については，1976年にOECDの加盟国により採択された「国際投資および多国籍企業に関する宣言」に言及することもできる。この宣言には「多国籍企業行動指針」が付属しており，人権や環境保護，消費者の権利問題についても指針の改訂時に追記されてきた。遵守メカニズムは「各国連絡窓口」（national contact point: NCP）よって設定された。NCPは，労働組合，NGO，市民社会から，「原則」を遵守していない企業に関する問題提起を受領し，調停者としての役割を担う。さらに，常に予期されているわけではないブーメラン効果によって，企業は社会的責任に関する自主的な約束の実現や行動規範の遵守についての情報提供を求められることがある。このようなソフトなツールは，法を超えて，あるいは法と非法の境界領域で自主的に作り出されたものではあるが，法はあらゆえる行動と事実を把握しようとする傾向を有するため，ソフトなツールであっても法の影響が及ぶ範囲から完全に逃れることはない[95]。法的義務のカゴの中に企業を捉えようとする傾向を示す例は他にも多くあり，それには国際法に由来するものもある[96]。ここでは自由，制限およびインセンティブは複雑な配列で変化している[97]。国際標準の存在に後押しされることがある市民・消費者・労働組

---

(94)　H. Ascensio, 'Le Pacte mondial et l'apparition d'une responsabilité internationale des entreprises', in L. Boisson de Chazournes and E. Mazuyer (eds.), *Le pacte mondial des Nations Unies 10 ans après. The Global Compact of the United Nations 10 year after* (Bruxelles: Bruylant, 2011), p. 167.

(95)　P. Deumier, 'La question de la sanction', in L. Boisson de Chazournes and E. Mazuyer (eds.), *Le pacte mondial des Nations Unies 10 ans après. The Global Compact of the United Nations 10 year after* (Bruxelles: Bruylant, 2011), p. 155.

(96)　See S. Maljean-Dubois, 'La portée des normes du droit international de l'environnement à l'égard des entreprises' (2012) *Journal du droit international* 1, 93-114.

(97)　P. Deumier, 'La question de la sanction', *op. cit.*, p. 155.

［環境法研究 第 8 号（2018. 7)]

合・利害関係者・投資家による圧力を超えて，企業は，最終的には，必ずしも司法的な制裁を伴うものではないが，少なくとも市場による制裁を伴うかたちで，規制的および自主的，公的および私的，国際的および国内的な性質を有するハードローとソフトローの文書に由来する規制に「捉えられている」。

＊＊＊

　環境分野の国際法における上記三つの分野で生じている展開は，国際的な環境保護に関する規範の実効性を高める方向に向かっているようにみえる。これらの展開は僅かな歩みではあるが，21世紀初頭に悪化した環境損害を広い視野でみる必要がある。2012年 6 月 7 日にネイチャー誌に掲載された論文の著者によれば，世界の生物圏の状態は「突然で不可逆的な転換」の寸前にある可能性があるとのことである。そのような生物圏の状態にとって，これまでの国際法の展開ではまったく不十分である[98]。この論文は約15の国際的な研究機関において様々な分野の約20名の研究者によって行われた共同研究の成果であり，約20万年前の種の誕生以来，ホモ・サピエンスが経験したことのない地球の生物圏の状態への移行が急迫していること，地球の時間の尺度でいうと「数世代以内に」迫っていることに注目している。国連環境計画（UNEP）の事務局長である Achim Steiner は GEO 5 報告書「我々の求める未来」を公表し，環境に対してより多くの配慮が払われるような経済への移行を早急に模索しない場合，各国政府は前例のないレベルの環境悪化とその帰結に対して責任を負うことになると述べている[99]。残念なことに，Rio ＋20ではこの点についての利害関係の調整が模索されることすらなかった。

---

(98)　A. D. Barnosky et al., 'Approaching a state shift in Earth's biosphere' (2012) 486 *Nature* 7th juin 2012, 52-58. F. Biermann, 'Planetary boundaries and earth system governance: exploring the links' (2012) 81 *Ecological Economics*, 4.

(99)　PNUE, *Environment for the future we want GEO5*, PNUE, Nairobi, June 2012, http://www.unep.org/french/geo/geo5.asp consulted on 8 August 2016.

立法研究

放射性物質による環境汚染と
環境法・組織の変遷

伊 藤 哲 夫

　はじめに

第1章　原子力基本法の体系下における取組
　Ⅰ　原子力発電の利用の始まりと日本の対応
　Ⅱ　科学技術庁による原子力行政の一元的実施
　Ⅲ　原子力行政に対する不信の増大と権限の移行

第2章　環境法体系下における放射性物質による汚染
　　　　問題の位置づけ
　Ⅰ　旧公害対策基本法体系下における位置づけ
　Ⅱ　環境基本法及び循環型社会形成推進基本法に
　　　おける位置づけ

第3章　福島第一原子力発電所の事故後明らかとなっ
　　　　たこととその後の対応
　Ⅰ　放射性物質によって汚染されたおそれがある
　　　廃棄物等の処理
　Ⅱ　原子力規制委員会の設置と原子力に係る安全
　　　規制の一元化
　おわりに

［環境法研究　第8号／2018年7月］

［環境法研究　第 8 号（2018. 7 ）］

は じ め に

　放射性物質による環境汚染の問題をどのように位置づけるかは，わが国の環境法令
の立案過程において幾度も論点となってきた。

　1967年に制定された公害対策基本法の政府部内での立案過程において，放射性物質
による環境汚染の取り扱いが大きな問題となり，「放射性物質による大気の汚染及び
水質の汚濁の防止のための措置については，原子力基本法その他の関係法律で定める
ところによる。」との条項を設けることで結着した。放射性物質による公害の防止の
ための措置については原子力基本法の下にある法体系で措置をするが，防止のための
措置以外の条項，すなわち事業者や国の責務規定等は放射性物質による公害について
も適用される，との整理である。

　1992年のリオデジャネイロで開催された「環境と開発に関する国連会議」（地球サ
ミット）を受け，わが国では，公害対策基本法に代わる環境基本法が制定されたが，
その政府部内での立案過程においても放射性物質による環境汚染の取り扱いがひとつ
の焦点となった。筆者は，当時，環境庁内に設けられていた環境基本法制準備室の総
括課長補佐として環境基本法案の全体の取りまとめに当たるとともに，当時原子力基
本法の下で放射性物質に係る環境汚染対策を実施していた通商産業省及び科学技術庁
との折衝に自ら携わった。両省庁の主張は，「放射性物質による環境汚染対策は原子
力基本法の体系下で十分に行われているので，環境基本法においては「防止のための
措置」のみならず，基本理念の規定や責務規定も含め全面的に適用除外とすべき」，
というものであった。とりわけ，科学技術庁からは，「既に十分な対策が取られてい
るので，環境庁は一切関わる必要がない」，と強く指摘されたことを鮮明に覚えている。
折衝は難航したが，結果的には公害対策基本法と同様の規定を置くことで結着した。

　2011年 3 月，東日本大震災による福島第一原子力発電所の事故により，放射性物質
による広範な環境汚染が生じてしまった。当時，筆者は環境省の廃棄物・リサイクル
対策部長の職にあり，発災以来，大量に発生した災害廃棄物（がれき）の処理に当たっ
ていたが，その中で，放射性物質により汚染されたおそれのある廃棄物の処理をどう
するかが直ちに問題となった。災害廃棄物は，廃棄物処理法（廃掃法）に基づいて処
理することとなっていたが，同法では放射性物質によって汚染された廃棄物は対象か
ら明確に除かれており，手が出せないのである。一方，原子力基本法の体系下のさま
ざまな法律を所管している文部科学省と経済産業省は，「自らが所管する法律では対
処できない」，とした。

　原発事故による深刻な環境汚染を未然に防止することができず，また，発生した環
境汚染に対処する手立てもない。原子力基本法の体系下にある法律及びその施行に当

190

たる組織に問題があったことに異論はなかろう。

　筆者もまた行政官の一人としてこの問題に関わりを持ってきており，その責任は免れ得まい。

　放射性物質による広範にわたる環境汚染といった事態が二度と生じないようにすること，そして，万一生じたとしても万全の措置が取れるようあらかじめ準備しておくことが必須であり，規制や事後対策の方式，それを担う組織のあり方など，様々な観点からの検討が必要であろう。

　本稿では，そのような検討に資するため，我が国における放射性物質による環境汚染に関係する法制度の経緯，所管した組織の変遷とその背景，公害対策基本法及び環境基本法の体系下にある法制度における位置づけ等について，筆者が自ら関わったものについてはその時点における実際の調整の状況も含めて，記すこととしたい。

第1章　原子力基本法の体系下における取組

I　原子力発電の利用の始まりと日本の対応

1　世界の動き

（1）原爆投下から原子力発電の実用化へ

　1945年に原爆を完成させ，8月，広島と長崎に投下したアメリカは，1952年11月，水爆実験に成功した。ソ連も1949年8月に核実験に成功し，1953年8月，水爆実験を行った。イギリスも1952年10月，核実験を行った。

　このような中，1953年12月，アメリカ大統領のアイゼンハワーは国連総会で「平和のための原子力」"Atoms for Peace"と題する演説を行い，「アメリカは，核エネルギーの平和利用は，将来の夢ではないと考えている。」として核の平和利用を提唱し，関係国が標準ウランや核分裂物質を拠出する国際的な原子力機関の設置等を提案した。

　史上初の原子力発電は，1951年12月，アメリカの高速増殖炉実験炉 EBR-I において成功した。実用としての世界初の原子力発電は，1954年6月，ソ連のオブニンスク原子力発電所において開始され，商用としては，1956年にイギリスでコールダーホール原子力発電所が完成し，アメリカでも，1957年12月，シッピングポート原子力発電所が完成した。

（2）第1回原子力平和利用国際会議と IAEA の創設

　1954年12月の国連総会で採択された国際原子力機関の設置等に関する国連決議に基づき，国連主催の第1回原子力平和利用国際会議が1955年8月8日から20日まで，ジュネーブで開催された。73ヵ国から原子物理学者など約3800人が集まり，原子力平和利用についての広範な討論が行われ，我が国を含む世界が原子力の平和利用を進める大

［環境法研究 第 8 号（2018. 7）］

きな契機となった。国際原子力機関（IAEA）については，1955年12月の国連総会で設立が承認され，1957年 7 月に発足した。

2 日本の動き

（1）原子力行政の始まり

1954年（昭和29年） 3 月，保守 3 党（自由党，改進党及び日本自由党）は，昭和29年度の予算案に対し90億円を規模とする修正案を提出したが，その中に，工業技術院助成金の一部としての「原子炉築造のための基礎研究費および調査費」 2 億3500万円が含まれていた。我が国で初めての原子力予算である。この修正案は，衆議院で可決され，参議院審議未了のまま自然成立した。

これを受けて政府は，原子力政策の根本方針を審議するため， 5 月11日，内閣に原子力利用準備調査会を置くことを閣議決定し[1]，この調査会は 6 月「わが国将来のエネルギー供給その他のために原子力の平和的な利用を行うものとする」等の基本方針を決定した。

翌1955年 4 月，工業技術院に原子力課が設置され，また，同年 7 月に成立・施行された経済審議庁設置法の一部を改正する法律により，名称改正された経済企画庁の計画部の事務に

原子力の経済的利用に関する基本的な政策及び計画の総合調整に関すること

が加えられた。我が国の国家行政組織の設置法に初めて原子力に関する事務が明記されたのである。経済企画庁計画部には原子力室が置かれた。

（2）原子力 3 法の制定

上記の第 1 回原子力平和利用会議に出席していた原子力調査国会議員団（中曽根康弘議員をはじめとする民主党，自由党，社会党左派，社会党右派の四議員で構成）は，会議の後各国の実情調査を行い， 9 月12日に羽田空港に帰国した。そして，帰国後の第一声として，「わが国も世界の進展に遅れないよう原子力基本法を至急制定する必要があること等について完全に意見の一致を見た」とする超党派的な共同声明を発表した。

この声明は，直ちにその具体化のための活動に移され，四党により超党派の両院の原子力合同委員会が生まれ，政府も巻き込んで，原子力法の起草，原子力を中心とする科学技術機構の確立，原子力予算の策定が行われた。

その結果，1955年末に開催された第23回臨時国会に政府提案として「原子力委員会設置法案」と，原子力局設置のための「総理府設置法の一部を改正する法律案」が，

（1） この調査会は，委員長の副総理，副委員長の経済審議庁長官，大蔵大臣，通産大臣，文部大臣及び 3 名の有識者で構成され，事務局は経済審議庁に置かれた。

議員提案（自由民主党と日本社会党の議員421名による）として「原子力基本法案」がそれぞれ提出され，いずれも12月16日に可決成立し，1956年1月1日に施行された。

　ア　原子力委員会設置法

　原子力委員会設置法は，「原子力の研究，開発及び利用（以下「原子力利用」という。）に関する行政の民主的な運営を図るため，総理府に原子力委員会（以下「委員会」という。）を置く」というものである。国家行政組織法第8条に基づくいわゆる8条委員会であり，諮問機関ではあるが，原子力に関する重要事項について「企画し，審議し，及び決定」し，内閣総理大臣は，「これを尊重しなければならない」とされ，強い権限が付与された。

　委員会は，委員長及び委員四人，うち非常勤二人をもって組織し，委員長は，国務大臣をもって充てるとされた。また，委員会の庶務は，下記の総理府原子力局において処理することとされた。

　イ　総理府設置法の一部を改正する法律

　総理府設置法の一部を改正する法律は，総理府の任務に

原子力の研究，開発及び利用（以下「原子力利用」という。）

を加えるとともに，原子力局を新設するものであった。

　原子力局は，別途設置が検討されていた科学技術庁が設置された際には科学技術庁に移管するとの了解の下，総理府に置くこととされたものであり，前出の経済企画庁原子力室，工業技術院原子力課及び科学技術行政協議会[2]のアイトソープ関連の事務が統合された。

　設置法上の原子力局の事務としては，以下の事項が規定された。

一　原子力利用に関する政策の企画，立案及び推進に関すること。
二　関係行政機関の原子力利用に関する事務の総合調整に関すること。
三　核燃料物質及び原子炉に関する規制に関すること。
四　放射性同位元素の利用の推進に関すること。
五　原子力利用に伴う障害防止の基本に関すること。
六　財団法人原子力研究所に関すること。
七　原子力利用に関する試験研究の助成に関すること。

―――――――――――

（2）　科学技術行政協議会法に基づき，1949年に総理府に設置されていた機関。日本学術会議と緊密に協力し，科学技術を行政に反映させるための諸方策及び各行政機関相互の間の科学技術に関する行政の連絡調整に必要な措置を審議することを目的としていた。内閣総理大臣を会長とし，学術会議から推薦される学識経験者と各省庁事務次官が委員となっていた。

［環境法研究 第8号（2018. 7）］

八　原子力利用に関する研究者及び技術者の養成訓練（大学における教授研究に係るものを除く。）に関すること。

九　原子力利用に関する資料の収集，統計の作成及び調査に関すること。

十　前各号に掲げるものの外，原子力利用に関し他の行政機関の所掌に属しない事務に関すること

　併せて，経済企画庁設置法に計画部の事務として規定されていた原子力に関する規定は削除された。

　ウ　原子力基本法

　原子力基本法は，日本の原子力政策の全般的な見通しを国民に示すことを意図して作成された[3]ものである。

　第1条で「原子力の研究，開発及び利用を推進することによって，将来におけるエネルギー資源を確保し，学術の進歩と産業の振興とを図り，もつて人類社会の福祉と国民生活の水準向上とに寄与することを目的とする。」とし，第2条において「原子力の研究，開発及び利用は，平和の目的に限り，民主的な運営の下に，自主的にこれを行うものとし，その成果を公開し，進んで国際協力に資するものとする。」との基本方針を示した。軍事的利用は禁止するとともに，日本学術会議の意見を尊重し，民主，自主，公開の三原則を明文化したのである。

　また，原子力委員会の設置・任務（第4条～第6条），原子力の開発機関としての原子力研究所及び原子燃料公社の設置（第7条），原子力に関する鉱物の開発取得（第9条～11条），核燃料物質の管理（第12条，13条），原子炉の管理（第14条～16条），放射線による障害の防止（第20条）等についてその大枠を示し，その具体的施策については別に法律で定める旨規定した。

Ⅱ　科学技術庁による原子力行政の一元的実施

1　科学技術庁設置法の制定

　1956年3月，第24回国会において科学技術庁設置法案が可決成立し，同年5月19日，総理府の外局として，科学技術庁が発足した。総理府原子力局は同庁に移管された。

　科学技術庁設置法は，4条で権限を列記したが，その中の，原子力に関連する事項

────────

（3）　第23回国会衆議院科学技術振興対策特別委員会議録第4号（1955年12月13日）2-6頁中曽根委員説明参照。なおこの中で中曽根委員は，原子炉から出される放射性廃棄物を一手に回収して安全に処理することも原子燃料公社（第7条）に請け負わせたいとも述べている。

194

放射性物質による環境汚染と環境法・組織の変遷〔伊藤哲夫〕

は以下のとおりである。

> 十一　科学技術（原子力の研究，開発及び利用（以下「原子力利用」という。）を
> 　　含む。以下次号及び第十三号において同じ。）に関する基本的な政策を企画し，
> 　　立案し，及び推進すること。
> 十二　関係行政機関の科学技術に関する事務の総合調整を行うこと。
> 十三　関係行政機関の試験研究機関の科学技術に関する経費及び関係行政機関の科
> 　　学技術に関する試験研究補助金，交付金，委託費その他これらに類する経費の見
> 　　積の方針の調整を行うこと。
> 十四　原子力利用に関する試験研究の助成を行うこと。

　十三号と十四号は原子力局が総理府から科学技術庁に移管されたことにより追加さ
れた権限である。
　また，8条で，原子力局の事務を規定した。内容は，基本的には総理府の原子力局
の事務を引き継いだものであったが，総理府原子力局の「原子力利用に関する政策の
企画，立案及び推進に関すること」とされていた事務については

> ・原子力利用（大学における研究に係るものを除く。）に関する基本的な政策の企
> 　画，立案及び推進に関すること

と改められた。また，新たに

> ・関係行政機関の試験研究機関の原子力利用に関する経費及び関係行政機関の原子
> 　力利用に関する試験研究補助金，交付金，委託費その他これらに類する経費の見
> 　積の方針の調整並びにこれらの経費の配分計画に関すること
> ・放射線医学の総合的研究に関すること

の二項目が加わった。試験研究費等の「配分計画」が科学技術庁の事務となったこと
により，各省庁の所管する試験研究機関等の実施する原子力利用に関する試験研究等
については，科学技術庁に一括計上され，必要に応じて各省庁の予算に移し替えられ
ることとなった（いわゆる一括計上予算）。
　また，併せて原子力委員会設置法が改正され，原子力委員会の委員長は「科学技術
庁長官たる国務大臣を充てる」とされるとともに，原子力委員会の庶務を処理するの
が「総理府原子力局」から「科学技術庁原子力局」に改められた。

2　原子炉等規制法の制定
（1）法律の概要
　原子力基本法第9条から第16条までの各条において規定している核原料物質の輸

［環境法研究 第 8 号（2018. 7）］

入，輸出，譲渡，譲受，精錬及び核燃料物質の生産，輸入，輸出，所有，譲渡，譲受，使用，輸送並びに原子炉の建設，改造，移動，譲渡，譲受などについて具体的に規定するため，「核原料物質，核燃料物質及び原子炉の規制に関する法律」（原子炉等規制法）が1957年 6 月公布され，同年12月から施行された。

　同法では，製錬の事業に関する規制（第二章），加工の事業に関する規制（第三章），原子炉の設置，運転等に関する規制（第四章），再処理の事業に関する規制（第五章），核燃料物質の使用等に関する規制（第六章）等の規定が置かれた。

　このうち，規制の事務の権限については，製錬事業者に係るものは内閣総理大臣と通商産業大臣の共管，加工の事業に関するもの，再処理の事業に関するもの及び核燃料物質の使用等に関するものは内閣総理大臣の専管の事務とされた。

　（ 2 ）原子炉の設置，運転等に関する規制

　原子炉については，その設置者は，原子炉の設置又はその変更に関し内閣総理大臣の許可を受けなければならないとされた。また，原子炉施設の工事に着手する前には原子炉施設に関する設計及び工事の方法について内閣総理大臣の認可を，原子炉施設の工事については内閣総理大臣の検査を受けなければならず，さらに原子炉施設の性能について内閣総理大臣の検査を受けこれに合格した後でなければ原子炉施設を使用してはならないとされた。

　なお，内閣総理大臣が設置又はその変更の許可を行う場合は，あらかじめ，発電の用に供する原子炉に係るものについては通商産業大臣の，船舶に設置する原子炉に係るものについては運輸大臣の同意を得なければならないとされた。また，設計及び工事の方法の認可，施設検査並びに性能検査は，旧電気事業法又は船舶安全法に基づく検査を受けるべき原子炉には適用しない，すなわち，これらの法律によって通商産業省又は運輸省が規制に当たるとされた。

　また，総理府令の定めるところにより，原子炉施設の保全，原子炉の運転及び核燃料物質又は核燃料物質によって汚染された物の運搬，貯蔵又は廃棄に関し，保安のために必要な措置を講じなければならないこととされた。

　さらに，内閣総理大臣は，原子炉の設置又はその変更の許可をする場合においては，あらかじめ原子力委員会の意見をきき，これを尊重してしなければならないとされた。

　加えて，科学技術庁長官は自らが行う試験に合格した者等に対し原子炉主任技術者免許を交付することとするとともに，原子炉設置者は，原子炉の運転に関して保安の監督を行わせるため，原子炉主任技術者免許を有する者のうちから原子炉主任技術者を選任しなければならないとされた。

　（ 3 ）内閣総理大臣を補佐する科学技術庁の権限

　同法の附則により科学技術庁設置法の改正が行われ，科学技術庁の権限に，

> ・核原料物質，核燃料物質及び原子炉の規制に関する法律に基く内閣総理大臣の権限に属する事項について内閣総理大臣を補佐すること

が加えられた。この結果，原子炉等規制法の規制権限のうち内閣総理大臣に属するものは事実上科学技術庁の権限となった。

　以上により，原子炉等規制法による規制の大部分は，科学技術庁が一元的に担うこととなったのである。

3　放射線障害防止法の制定

　原子力基本法第20条に規定する放射線による障害の防止措置に関しては，「放射性同位元素等による放射線障害の防止に関する法律」（放射線障害防止法）が1957年6月公布され，一部即日施行の部分を除き，1958年4月から施行された。同法により，放射性同位元素，放射性同位元素装備機器又は放射線発生装置を使用しようとする者及び放射性同位元素を業として販売しようとする者は科学技術庁長官の許可が必要とされた。

　また，使用者及び販売業者は，放射性同位元素又は放射性同位元素によって汚染された物を廃棄する場合においては，総理府令で定める技術上の基準に従ってしなければならないとされた。

　さらに，科学技術庁に，放射線審議会を置き，科学技術庁長官の諮問に応じ，放射線障害の防止に関する重要事項について審議することとされた。

　同法の制定に伴い，科学技術庁設置法も改正され，その権限に新たに

> ・放射性同位元素，放射性同位元素装備機器又は放射線発生装置の使用を許可すること
> ・放射性同位元素の販売の業を許可すること
> ・放射性同位元素，放射性同位元素装備機器又は放射線発生装置による放射線障害を防止するため必要な措置を命ずること

等が加わるとともに，原子力局の事務のうち「原子力利用に伴う障害防止の基本に関すること」とされていたものが

> ・原子力利用に伴う障害防止に関すること

に改められた。

4　放射線障害防止の技術的基準に関する法律の制定

　放射線による障害の防止のための措置については，上記の放射線障害防止法のほか，

原子炉等規制法，医療法，労働基準法等でも規制が行われていた。このような中，1958年，放射線障害の防止に関する技術的基準の斉一を図ることを目的とする「放射線障害防止の技術的基準に関する法律」が公布，施行された。

同法により，放射線審議会を総理府に置き，関係行政機関の長は，放射線障害の防止に関する技術的基準を定めようとするときは，放射線審議会に諮問しなければならないこととされた。また，同審議会の庶務は，科学技術庁原子力局において処理することとされた。

同法の施行に伴い，上記の放射線障害防止法で規定されていた放射性審議会の規定は削除された。

5 科学技術庁の権限の強化

1960年，「放射性同位元素等による放射線障害の防止に関する法律の一部を改正する法律」が制定され，科学技術庁の権限に

・放射性同位元素又は放射性同位元素によって汚染された物の廃棄の業を許可すること

が加えられた。また，1961年には原子力損害の賠償に関する法律が制定され，

・原子力損害の賠償に関すること

も加わった。

さらに，1962年には，前年の秋以来，諸外国における核爆発実験の再開を契機として放射性降下物による障害の懸念が高まったことから，科学技術庁の権限に

・放射性降下物による障害の防止に関し関係行政機関が講ずる対策の総合調整を行なうこと

を追加するとともに，その事務を原子力局の所掌とした。

以上見たとおり，科学技術庁は，1960年代までは原子力に関する権限を強めていったと言えよう。

Ⅲ 原子力行政に対する不信の増大と権限の移行

1 原子力船「むつ」の放射線漏れ等への対応

（1）原子力安全局の設置

1970年代に入り原子力発電所は実用段階に到達したが，1974年，科学技術庁が放射能調査を委託していた財団法人日本分析化学研究所におけるいわゆる放射能データ捏

造事件が発覚し，また，原子力発電所の故障が続出した。このような中で，1974年9月，原子力船「むつ」の放射線漏れが発生し，原子力行政全般に対する国民の不信感が著しく高まった。このため，政府は，1975年1月，閣議で内閣総理大臣の諮問機関として「原子力行政懇談会」（有沢広巳座長）を設け，原子力行政の基本的なあり方について検討を開始した。

一方，科学技術庁は，1976年1月，原子力安全局を新設し，原子力局の業務の一部を担当させることとした。設置法に明記された原子力安全局の事務は以下のとおりである。

一　核燃料物質及び原子炉に関する規制に関すること。

二　原子力利用に伴う障害防止に関すること。

三　放射性降下物による障害の防止に関し関係行政機関が講ずる対策の総合調整に関すること。

四　第一号及び第二号に掲げるもののほか，原子力利用に関し他の行政機関の所掌に属しない事務（前条第一号から第十二号までに掲げる事務を除く。）のうち原子力利用に関する安全の確保に関すること。

（2）原子力安全委員会の設置とダブルチェック

政府が設置した原子力行政懇談会は，1976年6月，最終報告書をとりまとめ，原子力委員会を分割し原子力安全委員会を設置するとともに，安全規制については行政庁と原子力安全委員会がダブルチェックする仕組みが必要であるとした。

これを受けて，1978年6月に成立した「原子力基本法等の一部を改正する法律」において原子力基本法と原子力委員会法が改正され，「原子力の研究，開発及び利用に関する事項のうち，安全の確保に関する事項について企画し，審議し，及び決定すること」を任務とする原子力安全委員会が，1978年10月，総理府に設置された。そして，その庶務は，科学技術庁原子力安全局において総括し，及び処理することとされた。

また，原子炉の設置許可を行うに際し，行政庁がまず第一次的に審査を行い，その結果をとりまとめて安全審査報告書を作成し，これを原子力安全委員会に提出してダブルチェックを受けることとなった。

（3）安全規制の一貫化と実用発電原子炉の規制権限の通産省等への移管

また，原子力安全懇話会の最終報告書では，「基本的な安全審査から運転管理に至る一連の規制行政に一貫性を持たせるため，実用段階に達した発電所等事業に関するものは通商産業省，船については運輸省，研究開発段階にあるもの及び研究施設については科学技術庁がそれぞれ一貫して担当する方式が適当である」とされた。

これを受け，上記の「原子力基本法等の一部を改正する法律」において原子炉等規制法が改正され，内閣総理大臣が有していた原子炉の設置許可権限のうち，実用発電

［環境法研究 第 8 号 (2018. 7)］

原子炉に関するものは通商産業大臣に，実用舶用原子炉に関するものは運輸大臣に移
管され，それぞれが安全規制を一貫して担当することとなった。

ただし，原子炉設置者等による核燃料物質又は核燃料物質によって汚染された物の
廃棄に関する規制権限は内閣総理大臣に残され，また，原子炉主任技術者免許の交付
を科学技術庁長官が行うことについても変更は加えられなかった。

また，製錬の事業に関する規制，加工の事業に関する規制，再処理の事業に関する
規制及び核燃料物質の使用等に関する規制を所管する官庁に関しても変更されず，従
来通り主に科学技術庁が補佐する内閣総理大臣が担うことに変わりはなかった。

なお，通商産業省設置法の改正と運輸省設置法の改正も併せて行われ，それぞれの
権限規定に安全規制の一貫化により追加された権限が明記された。

（4）国家行政組織法の一部を改正する法律等による所掌事務の整理

1982年 7 月に行われた臨時行政調査会の行政改革に関する第三次答申に沿って，行
政需要の変化に即応した効率的な行政の実現に資するため，1983年に「国家行政組織
法の一部を改正する法律」が制定された。その中で，府，省等の組織と所掌事務の範
囲は現行どおり法律で定めるという原則は維持しつつ，府，省等に配分された行政事
務を所掌する官房，局及び部の設置及び所掌事務の範囲については政令で定めること
とされた。併せて行われた，各省庁の設置法の改正法において，新たに各省庁全体の
所掌事務の規定を設けるとともに，官房，局及び部の規定が削除された。

科学技術庁設置法においては，4 条に所掌事務の規定が，5 条に権限の規定が置か
れ，原子力関連の事務についても再整理が行われた。また，内部部局の設置やその事
務に関する規定が削除され，科学技術庁組織令で規定された。4 条の所掌事務には，
「原子力の研究，開発及び利用を含む科学技術に関する制度一般の企画及び立案に関
すること」が明記された[4]。

一方，通商産業省設置法の所掌事務の規定（4 条）には，

九十八　発電に関する原子力の利用に関すること。
九十九　核原料物質，核燃料物質及び原子炉の規制に関する法律 (昭和32年法律第
　　166号) の施行に関する事務で所掌に属するものを処理すること。
百　前二号に掲げるもののほか，原子力の研究，開発及び利用に関する所掌に係る
　　事務に関すること。

が，明記された。九十九号は，1978年 6 月に成立した「原子力基本法等の一部を改正
する法律」の附則ですでに通商産業省設置法の権限とされていたが，九十八号の発電
に関する原子力の利用に関する事務については，ここで初めて明記された。

（4）　国家行政組織法の一部を改正する法律の施行に伴う関係法律の整理等に関する法律により改正された後の科学技術庁設置法における原子力関係の所掌事務（4条）は、以下のとおり。

一　科学技術（原子力の研究，開発及び利用（大学における研究に係るものを除く。）を含む。第五号，第六号及び第十六号並びに次条第四号を除き，以下同じ。）に関する基本的な政策の企画，立案及び推進に関すること。

二　科学技術に関する制度一般の企画及び立案に関すること。

三　関係行政機関の科学技術に関する事務の総合調整に関すること。

四　関係行政機関の試験研究機関の科学技術に関する経費及び関係行政機関の科学技術に関する試験研究補助金，交付金，委託費その他これらに類する経費の見積りの方針の調整に関すること。

五　科学技術及び原子力利用（原子力の研究，開発及び利用をいう。以下同じ。）に関する内外の動向の調査及び分析並びに統計の作成に関すること。

十九　関係行政機関の試験研究機関の原子力利用（大学における研究に係るものを除く。以下この号及び第二十五号において同じ。）に関する経費及び関係行政機関の原子力利用に関する試験研究補助金，交付金，委託費その他これらに類する経費の配分計画に関すること。

二十　核燃料物質及び原子炉に関する規制に関すること。

二十一　原子力損害の賠償に関すること。

二十二　放射性同位元素の利用の推進に関すること。

二十三　原子力利用に伴う障害防止に関すること。

二十四　原子力利用に関する試験研究の助成に関すること。

二十五　原子力利用に関する研究者及び技術者並びに放射線による人体の障害の予防，診断及び治療並びに放射線の医学的利用に関する技術者の養成訓練に関すること。

二十六　放射線による人体の障害並びにその予防，診断及び治療並びに放射線の医学的利用に関する調査研究に関すること。

二十七　第一号から第五号まで，第十九号から前号まで及び第三十号に掲げるもののほか，原子力利用に関し他の行政機関の所掌に属しない事務に関すること。

二十八　放射性降下物による障害の防止に関し関係行政機関が講ずる対策の総合調整に関すること。

三十　日本原子力研究所，日本科学技術情報センター，理化学研究所，新技術開発事業団，日本原子力船研究開発事業団，動力炉・核燃料開発事業団及び宇宙開発事業団に関すること。

また，権限規定（5条）では，4条の一，三，四，二十四，二十八の各号に掲げられていることを行うこと，放射線障害防止法における権限，原子炉等規制法に基づく内閣総理大臣の権限に属する事項について内閣総理大臣を補佐すること等が位置づけられた。

［環境法研究 第8号（2018.7）］

2 「もんじゅ」のナトリウム漏洩事故と省庁再編

（1）行政改革会議の提言

1995年12月，動力炉・核燃料開発事業団（動燃）が設置する高速増殖原型炉もんじゅ（研究開発段階炉であり，当時の規制官庁は科学技術庁）がナトリウム漏洩事故を起こした。また，1997年3月，動燃の東海事業所再処理工場のアスファルト固化処理施設で火災が起き，放射性物質が施設のある建屋及び隣接する建屋内に拡散し，その後施設において爆発が生じ，環境中に放射性物質が放出される事故が発生した。これらを通じて，わが国の原子力規制のあり方についてまたもや大きな疑念が生じた。

このような中，中央省庁再編の在り方を検討していた行政改革会議は，1997年12月，最終報告をとりまとめた。その中で，新たな中央省庁のあり方として，

・エネルギー利用関係の原子力に関する技術開発は経済産業省が担当するものとし，原子力の学術研究及び科学技術に関するものは，教育科学技術省が担当する。
・エネルギー利用関係の原子力安全規制は，一次的には経済産業省が担当し，二次チェックについては，現行のシステムを維持することとし，原子力安全委員会による。

とされた。

また，原子力委員会及び原子力安全委員会については，内閣府に置き，現行の機能を継続するとともに，事務局機能は，内閣府（企画・調整部門）が関係省の協力を得て処理するとされた。

このような方針は，1998年6月に成立した中央省庁等改革基本法に明記された。

（2）原子力委員会と原子力安全委員会

1983年に公布された「国家行政組織法の一部を改正する法律の施行に伴う関係法律の整理等に関する法律」により，「原子力委員会及び原子力安全委員会設置法」から原子力委員会と原子力安全委員会の庶務に関する規定が削除され，「原子力委員会及び原子力安全委員会設置法施行令」で規定されることとなっていた。

原子力安全委員会については，2001年の省庁再編に先立って，2000年4月に，それまで科学技術庁にあった事務局機能が総理府に移管された。

2001年の中央省庁の再編に伴い，「原子力委員会及び原子力安全委員会設置法」が改正され，原子力委員会と原子力安全委員会は内閣府に置かれることとなり，それぞれ事務局を内閣府に置くとされるとともに，原子力委員会委員長は「科学技術庁長官たる国務大臣を充てる」との規定が削除された。また，審議会等の整理合理化において，答申等の尊重義務規定を一律廃止する方針が示されたため，内閣総理大臣が原子力委員会から報告を受けたときはこれを尊重しなければならない旨の規定も削除された。

（3）原子炉等規制法の改正と原子力安全・保安院の設置

原子炉等規制法については，1986年の改正で廃棄の事業に関する規制が追加され，内閣総理大臣の所管とされていた。また，1999年の改正で使用済燃料貯蔵の事業に関する規制が追加され，通商産業大臣の所管とされていた。

2001年の省庁再編に伴い，エネルギー利用関係の原子力安全規制は一次的には経済産業省が担当するとの原則の下，同法の規制を所管する官庁は大幅に変更された。

貯蔵の事業に加えて，内閣総理大臣と通商産業大臣の共管であった製錬の事業に関する規制並びに内閣総理大臣の専管であった加工の事業に関する規制，再処理の事業に関する規制及び廃棄の事業に関する規制は，経済産業大臣の専管となった。併せて，それまで内閣総理大臣の専管であった廃棄物の管理についても，経済産業大臣の専管となった。

原子炉の設置，運転等に関する規制については，安全規制の一貫化の原則は貫かれたが，研究開発段階炉のうち発電の用に供するもの（もんじゅ，ふげん）についても経済産業省が規制権限を持つこととなり，
・実用発電原子炉及び研究開発段階炉（発電の用に供するもの）は経済産業大臣
・実用船原子炉は国土交通大臣
・試験研究炉及び研究開発段階炉（発電の用に供するもの以外）は文部科学大臣
が規制事務を所管することとなった。また，原子炉主任技術者免許の交付の事務については，科学技術庁長官の専管から文部科学大臣と経済産業大臣の共管の事務となった。

経済産業省では，大幅に拡大された原子力規制に関する事務と従来からあった産業保安の確保に関する事務を行うため，資源エネルギー庁に特別の機関として原子力安全・保安院を設置した。

一方，研究などで核燃料物質を使用する事業者に対して行われる核燃料物質の使用等に係る規制については，文部科学大臣の専管として残された。

（4）JCO臨界事故と原災法の制定

1999年9月，茨城県東海村にある株式会社ジェー・シー・オー（住友金属鉱山の子会社）の核燃料加工施設で臨界事故が発生し，作業員2名が死亡，1名が重症になるとともに，多数の被曝者が発生した。この事件を契機に「原子力災害対策特別措置法」（原災法）が同年12月に制定され，2000年6月に施行された。

同法は，原子力災害から国民の生命，身体及び財産を保護することを目的としている。内閣総理大臣は，放射線量が一定の水準を超えた場合等において原子力緊急事態宣言を出すこととされ，関係指定行政機関の長だけではなく地方自治体の長や原子力事業者等にも必要な指示ができるようになった。

また，原子力事業者に対し原子力事業者防災業務計画の作成等を義務づけるととも

[環境法研究 第8号 (2018. 7)]

に，主務大臣が原子力事業所ごとに緊急事態応急対策拠点施設を指定し，国，地方公共団体，原子力事業者等が共同して行う防災訓練の実施のための計画を作成することとされた。この主務大臣とは，原子力事業者が原子炉等規制法に基づき許可等を受けた大臣とされ，このうち内閣総理大臣の権限は科学技術庁長官に委任することができるとされた。

さらに，科学技術庁及び通商産業省に原子力防災専門官を置き，この法律の施行に必要な限度において原子力事業者に対し報告の徴収や立入検査ができること等が規定された。原子力防災専門官は，その担当すべき原子力事業所を科学技術庁長官又は通商産業大臣が指定することとなった。

同法の内閣総理大臣の権限は，2001年の省庁再編が実施されるまでの間は，主務大臣に関する部分を除き，国土庁の所掌事務とされた。

省庁再編に伴い，科学技術庁長官の権限と内閣総理大臣の権限のうち「科学技術庁が補佐するもの」とされていたものについては文部科学大臣に引き継がれ，通商産業大臣の権限は経済産業大臣に引き継がれた。各原子力事業者に係る主務大臣は，原則的に原子炉等規制法による許可等を受けた大臣とされているため，省庁再編に伴う原子炉等規制法の改正により，多くの原子力事業者に係る主務大臣が経済産業大臣となった。

国土庁の権限は，内閣府に引き継がれ，内閣府設置法の所掌事務に原災法に規定する原子力緊急事態宣言，緊急事態応急対策に関する事項の指示，原子力災害対策本部の設置及び運営に関すること等が明記された。

（5）省庁再編時の原子力に関する各省の所掌事務

先に述べた行政改革会議の最終報告及び中央省庁等改革基本法に基づき，省庁再編に伴って各府省の設置法が制定されたが，原子力に関する権限も大きく変動した。経済産業省設置法には，所掌事務として旧科学技術庁が所管していたエネルギー利用関係の原子力安全規制が加わるとともに，「エネルギーに関する原子力政策に関すること」が明記された。

一方，文部科学省設置法の所掌事務には，旧科学技術庁が所管していた原子力利用に関する基本的な政策の企画，立案及び推進に関する事務や関係省庁の原子力利用に関する事務の総合調整に関する事務は引き継がれなかった。

ア　経済産業省

先に述べたとおり，通商産業省の原子力に関する所掌事務は「発電に関する原子力の利用に関すること」等にとどまっていたが，経済産業省設置法では原子力に直接関わるものとして，

五十六　エネルギーに関する原子力政策に関すること。

> 五十七　エネルギーとしての利用に関する原子力の技術開発に関すること。
>
> 五十八　原子力に係る製錬，加工，貯蔵，再処理及び廃棄の事業並びに発電用原子力施設に関する規制その他これらの事業及び施設に関する安全の確保に関すること。
>
> 五十九　エネルギーとしての利用に関する原子力の安全の確保に関すること。

を掲げた。

　このうち，五十八号及び五十九号を資源エネルギー庁に設置された原子力安全・保安院が所掌することとされた。

　イ　文部科学省

　科学技術庁の事務を基本的に引き継いだ文部科学省の設置法の所掌事務において，原子力に直接言及するものは，

> 六十二　宇宙の開発及び原子力に関する技術開発で科学技術の水準の向上を図るためのものに関すること。
>
> 六十四　放射性同位元素の利用の推進に関すること。
>
> 六十六　原子力政策のうち科学技術に関するものに関すること。
>
> 六十七　原子力に関する関係行政機関の試験及び研究に係る経費その他これに類する経費の配分計画に関すること。
>
> 六十八　原子力損害の賠償に関すること。
>
> 六十九　国際約束に基づく保障措置の実施のための規制その他の原子力の平和的利用の確保のための規制に関すること。
>
> 七十　試験研究の用に供する原子炉及び研究開発段階にある原子炉（発電の用に供するものを除く。）並びに核原料物質及び核燃料物質の使用に関する規制その他これらに関する安全の確保に関すること。
>
> 七十一　原子力の安全の確保のうち科学技術に関するものに関すること。
>
> 七十二　放射線による障害の防止に関すること。
>
> 七十三　放射能水準の把握のための監視及び測定に関すること。

の10の事務である。

　科学技術庁の所掌事務には，先に述べたとおり，「科学技術（原子力の研究，開発及び利用（大学における研究に係るものを除く。）を含む。以下同じ。）に関する基本的な政策の企画，立案及び推進に関すること。」，「関係行政機関の科学技術に関する事務の総合調整に関すること。」，「関係行政機関の試験研究機関の科学技術に関する経費及び関係行政機関の科学技術に関する試験研究補助金，交付金，委託費その他これらに類する経費の見積りの方針の調整に関すること。」があった。文部科学省の設置法にも，

[環境法研究 第8号 (2018. 7)]

> 四十二　科学技術に関する基本的な政策の企画及び立案並びに推進に関すること。
> 四十三　科学技術に関する研究及び開発（以下「研究開発」という。）に関する計画の作成及び推進に関すること。
> 四十四　科学技術に関する関係行政機関の事務の調整に関すること。
> 四十五　科学技術に関する関係行政機関の経費の見積りの方針の調整に関すること

との規定はあるが，科学技術に「（原子力の研究，開発及び利用を含む）」との規定が削除され，科学技術庁が有していた原子力の研究，開発及び利用一般に関する基本的な政策の企画，立案，推進権，関係省庁の事務の総合調整権等を失った。原子力については，科学技術の一分野としてとらえられることに限り，これらの事務は引き続き文部科学省の事務とされたのである。

原子力に関する関係省庁の試験研究機関の試験研究費等の一括計上の事務は残され，引き続き文科省の事務となった（六十七号）。

六十九号，七十号は原子炉等規制法で文科省に権限として残されたものである。

放射能水準の調査に関しては，科学技術庁組織令において原子力安全局原子力安全課の事務として「放射能水準の総合的調査に関すること」が掲げられていたが，設置法上，七十三号として新たに明記された。

他方，「原子力利用に関する試験研究の助成に関すること」，「放射性降下物による障害の防止に関し関係行政機関が講ずる対策の総合調整に関すること」，「原子力利用に関し他の行政機関の所掌に属しない事務に関すること」は削除された。

原子力に関する事務は，科学技術・学術政策局，研究振興局及び研究開発局が分担した。

　ウ　環境省

環境省設置法では，所掌事務として

> 放射性物質に係る環境の状況の把握のための監視及び測定

が加わった。これに基づき，環境省でも，国内や海外で原子力災害や事故が発生した際や，海外での核実験が行われた際に，国内の影響を速やかに把握することを目的として，全国のモニタリングポストで，一般環境中の放射性物質の濃度の変化の監視を開始した。

（6）原子力安全・保安院の機能と限界

先に述べたとおり，経済産業省では，従来の実用発電用原子炉に加え，発電の用に供する研究開発段階炉や原子力発電に関わる一連の核燃料サイクル施設についても安全規制の責任を持つこととなった。そこで，資源エネルギー庁に原子力安全・保安院を置き，経産省が所管する規制等を担当させたわけであるが，当初より，いかにして

規制機関としての独立性を保つかが問題となっていた。この点については，発足前において，通商産業省内部で様々な検討が行われたようであるが[5]，結果的に不十分であったことは否めない。

2002年8月，東京電力の自主点検記録不正問題が明らかになると，原子力安全・保安院に対する不満も高まった。これを受け，同年12月，電気事業法及び核原料物質，核燃料物質及び原子炉の規制に関する法律の一部を改正する法律が成立し，経済産業大臣が原子力安全委員会に対し規制の実施状況を報告しなければならないとするなど，原子力安全委員会の監督権限の強化等が図られた。しかしながら，その後も，種々の問題が発生するたびに，「規制と振興の分離」が問題とされた。

2007年，我が国についてIAEAの総合的規制評価サービス（IRRS）が実施され，翌年公表された報告書では「原子力安全・保安院は実効的に資源エネルギー庁から独立しており，これは，GS-R-1[6]に一致している。」としつつも，「かかる状況は，将来，より明確に法令に反映させることができ得るものである。」と助言した。これに対応することなく，2011年3月を迎えることとなった。

2001年1月6日，原子力安全・保安院の発足式において，院長は，「私ども原子力安全・保安院の使命は，国民生活やあるいは産業活動に不可欠なエネルギー資源の安定供給を安全確保の面から支えることでございます。」と述べた。原子力規制機関の存在理由が原子力利用から国民の生命，財産を守るということではなく，エネルギー資源の安定供給がまずあってそのために安全確保の面から支える，というのは，原子力以外の環境規制を担当する側に長く携わってきた筆者にはなかなか理解しにくい。現行の原子力規制委員会設置法では，「国民の生命，健康及び財産の保護，環境の保全並びに我が国の安全保障に資することを目的とする」としている。

第2章　環境法体系下における放射性物質による汚染問題の位置づけ

I　旧公害対策基本法体系下における位置づけ

1　旧公害対策基本法の制定と放射性物質
（1）旧公害対策基本法制定の経緯
戦後の復興が本格化した頃から，我が国では各地で公害問題が深刻化し，1949年に

（5）　橘川武郎・武田晴人『原子力安全・保安院政策史』（経済産業調査会，2016年）3頁-13頁に詳しい。

（6）　GS-R-1：Legal and Governmental Infrastructure for Nuclear, Radiation, Radioactive Waste and Transport Safety, Safety Standards Series, Safety Standards Series No.GS-R-1。IAEAの国際基準。

［環境法研究 第 8 号（2018. 7）］

東京都が公害防止条例を制定するなど，地方公共団体による取組が始まった。国においても，地盤沈下を防止する観点を含む法律として「工業用水法」が1956年に公布・施行したのを皮切りに，「公共用水域の水質の保全に関する法律」（水質保全法）と「工場排水等の規制に関する法律」（工場排水規制法）を1958年に公布（翌年 3 月から施行）し，「ばい煙の排出の規制等に関する法律」を1962年に公布・施行するなどの取組を行ったが，公害問題は深刻化の一途をたどった。

このような中，1965年 9 月，厚生省は厚生大臣の諮問機関として公害対策審議会を設置し，①公害に関する基本的施策について，②環境基準設定の方策について，③公害に関する試験研究施策について，等の10項目について諮問した。諮問の趣旨は，次第に制定の要望が高まりつつあった公害対策基本法の内容そのものについての意見を直接求めるものではなく，新たに樹立されるべき基本的，総合的な施策は何かを問うものであったが，世間一般からは，同審議会は基本法の内容を審議し，その答申が基本法の骨子となるものと受け取られた。

公害審議会は，1966年 8 月に「公害に関する基本的施策について」と題する中間報告をとりまとめ，また，同年10月 7 日，「公害に関する基本施策について」第一次答申をとりまとめ，厚生大臣に提出した。

この答申では，答申で述べた諸施策のうち公害対策の共通の原則とすべき事項や基本的施策について規定する公害対策基本法の制定を提唱した。

また，対象とすべき公害として，大気汚染，水質汚濁，騒音，振動，悪臭及び地盤沈下をあげた上で，「その他の公害としては，通常，放射性物質による環境汚染，日照阻害や人工光線による障害，電波障害等があげられるが，これらについては必ずしも本答申における対策と同一の方法で処理すべき性質のものではないこと，あるいは規制の方法についてもなお検討すべき点が多いこと，あるいはその規制についてすでに別個の法体系があること等の理由によりさしあたりはかならずしも上記の公害と同様の取扱いは要しないものと考えられる。しかし今後における社会的諸事情の進展により必要に応じ場合によってはこれを施策の対象として追加していくという態度で臨むべきであろう。」とした。

答申を受け，鈴木善幸厚生大臣は，10月11日の閣議で公害対策基本法を中心とする政府としての公害対策についての基本的施策の速やかなとりまとめについて各省に協力要請を行った。

総理府に1964年 3 月の閣議決定により設置されていた公害対策推進連絡会議（総理府総務副長官，関係省庁の事務次官等により構成）は，10月19日，幹事会を開催し，さしあたり厚生省において基本法案についての考え方をとりまとめた上で議論を進めることを了承し，厚生省は，11月22日，「公害対策基本法（仮称）試案要綱」を公表した。この中には，放射性物質に係る記述はなかった。

放射性物質による環境汚染と環境法・組織の変遷〔伊藤哲夫〕

　政府内では，公害対策推進連絡会議幹事会において厚生省の試案要綱について検討が行われ，1967年2月22日，一部法文立案の段階での検討箇所を残す点はあったが，公害対策推進連絡会議としての試案要綱をとりまとめ，内閣官房審議室が公表した。この要綱の中にも放射性物質に係る記述はない。

　3月2日に開催された公害対策推進連絡会議幹事会において，内閣法制局審査に当たって厚生省が中心となり関係省庁が緊密な連携をとって法文化作業を進めることが決まり，政府内における精力的な調整を経て5月16日，公害対策基本法案が閣議決定され，国会に提出された。そして，6月21日，国会で一部修正の上可決成立し，8月3日，公布・施行された。

（2）旧公害対策基本法の内容

　同法の主な内容は

①　対象とする公害を事業活動その他の人の活動に伴って生ずる相当範囲にわたる大気の汚染，水質の汚濁，騒音，振動，地盤の沈下及び悪臭（典型六公害）としたこと

②　事業者，国及び地方公共団体の公害の防止に関する責務を明らかにしたこと

③　政府は，大気の汚染，水質の汚濁及び騒音に係る環境上の条件について，維持されることが望ましい基準（環境基準）を定めるものとしたこと

④　国の施策として排出等に関する規制，土地利用及び施設の設置に関する規制，公害防止に関する施設の整備等の推進等を位置づけたこと

⑤　現に公害が著しい地域等において内閣総理大臣の指示に基づき関係都道府県知事が公害防止計画を策定する制度を設けたこと

等であった。また，同法は，「公害対策の総合的推進を図り，もつて国民の健康を保護するとともに，生活環境を保全すること」を目的としているが，政府案の段階から，生活環境の保全については「経済の健全な発展との調和を図りつつ」といういわゆる調和条項が付されており，この点が国会審議での最大の論点となった。

（3）放射性物質による公害の位置づけ

　法案作成に当たり，各省間での最後の調整事項として残ったのは，①放射性物質による環境汚染はかなり特殊な面があるので，対象とすべき公害の範囲から除外すべきではないか，②騒音の環境基準の設定については航空機騒音の例にみられるとおり排出規制を環境基準の確保の限度まで実施することは技術上困難な場合があるので大気汚染及び水質汚濁の場合と同様に考えることはできないのではないか，という2つの論点であった。

　放射性物質による汚染については，結局，次の一条を設けることで調整された。

［環境法研究 第8号（2018. 7）］

> （放射性物質による大気の汚染等の防止）
> 第8条　放射性物質による大気の汚染及び水質の汚濁の防止のための措置については，原子力基本法（昭和30年法律第186号）その他の関係法律で定めるところによる。

　本条は，後に述べるように1970年の公害国会における公害対策基本法の一部改正において対象とする公害に「土壌の汚染」が追加されたことから，

> 第8条　放射性物質による大気の汚染，水質の汚濁及び土壌の汚染の防止のための措置については，原子力基本法（昭和30年法律第186号）その他の関係法律で定めるところによる。

と改正された。

　本条の趣旨は，「原子力の平和利用に伴って生ずる放射性物質もその環境への放出を野放しにするならば，公害を生じて人畜等に大きな被害をもたらすおそれがある。しかし，その取扱いについては，すでに原子力基本法をはじめとする諸法令が整備されており，人畜や環境に障害が生じないように厳重な規制が行われているので，これらの防止措置については，すでに整備されているそれらの関係法律によることを規定したものである。」「本条の規定は，原子力事業に関する公害防止の措置のすべてを他の法律にゆだねるものではない。すなわち，「放射性物質による」「大気の汚染，水質の汚濁及び土壌の汚染」の防止のための「措置」についてのみ委ねているのであるから，原子力事業者による騒音や悪臭，放射性物質を含まない下水や排気などの関するものはすべてこの法律の定めるところとなることはもちろんである。また，本法に規定する責務など（例えば第3条）は，防止の措置ではないから，原子力事業についても適用される。」[7]というものである。

2　公害国会と個別公害関係法における放射性物質の位置づけ

（1）公害国会における公害対策基本法の改正

　公害対策基本法の制定を受け，1968年にばい煙規制法に代わって大気汚染防止法を制定（放射性物質に係る特段の規定はなかった）するなどの取組の強化が図られた。しかしながら，公害問題はますます複雑，多様化し，1970年は，まさに公害に明け，公害に暮れた年となった。

　同年7月，政府は，各省にわたっている公害担当部局の施策を一元的に実施するため，閣議決定により内閣総理大臣を本部長とする公害対策本部を設け，また，関係閣僚からなる公害対策閣僚会議を設置し，公害対策の基本的な問題についての検討を

（7）　岩田幸基編『新訂公害対策基本法の解説』（新日本法規，1971年）161頁。

行った。この体制下で，公害関係法令の抜本的な整備を目的として同年11月24日から12月18日の間に開催されたいわゆる公害国会（第64回国会）において，公害対策基本法の一部改正法をはじめとする14本に上る公害関係法を成立させた。

「公害対策基本法の一部を改正する法律」により，「生活環境の保全については，経済の健全な発展との調和が図られるようにするものとする。」という経済発展との調和条項が，経済優先との誤解を招くとの理由から削除された。また，先に述べたとおり対象とする公害に「土壌の汚染」が加えられた。

（2）個別環境法における放射性物質の除外規定の導入

公害国会において成立した個別の公害関係法において初めて以下のとおり放射性物質に係る適用除外の規定が置かれた。

大気汚染防止の一部を改正する法律（厚生省と通商産業省の共管）

第27条　この法律の規定は，放射性物質による大気の汚染及びその防止については，適用しない。

この規定により，放射性物質による大気の汚染については，防止のための措置にとどまらず，この改正で別途追加された都道府県知事による大気汚染の状況の常時監視義務の規定を含め，すべての規定が同法の対象外となった。

水質汚濁防止法（経済企画庁所管，一部通商産業省と共管）

第23条　この法律の規定は，放射性物質による公共用水域の水質の汚濁及びその防止については，適用しない。

大気汚染防止法と同様の趣旨の規定である。

廃棄物の処理及び清掃に関する法律（厚生省所管）

（定義）

第2条　この法律において「廃棄物」とは，ごみ，粗大ごみ，燃えがら，汚でい，ふん尿，廃油，廃酸，廃アルカリ，動物の死体その他の汚物又は不要物であって，固形状又は液状のもの（放射性物質及びこれによって汚染された物を除く。）をいう。

そもそも法の対象とする「廃棄物」から放射性物質及びこれによって汚染された物が除かれた。

海洋汚染防止法（運輸省所管）

第52条　この法律の規定は，放射性物質による海洋の汚染及びその防止については，適用しない。

［環境法研究 第 8 号（2018. 7 ）］

　大気汚染防止法，水質汚濁防止法と同様の規定である。

　農用地の土壌の汚染防止等に関する法律（農林水産省所管）においても定義規定に
おいて対象とする特定有害物質から放射性物質を除くことが明記され，放射性物質に
よる土壌汚染は法律の対象外とされた[8]。

（ 3 ）環境庁の設置と所掌する公害関連法

　公害国会が1970年12月18日に閉会した直後の次年度の予算編成時に佐藤総理から突
如環境庁設置構想が発表された。そして12月26日から開催された第65回通常国会に環
境庁設置法案が提出され，1971年 5 月24日可決・成立し，7 月 1 日，環境庁が設置さ
れた。

　環境庁は，公害防止にとどまらず，自然環境の保護及び整備を含む環境保全に関す
るすべての問題を対象とし，環境の保全に関する行政を総合的に推進することを主た
る任務とし，これまで公害対策基本法の体系の下で関係各省庁に分散していた各種基
準の設定，監視測定，取り締まり等の公害規制に関する権限をすべて環境庁に集中し
て行政の一元化を図ることとなった。

　放射性物質についての適用除外が設けられている法律については，大気汚染防止法，
水質汚濁防止法及び農用地の土壌の汚染防止等に関する法律が全面的に環境庁の所管
となった。廃棄物の処理及び清掃に関する法律については廃棄物の最終処分に関する
基準の設定に関する事務が，海洋汚染防止法については海洋において処分する廃棄物
の排出海域及び排出方法に関する基準（船舶内又は海洋施設内にある者の日常生活に伴
い生ずる廃棄物に係るものを除く）の設定に関する事務が環境庁の所管とされた。

（ 8 ）　その後成立した以下の個別環境関連法でも放射性物質による環境の汚染の防止に係
　る措置を適用除外とする旨の規定が置かれた。
　　・化学物質の審査及び製造等の規制に関する法律（昭和48年法律第117号）
　　・資源の有効な利用の促進に関する法律（平成 3 年法律第48号）
　　・特定有害廃棄物等の輸出入等の規制に関する法律（平成 4 年法律第108号）
　　・南極地域の環境の保護に関する法律（平成 9 年法律第61号）
　　・環境影響評価法（平成 9 年法律第81号）
　　・特定化学物質の環境への排出量の把握等及び管理の改善の促進に関する法律（平
　　　成11年法律第86号）
　　・土壌汚染対策法（平成14年法律第53号）
　また，以下の法律では廃棄物処理法に規定する廃棄物の定義を用いることにより，放
　射性物質又はこれに汚染されたものが適用除外となっている。
　　・容器包装に係る分別収集及び再商品化の促進等に関する法律（平成 7 年法律第112
　　　号）
　　・特定家庭用機器再商品化法（平成10年法律第97号）
　　・建設工事に係る資材の再資源化等に関する法律（平成12年法律第104号）

II 環境基本法及び循環型社会形成推進基本法における位置づけ

1 環境基本法における位置づけ

（1）環境基本法制定の経緯

　公害国会における14本に及ぶ公害関連法の成立や環境庁の設置を経て，我が国の公害は危機的な状況を脱し，優れた自然環境の保全にも成果があがった。しかしながら，その後の大量生産，大量消費，大量廃棄型の経済社会システムの進展や都市への人口集中を背景として，自動車排気ガスによる大気汚染や生活排水による水質汚濁などの都市・生活型公害の改善は進まず，廃棄物の排出量の増大による環境負荷も大きな問題となってきた。また，都市においては身近な自然が減少しているのに対し，過疎地を中心に森林の有する環境保全機能の維持が困難な地域が生じるなど，環境問題は新たな段階に向かいつつあった。さらに，地球温暖化問題をはじめとする地球環境問題が人類の生存基盤そのものを揺るがすおそれがあるとの認識が世界的に高まり，1992年6月，ブラジルのリオ・デ・ジャネイロで約180か国が参加して「環境と開発に関する国連会議」（地球サミット）が開催され，環境保全の新たな取組を進めるための大きな契機となった。

　このような状況の中で，我が国では，公害対策基本法の体系下における規制的手法中心の環境政策だけでは限界があり，環境を総合的にとらえて，あらゆる政策手段を総動員し，社会システムやライフスタイルそのものを変革する法的枠組みが必要ではないか，との認識が広がりつつあった。

　このため，環境庁長官は，1991年11月，中央公害対策審議会及び自然環境保全審議会に対し「地球化時代の環境政策の在り方について」諮問した。また地球サミットの前に宮澤内閣総理大臣が地球環境時代にふさわしい法律の整備について関係省庁に指示した。

　環境庁における新しい時代に対応した環境に関する基本法制の検討は，地球サミット終了後本格化し，庁内に設置した環境基本法制準備室が中心となって，関係省庁（特に通商産業省，建設省，運輸省及び農林水産省）と協力しつつ，中央公害対策審議会と自然環境審議会の合同会議を精力的に開催した。両審議会は，1992年10月20日，「環境基本法制の在り方」について答申した。

　審議会では，一部の委員から，放射性物質による環境汚染の問題はすべて適用除外にすべきとの意見が表明されたが，「防止のための措置については，原子力基本法その他の関係法律による」とした公害対策基本法の整理を変える必要性は認められないという意見が大勢で，答申においては放射性物質にかかわる文言は記載されなかった。

　この答申を受け，環境庁が中心となって環境基本法案の策定作業が行われ，1993年3月12日，閣議で決定され第126回国会に提出された。その後衆議院解散に伴う廃案

［環境法研究 第8号（2018.7）］

と政権交代を経て，第128回国会において，11月12日，全会一致で可決・成立し，11月19日，公布された。これに伴い，公害対策基本法は廃止された。

（2）環境基本法の内容

環境基本法の主な内容は，

① 環境保全の基本理念として，環境の恵沢の享受と継承等，環境への負荷の少ない持続的発展が可能な社会の構築等，国際的協調による地球環境保全の積極的推進の3点を掲げたこと

② 政府は，環境の保全に関する施策の総合的かつ計画的な推進を図るため，環境の保全に関する基本的な計画（「環境基本計画」）を定めなければならないとしたこと

③ 国が講ずる環境の保全のための施策として，公害対策基本法では位置づけられていなかった国の施策の策定等に当たっての環境配慮，環境影響評価の推進，環境の保全上の支障を防止するための経済的措置，環境への負荷の低減に資する製品等の利用の促進，環境の保全に関する教育，学習等，民間団体等の自発的な活動を促進するための措置，情報の提供，といった多様な措置を位置づけたこと

④ 公害対策基本法でも国が講ずべき措置として位置付けられていた規制，施設の整備その他の事業の推進，科学技術の振興等の措置についても，その内容を充実させたこと

⑤ 国は，地球環境保全に関する国際協力等のために必要な措置を講じなければならないとしたこと

などである。

（3）放射性物質による公害の位置づけ

放射性物質に係る規定については，環境庁の原案は，公害対策基本法の例に倣い，「放射性物質による大気の汚染，水質の汚濁及び土壌の汚染を防止するための措置については原子力基本法その他の関係法律で定めるところによる」旨の規定を置くというものであった。放射性物質による環境汚染を防止するための措置については公害対策基本法の場合と同様に「原子力基本法その他の関係法律で定めるところによる」としても，環境基本法の基本理念や国，事業者の責務の規定といった「防止のための措置」以外の規定については，放射性物質による環境汚染に関しても当然に適用されるべきと考えたからであった。

これに対し，当時放射性物質の規制等を担当していた省庁，特に科学技術庁は，放射性物質による環境汚染の問題は「防止のための措置」にとどまらず全て環境基本法の対象外とする旨の規定を置くべきと強硬に主張した。原子力基本法及びその下にある法律で十分な対応がなされており，環境基本法及びその下にある法体系は，放射性物質の問題に関わりを持つ必要がない，というのがその理由である。

放射性物質による環境汚染と環境法・組織の変遷〔伊藤哲夫〕

協議は法案の閣議決定直前まで続けられたが，公害対策基本法と同様の次の規定を置くことで結着した。

（放射性物質による大気の汚染等の防止）
第13条　放射性物質による大気の汚染，水質の汚濁及び土壌の汚染の防止のための措置については，原子力基本法（昭和30年法律第186号）その他の関係法律で定めるところによる。

2　循環型社会形成推進基本法における位置づけ

（1）循環型社会形成推進基本法制定の経緯

環境基本法の成立は，我が国の環境行政を進めるための基礎となったが，大量生産，対象消費，大量廃棄型の社会経済活動の進展による廃棄物の排出量の増大により，環境への負荷が将来に向けて累積していくことが懸念され，環境への負荷を低減するための総合的な廃棄物対策の検討が必要との認識が高まっていった。このため，1996年11月，環境庁長官は中央環境審議会に対し「廃棄物に係る環境負荷低減対策のあり方について」の諮問を行い，同審議会は，1999年3月，「総合的体系的な廃棄物・リサイクル対策の基本的考え方に関するとりまとめ」を行った。本とりまとめは，環境保全の観点から廃棄物対策と資源の循環的再利用の促進を一体的に進め，「環境負荷の低減」と「物質循環」という視点から対応が必要であるとした。具体的には，

①　廃棄物・リサイクル一体としての対象物の範囲をとらえることが必要であること，

②　第一に廃棄物の発生抑制（リデュース），第二に使用済み製品の再使用（リユース），第三にリサイクル，最後に適正処理という優先順位を原則として，取り組みを総合的に進めることが必要であること，

②　排出者，製造流通業者等及び行政が適切に役割分担して取組を進めていくことが必要であること

等が提言された。

当時，廃棄物行政は厚生省（一部のみ環境庁）が所管する廃棄物処理法により進められていた。また，リサイクル行政は通商産業省等の業所管官庁が主に所管する再生資源の利用の促進に関する法律（1991年公布）を中心に行われ，個別品目のリサイクルを目的とした容器包装リサイクル法（1995年公布）及び家電リサイクル法（1998年公布）は業所管官庁と厚生省が共管という状況であった。このような中で審議会のとりまとめは，廃棄物行政とリサイクル行政を共通の理念の下に一体的に進めることを求めたものであった。

こうした中，1999年10月，自民党，自由党及び公明党の与党三党は，次の政策合意

215

を行った。

> 二　循環型社会の構築
>
> 　平成12年度を「循環型社会元年」と位置づけ，基本的な枠組としての法制定を図るとともに，予算，税制，金融面等において環境対策に重点的に配慮する。

　この方針は，翌年構成を変えて発足した自民党，公明党及び保守党の三党による連立政権にも引き継がれた。

　廃棄物・リサイクル対策に係る個別法において環境庁の役割とされていたのは，廃棄物処理法においては廃棄物の最終処分に関する基準の設定に関する事務（専管）と最終処分場の基準（1975年の廃掃法改正により厚生省との共管事務として創設）に限られ（水質保全局が担当），リサイクル関係法においては基本方針の策定に関して普及啓発の観点から他の事業官庁と共管（企画調整局が担当）にとどまっていた。このような中，2001年１月の省庁再編により環境省が創設され，厚生省が担っていた廃棄物行政がすべて環境省に移管されることも見据え，1999年の夏，水質保全局が中心となって循環型社会を構築するための基本的な枠組法を策定することとなり，水質保全局長の下に「環境庁循環型社会構築チーム」が設けられた。当時，水質保全局企画課の海洋環境・廃棄物対策室長の職にあった筆者も，担当室長として参画した。

　与党三党は，政策合意を実行に移すため，「循環型社会構築に関するプロジェクトチーム」を設け，また，自民党政務調査会内に「循環型社会構築に関する関係部会長会議」（座長は愛知和男環境基本問題調査会会長）を設置し，検討を開始した。政府部内においては，11月25日，環境庁を事務局とし，大蔵省，厚生省，農林水産省，通商産業省，運輸省，建設省，自治省及び環境庁からなる「循環型社会の構築に関する関係省庁連絡会議」を設置した（後に経済企画庁が参加）。

　法案は，環境庁を中心とする政府部内における検討と，与党三党における調整が連携を保ってとりまとめられ，４月14日，臨時閣議において閣議決定され，国会に提出された。

　国会では，５月26日，原案のとおり可決成立した。

（２）循環型社会形成推進基本法の内容

循環型社会形成推進基本法の要点は，以下のとおりである。

①　形成すべき「循環型社会」の姿を明確に示したこと

②　有価，無価を問わず法の対象となるものを規定し，一体として取扱いの方針を示したこと

③　発生抑制，再使用，再利用，熱回収，適正処分という廃棄物・リサイクル対策の「優先順位」（基本原則）を法定化したこと

④　事業者・国民の「排出者責任」を明確化するとともに，生産者等が，自ら生産

する製品等について生産・使用段階だけでなく，使用され廃棄物となった後まで適切なリサイクルや処分について一定の責任を負うという「拡大生産者責任」を明確に位置づけたこと

⑤　政府は，「循環型社会形成推進基本計画」を策定しなければならないこと

などである。

（3）法の対象となる物と放射性物質により汚染された物との関係

法の対象となる物に関しては，廃棄物とそれ以外の使用済物品等及び副産物に当たる物を合わせて「廃棄物等」と定義した（2条2項）。そして，廃棄物とは廃掃法の規定による廃棄物とし（2条1項），これ以外の使用済物品等及び副産物に当たるものついても「放射性物質及びこれによって汚染された物を除く」（2条2項2号）とした。これにより，法の対象物から放射性物質及びこれによって汚染された物は明確に除かれた。

（4）「廃棄物等」と「循環資源」の関係

さらに「この法律において「循環資源」とは，廃棄物等のうち有用なものをいう。」と定義し（2条3項），循環資源の循環的利用を進めなければならないとした。

環境庁は，原案策定段階では，「「廃棄物等」から放射性物質が除かれていることや「廃棄物等」の中に含まれている現在は有用とはいえない物についても将来技術が進歩すれば有用になる可能性があることから，「廃棄物等」をすべて「循環資源」としてとらえるべきである」と考えた。しかしながら，「廃棄物等の中には循環的利用ができない不用なものは必ずあるはず」との内閣法制局の指摘により，2条3項が設けられた。

第3章　福島第一原子力発電所の事故後明らかとなったこととその後の対応

Ⅰ　放射性物質によって汚染されたおそれがある廃棄物等の処理

1　初期の対応

2011年3月11日，東日本大震災が発災し，宮城，福島，岩手の東北3県を中心に大量の災害廃棄物が発生した。また，福島第一原子力発電所の事故により大量の放射性物質が環境中に放出された。

災害廃棄物は，廃棄物処理法上一般廃棄物として取り扱われる。廃棄物行政を担当する環境省は，直ちに3年以内での処理との目標を掲げ，災害廃棄物の処理に取り組んだが，福島県及び近県で発生した災害廃棄物が放射性物質により汚染されているのではないかとの懸念が発災後間もなく生じた。特に福島県内の浜通り地方及び中通り地方（避難区域及び計画的避難区域を除く）では，災害廃棄物の仮置場への集積が進め

217

［環境法研究 第8号（2018.7）］

られたが，これをどのように処理すべきかが喫緊の課題となった。

　環境基本法にあるとおり，放射性物質による環境汚染を防止するための措置は原子力基本法その他の関係法律によるとされていることから，当時環境省の廃棄物・リサイクル部長の職にあった筆者は，それらの法律を所管する省庁で対応すべきと考えた。しかしながらそれらの省庁は，いずれも「対応できる法律はなく自らの業務ではない」との反応であった。

　一方，環境省では，廃棄物処理法において放射性物質及びこれによって汚染された物が除かれる旨明確に規定され，放射性物質により汚染された廃棄物の処理に関わりを持たなければならないとは考えてきていなかったが，目前にある問題を放置するわけにもいかず，対応に苦慮した。このような中，樋高剛環境政務官（当時）の働きかけにより，内閣官房副長官（事務）の下で関係する経産省原子力安全・保安院，文部科学省，環境省及び労働環境の観点から厚労省の事務方の幹部が集まって打ち合わせを行うこととなった。環境省からは筆者が出席したが，回を重ねると副長官の下での原子力安全・保安院，環境省，厚労省の打ち合わせとなった。

　5月2日，3省で「福島県内の災害廃棄物の当面の取扱いについて」決定した。以降，環境省が中心となり，環境省に急遽設置した「災害廃棄物安全評価検討会」（座長：大垣眞一郎独立行政法人国立環境研究所理事長）の意見を聞きつつ，原子力安全・保安院の協力を得ながら，放射性物質によって汚染されたおそれのある災害廃棄物の処理に当たった。

　しかしながら，この取組には法的根拠がなく，国会でも新たな対処法の制定を求める声が強くなり[9]，実務的にも放射性物質によって汚染された廃棄物が不法投棄されてもこれを取り締まる法律が存在しない，という問題も生じていた。

　また，発災当初，福島県内の下水処理場の下水汚泥に放射性物質が濃縮したことや放射性物質によって汚染された稲わらが全国に輸送されたことが問題となり，政府では当初国土交通省下水道部と農林水産省がそれぞれ中心となって対応したが，次第に廃棄物処理の問題として取り上げられるようになった。

2　放射性物質汚染対処特措法の制定

（1）法律の概要

　このような状況下，議員立法により，8月26日「平成二十三年三月十一日に発生した東北地方太平洋沖地震に伴う原子力発電所の事故により放出された放射性物質による環境の汚染への対処に関する特別措置法」（放射性物質汚染対処特措法）が成立し，8月30日公布された。

（9）　例えば第177回国会参議院予算委員会会議録第15号（2011年5月13日）15-17頁川口順子委員発言を参照。

218

放射性物質による環境汚染と環境法・組織の変遷〔伊藤哲夫〕

　本法は，東京電力福島第一原子力発電所の事故のみを対象とする法律である。

　今後万一同様の原発事故による環境汚染が生じた場合にも迅速な対応を行えるようにするためには，原子力事故によって生じる可能性がある環境汚染に対処するための一般的な仕組み法を策定することが望ましかった。しかしながら，そのような検討には長期間を要することから，福島原発事故という個別の事態に対応するための特別措置法とされたのである[10]。

　同法では，「国は，これまで原子力政策を推進してきたことに伴う社会的な責任を負っていることに鑑み，事故由来放射性物質による環境の汚染への対処に関し，必要な措置を講ずるものとする。」（第3条 国の責務）とされ，廃棄物については，

① 　その地域内の廃棄物が特別な管理が必要な程度に放射性物質により汚染されているおそれがある地域として環境大臣が指定した地域（汚染廃棄物対策地域）の廃棄物の処理については，環境大臣が計画を定め，国が実施する。

② 　①の地域外の廃棄物であって放射性物質による汚染状態が一定の基準を超えるものとして環境大臣が指定したもの（指定廃棄物）の処理については，国が実施する。

とされた。また，土壌等の除染等については，

① 　汚染の著しさ等を勘案し，国が除染等の措置等を実施する必要がある地域として環境大臣が指定した地域（除染特別地域）については，環境大臣が計画を定め，国が実施する。

② 　①以外の地域であって，汚染状態が要件に適合しないと見込まれる地域（市町村）を環境大臣が指定し，都道府県知事等が，当該地域における汚染状況の調査結果等により，汚染状態が要件に適合しないと認める区域について，土壌等の除染等の計画を策定する。これに基づき，国，都道府県，市町村，環境省令で定める者が管理する土地及びこれに存する工作物等にあっては，国，都道府県，市町村及び環境省令で定める者が除染等の措置等を行い，これ以外の土地及びこれに存する工作物等にあっては，当該土地が所在する市町村が除染等の措置等を行う。

とされた。

（2）放射性物質によって汚染された廃棄物の処理の主体

　放射性物質によって汚染された廃棄物の処理は国が行うこととされたが，その担当省庁について法律では決められていなかった。

　政府部内では，下水汚泥であれば国土交通省，稲わらであれば農林水産省というように汚染されている物自体を規制している法律やその物に関わる産業等を所管する省

─────────

（10）　奥主喜美「環境法制における放射性物質適用除外規定の削除について」新・環境法シリーズ第67回（一般社団法人産業環境管理協会，2017年9月号）78頁。

219

［環境法研究 第8号（2018. 7）］

庁がそれぞれ担当すべきとする意見と，環境省が一元的に担当すべきとの意見があったが，特措法に基づき2011年11月11日に閣議決定された「平成二十三年三月十一日に発生した東北地方太平洋沖地震に伴う原子力発電所の事故により放出された放射性物質による環境の汚染への対処に関する特別措置法基本方針」において

・対策地域内廃棄物の処理は，環境省が行う。
・指定廃棄物の処理は，水道施設から生じた汚泥等の堆積物等については厚生労働省，公共下水道・流域に係る発生汚泥等ついては国土交通省，工業用水道施設から生じた汚泥等の堆積物等については経済産業省，集落排水施設から生じた汚泥等の堆積物等及び農林業系副産物については農林水産省と連携して，環境省が行う。

とされ，環境省が実施主体となった。

（3）国における土壌等の除染の主体

また，土壌等の除染等についても，特措法では除染特別地域内の除染等を国のどの部局が担当するか明らかでなく，政府部内では，森林，農地は農林水産省で，河川，道路は国土交通省でというように当該地域で行われている業あるいは当該土地の管理を所管する省が担当すべきとの意見と，環境省が一元的に担当すべきとの意見があったが，上記の基本方針で，

除染特別地域内には，農用地，森林，道路，河川等様々な土地が含まれる。除染特別地域内の土壌等除染措置については，当該地利用及び管理域内の土壌等除染措置については，当該地利用及び管理に関して知見・情報を有する関係省庁から人材面も含めた協力を得ながら，環境省が行う。

とされ，こちらも環境省が実施主体となった。

なお，特措法に基づき講じられるこれらの措置に要する費用は，原子力損害の賠償に関する法律第3条第1項の規定により関係原子力事業者が賠償する責めに任ずべき損害に係るものとして，当該関係原子力事業者（＝東京電力）の負担の下に実施されるものとされた[11]。

────────────

(11) 平成29年の福島復興特措法の改正により，放射性物質汚染対処特措法の特例として，内閣総理大臣が認定した「認定特定復興再生拠点区域復興再生計画」に従って実施される土壌等の除染等の措置及び除去土壌の処理に要する費用並びに廃棄物の処理に要する費用については国が負担する旨規定された（福島復興再生特別措置法第17条の17）。

3 中間貯蔵・環境安全事業株式会社による中間貯蔵の実施

2014年11月，「日本環境安全事業株式会社法の一部を改正する法律」が制定され，同社が日本環境安全事業株式会社の名称を「中間貯蔵・環境安全事業株式会社」に変更し，国，福島県，同県内の市町村その他の者の委託を受けて福島県内において生じた除去土壌等の中間貯蔵に係る事業等を行うこととするとともに，次の規定が置かれた。

（国の責務）
第3条　国は，中間貯蔵及びポリ塩化ビフェニル廃棄物の処理の確実かつ適正な実施の確保を図るため，万全の措置を講ずるものとする。
2　国は，前項の措置として，特に，中間貯蔵を行うために必要な施設を整備し，及びその安全を確保するとともに，当該施設の周辺の地域の住民その他の関係者の理解と協力を得るために必要な措置を講ずるほか，中間貯蔵開始後三十年以内に，福島県外で最終処分を完了するために必要な措置を講ずるものとする。

II　原子力規制委員会の設置と原子力に係る安全規制の一元化

1　原子力規制委員会の設置

（1）原子力安全規制に関する組織等の改革の基本方針

東日本大震災に伴う福島第一原子力発電所の事故とその後の行政対応は，原子力の安全規制行政体制のあり方そのものに対する深刻な不信を招き，その抜本的な見直しが強く求められた。

2011年6月，原子力災害対策本部は，「原子力安全に関するIAEA閣僚会議に対する日本国政府の報告書」を公表したが，その中で，「原子力安全確保に関係する行政組織が分かれていることにより，国民に対して災害防止上十分な安全確保活動が行われることに第一義的責任を有する者の所在が不明確であった。」とし，「原子力安全・保安院を経済産業省から独立させ，原子力安全委員会や各省も含めて原子力安全規制行政や環境モニタリングの実施体制の見直しの検討に着手する。」とした。

政府は，同年8月15日，「原子力安全規制に関する組織等の改革の基本方針」を閣議決定し，

①　「規制と利用の分離」の観点から，原子力安全・保安院の原子力安全規制部門を経済産業省から分離し，原子力安全委員会の機能をも統合して，環境省にその外局として，原子力安全庁（仮称）を設置すること。
②　原子力安全規制に係る関係業務を一元化することで，規制機関として一層の機

[環境法研究 第8号 (2018. 7)]

> 能向上を図るものとし，このため原子力安全庁（仮称）においては，原子炉及び
> 核燃料物質等の使用に係る安全規制，核セキュリティへの対応，環境モニタリン
> グの司令塔機能（SPEEDIの運用を含む。）を担うものとすること。

等とするとともに，新組織が担うべき業務の在り方やより実効的で強力な安全規制組
織の在り方について，2012年末を目途に成案を得る，とした。

（2）原子力規制委員会設置法の成立

政府は，その後原子力事故再発防止顧問会議を開催し，その提言も踏まえて，2012
年1月，原子力の安全の確保に関する組織及び制度を改革するための「環境省設置法
等の一部を改正する法律案」と「原子力安全調査委員会設置法案」を閣議決定し，国
会に提出した。

その内容は，規制と利用の分離及び原子力安全規制の一元化の観点から環境省に外
局として原子力規制庁を設置すること，原子力規制庁にいわゆる8条機関である原子
力安全調査委員会を設置すること，原子炉等規制法を改正し最新の技術的知見を施
設・運用に反映する制度等を導入すること，原子力基本法，環境基本法等を改正する
ことなどであった。

一方，野党であった自由民主党・無所属の会と公明党は共同で4月に「原子力規制
委員会設置法案」を国会に提出した。政府案との主な違いは，環境省に置かれる原子
力規制庁をそれ自体として国家意思を決定し外部に表示する独立性の高い国家行政組
織法3条に基づく行政機関とし，原子力規制委員会の事務局として原子力規制庁を設
置するとしたことである。

両案は，同年6月，衆議院環境委員会で質疑が行われたが，民主党・無所属クラブ，
自由民主党・無所属の会及び公明党の三会派の間で合意が成立し，6月15日，衆議院
環境委員会提出の法律案として原子力規制委員会設置法案が起草され，6月20日，参
議院で可決成立し，6月27日に公布された。

（3）原子力規制委員会の役割

原子力規制委員会は，国家行政組織法第3号に基づく機関として，2012年9月19日
に環境省の外局として発足し，原子力安全委員会と原子力安全・保安院は廃止された。

原子力規制委員会では，原子力安全規制，核セキュリティ，核不拡散の保障措置，
環境モニタリング，放射性同位元素等の規制を一元化して所管することとされたが，
文部科学省が所管していた核不拡散の保障措置の規制，放射線モニタリング，放射性
同位元素等の規制の業務については，2013年4月1日に移管されることとなっていた。
それらがすべて移管された時点での原子力規制委員会設置法上の所掌事務（4条）は，
以下のとおりである。

222

> 一 原子力利用における安全の確保に関すること。
> 二 原子力に係る製錬，加工，貯蔵，再処理及び廃棄の事業並びに原子炉に関する規制その他これらに関する安全の確保に関すること。
> 三 核原料物質及び核燃料物質の使用に関する規制その他これらに関する安全の確保に関すること。
> 四 国際約束に基づく保障措置の実施のための規制その他の原子力の平和的利用の確保のための規制に関すること。
> 五 放射線による障害の防止に関すること。
> 六 放射性物質又は放射線の水準の監視及び測定に関する基本的な方針の策定及び推進並びに関係行政機関の経費の配分計画に関すること。
> 七 放射能水準の把握のための監視及び測定に関すること。
> 八 原子力利用における安全の確保に関する研究者及び技術者の養成及び訓練（大学における教育及び研究に係るものを除く。）に関すること。
> 九 核燃料物質その他の放射性物質の防護に関する関係行政機関の事務の調整に関すること。
> 十 原子炉の運転等（原子力損害の賠償に関する法律（昭和36年法律第147号）第2条第1項に規定する原子炉の運転等をいう。）に起因する事故（以下「原子力事故」という。）の原因及び原子力事故により発生した被害の原因を究明するための調査に関すること。
> 十一 所掌事務に係る国際協力に関すること。
> 十二 前各号に掲げる事務を行うため必要な調査及び研究を行うこと。
> 十三 前各号に掲げるもののほか，法律（法律に基づく命令を含む。）に基づき，原子力規制委員会に属させられた事務

　一号から五号は，原子力安全委員会の事務，文部科学省，原子力安全・保安院及び国土交通省が担っていた原子力利用に係る規制や放射性同位元素等の規制事務を原子力規制委員会に一元化したことの表れである。

　環境モニタリングに関する事務については，文科省の所掌事務であった七号の事務をそのまま原子力規制委員会に移した。加えて，六号で「放射性物質又は放射線の水準の監視及び測定に関する基本的な方針の策定及び推進」に関する事務と，関係行政機関の経費を原子力規制庁に一括計上し必要に応じ移し替えを行う権限を新たに追加した。

2 原子力規制委員会設置法における関係法令の改正

　原子力規制委員会設置法は，その附則において，51本の関係法令の改正を行い，原

［環境法研究 第8号（2018.7）］

子力利用に係る規制の強化や権限の移管等を行った。その主なものは，次のとおりである。なお，環境基本法の改正についてはその後の対応についても述べる。

（1）原子炉等規制法の改正

原子力安全・保安院，文部科学省及び国土交通省が所管していた権限を原子力規制委員会に一元化した。また，重大事故対策の強化，最新の技術的知見を施設・運用に反映する制度の導入，運転期間の制限等のための改正を行うとともに，電気事業法で規制していた使用前検査，定期検査等を原子炉等規制法に一元化した。

（2）放射線障害防止法及び放射線障害防止の技術的基準に関する法律の改正

文部科学省が所管していた放射線障害防止法の規制権限はすべて原子力規制庁に移管された。また，放射線障害防止の技術的基準に関する法律に基づき総理府に設置されていた放射線審議会は，総務庁が設置された1984年7月1日から科学技術庁に移管され，省庁再編後は文部科学省に置かれていたが，原子力規制委員会に移管された。

（3）原災法及び原子力基本法の改正

原災法の改正により，原子力規制委員会は，原子力災害予防対策，緊急事態応急対策及び原子力災害事後対策の円滑な実施を確保するための「原子力災害対策指針」を定めなければならないこととされた。また，緊急事態応急対策拠点施設を指定する主体や防災訓練に関する国の計画の策定主体が主務大臣から内閣総理大臣に変更された。

原子力防災専門官も，文部科学省及び経済産業省から防災全般を担当する内閣府に移管され，原子力規制庁の職員が併任することとなった。原子炉等規制法等の規制権限が原子力規制委員会に一元化されたことに伴い，原災法上の「主務大臣」の権限も内閣総理大臣又は原子力規制委員会に移されたわけである。

原子力災害対策指針に基づく施策の実施の推進その他の原子力事故が発生した場合に備えた政府の総合的な取組を確保するため，原子力基本法も改正され，内閣に原子力防災会議が設置された。議長は内閣総理大臣，副議長は内閣官房長官，環境大臣，内閣官房長官及び環境大臣以外の国務大臣のうちから内閣総理大臣が指名する者並びに原子力規制委員会委員長が務め，議長副議長以外の全国務大臣，内閣危機管理監等が議員となり，事務局長に環境大臣を充てることとされた。

以上の改正に伴い，内閣府の所掌事務に，

十四の二　原子力災害対策特別措置法（平成11年法律第156号）第2条第1号に規定する原子力災害（武力攻撃事態等における国民の保護のための措置に関する法律（平成16年法律第112号）第105条第7項第1号に規定する武力攻撃原子力災害を含む。）に対する対策に関すること。

十四の二の二　原子力基本法（昭和30年法律第186号）第3条の3に規定する原子力防災会議の事務局長に対する協力に関すること。

放射性物質による環境汚染と環境法・組織の変遷〔伊藤哲夫〕

が加わった。

（4）環境基本法の改正とその後の対応

環境基本法が改正され，13条の「放射性物質による大気の汚染等の防止のための措置については原子力基本法その他の関係法律の定めるところによる」との条項が削除され，放射性物質による環境汚染の問題が全面的に環境基本法の対象となった。この結果，放射性物質による環境汚染についても環境基本法に定められた様々な環境保全に関する施策を新たに適用していく必要があるかどうか，そして，その一環として環境基本法の下にある個別の環境法の放射性物質の適用除外規定をどうするのか，について検討することが求められた。

環境省に設置されている中央環境審議会は，2012年11月，「環境基本法の改正を踏まえた放射性物質の適用除外規定に係る環境法令の整備について」意見具申を行った。その中で，放射性物質の適用除外をおいている個別環境法を①適用除外規定の削除を検討することとするものと，②現時点で適用除外規定の削除の適否を判断することは適当ではなく，他法令との関係など現行法の施行状況を見ながら別途検討するもの，に分類した。

これを踏まえ，2013年，「放射性物質による環境の汚染の防止のための関係法律の整備に関する法律」が制定され，大気汚染防止法，水質汚濁防止法，環境影響評価法及び南極環境保護法から放射性物質に係る適用除外規定が削除された。

大気汚染防止法及び水質汚濁防止法の改正では，併せて環境大臣による放射性物質による大気汚染又は水質汚濁の常時監視の規定が追加された。

環境影響評価法の改正により，放射性物質による環境汚染についても環境影響評価が行えることとなり，南極環境保護法の改正により南極活動計画において放射性物質による環境影響評価も含めて確認することとされた。

一方，廃棄物処理法及び廃棄物関連諸法（資源の有効な利用の促進に関する法律，容器包装に係る分別収集及び再商品化の促進等に関する法律等），土壌汚染対策法等については，放射性物質対処特措法の施行状況等を踏まえて，検討が行われることとなっている。

（5）循環型社会形成推進基本法の改正

循環型社会形成推進基本法は，すでに述べたとおり，廃棄物と廃棄物以外の使用済物品等及び副産物を「廃棄物等」と定義するとともに，廃棄物等のうち有用なものを「循環資源」としてとらえなおし，廃棄物等の発生抑制と循環資源の循環的利用及び適正な処分が図られる社会の形成を目指すものである。

同法の改正では，定義規定において，廃棄物の定義を「従前の廃掃法に規定する廃棄物」から「ごみ，粗大ごみ，燃え殻，汚泥，ふん尿，廃油，廃酸，廃アルカリ，動物の死体その他の汚物又は不要物であって，固形状又は液状のもの」と改めた。これ

［環境法研究　第8号（2018. 7）］

により，「廃棄物」に放射性物質及び放射性物質により汚染された物が含まれることとなった。また，使用済物品等又は副産物についても「放射性物質及びこれによって汚染された物を除く」との規定を削除した。これにより，同法の対象とする「廃棄物等」と「循環資源」には放射性物質及びこれに汚染された物が含まれることとなった。

　放射性廃棄物には明らかに有用とは言えないものが含まれている可能性が高いが，その部分は循環資源には該当しないということも考慮して，このような改正を行ったものである。

　この結果，放射性物質及びこれによって汚染された廃棄物等についても同法の基本原則が適用され，循環基本計画の対象ともなり得ることとなった。

（6）原子力規制を担当していた省庁の設置法の所掌事務の改正
　ア　文部科学省設置法
文部科学省の設置法上の所掌事務から

・国際約束に基づく保障措置の実施のための規制その他の原子力の平和的利用の確保のための規制に関すること。
・試験研究の用に供する原子炉及び研究開発段階にある原子炉（発電の用に供するものを除く。）並びに核原料物質及び核燃料物質の使用に関する規制その他これらに関する安全の確保に関すること。
・原子力の安全の確保のうち科学技術に関するものに関すること。
・放射線による障害の防止に関すること。
・放射能水準の把握のための監視及び測定に関すること。

の5つの事項が削除され，原子力に直接言及する事務としては，

・宇宙の開発及び原子力に関する技術開発で科学技術の水準の向上を図るためのものに関すること。
・放射性同位元素の利用の推進に関すること。
・原子力政策のうち科学技術に関するものに関すること。
・原子力に関する関係行政機関の試験及び研究に係る経費その他これに類する経費の配分計画に関すること。
・原子力損害の賠償に関すること。

の5つの事項が残された。
　イ　経済産業省設置法
経済産業省設置法では，特別の機関として原子力安全・保安院を設置する規定が削除された。所掌事務からは，

放射性物質による環境汚染と環境法・組織の変遷〔伊藤哲夫〕

・原子力に係る製錬，加工，貯蔵，再処理及び廃棄の事業並びに発電用原子力施設
　に関する規制その他これらの事業及び施設に関する安全の確保に関すること。
・エネルギーとしての利用に関する原子力の安全の確保に関すること。

の2つの事項が削除され，

・エネルギーに関する原子力政策に関すること。
・エネルギーとしての利用に関する原子力の技術開発に関すること。

の2つの事項が残された。
　ウ　国土交通省設置法
　国土交通省設置法の所掌事務からは，

・実用舶用原子炉及び外国原子力船に設置された原子炉に関する規制に関すること。

が削除された。

おわりに

　1956年に科学技術庁が設置されて以降，原子力に関する規制行政はほぼ一元的に同庁が実施していた。しかし，1974年の原子力船「むつ」の放射能漏れ等を契機に，「安全規制の一貫化」の名の下，原子炉等規制法による実用発電原子炉の設置の許可権限が通商産業省に移管された。さらに，1995年の「もんじゅ」のナトリウム漏洩事故等を契機として，2001年の省庁再編において，原子炉等規制法に基づく核燃料サイクルに関わる規制権限や，もんじゅなどの研究開発段階炉のうちの発電の用に供するものの原子炉の設置の許可権限が，経済産業省に移管された。
　科学技術庁を引き継いだ文部科学省は，2011年の福島第一原子力発電所事故により生じた一般環境における放射性物質によって汚染されたおそれのある廃棄物の処理等の問題に関わろうとはせず，そのことが関係したか否かはわからないが，原子力規制委員会の設置により，文部科学省に残されていた原子炉等規制法上の権限のみならず，放射線障害防止法や放射線障害防止の技術的基準に関する法律に基づく権限，さらには環境モニタリングに関する権限も原子力規制委員会に移管された。
　経済産業省の立場から見れば，当初は実用発電原子炉の設計・工事の認可や施設検査，性能検査に係る権限等を有するに過ぎなかったが，原子力規制に関する不信の高まりを背景として権限を拡大し，2001年の省庁再編では原子力安全・保安院を設置した。しかしながら，福島第一原子力発電所事故により，原子力に係る規制権限はすべ

[環境法研究 第 8 号 (2018. 7)]

て原子力規制委員会に移管された。

　環境基本法から放射性物質に係る除外規定が削除されたが，この案は，2012年1月に政府が国会に提出した「環境省設置法等の一部を改正する法律案」に含まれていた。その立案過程において，環境省が示したこの削除案に対し，他省庁からは何の質問も意見も出されなかった。

　1992年から93年にかけての環境基本法立案時において，放射性物質による環境汚染を防止するための措置が原子力基本法その他の関係法律によるところで十分であったかどうかの検証がなされていなかったことは，率直に認めなければならない。この反省を今後の行政に活かしていくことが求められる。

　原子力事故による環境汚染を二度と起こしてはならず，原子力規制委員会は，国民の健康を保護する観点から，厳格な規制を実施していかなければならない。

　また，万一放射性物質による環境汚染が生じた場合の環境保全のための法的枠組をあらかじめ準備しておくことも，不可欠である。

　放射性物質汚染対処特措法は，今回の事故による汚染に限り適用されるものであり，今後どこかで原子力事故によって放射性物質により汚染された廃棄物等が発生したとしても，その不法投棄を取り締まる法律もないのが現状である。

　放射性物質汚染対処特措法附則6条では，「政府は，放射性物質により汚染された廃棄物，土壌等に関する規制の在り方その他の放射性物質に関する法制度の在り方について抜本的な見直しを含め検討を行い，その結果に基づき，法制の整備その他の所要の措置を講ずるものとする。」とされている。一日も早く放射性物質により汚染された廃棄物や土壌を規制する一般法が成立することを望みたい。

　また，原子力安全は原子力規制庁が担当し，防災は内閣府が主役を務めるとの体制が構築されたが，両者の円滑な調整のあり方についても，地元の意見を反映しつつ，さらなる検討を望みたい。

〈編　者〉

大塚　直（おおつか・ただし）
早稲田大学大学院法務研究科教授

◆ 環境法研究　第 8 号 ◆

2018(平成30)年 7 月30日　第 1 版第 1 刷発行　　6668-01011

責任編集　　大　塚　　　直
発 行 者　　今　井　貴　稲葉文子
発 行 所　　株式会社　信　山　社
〒113-0033 東京都文京区本郷6-2-9-102
Tel 03-3818-1019　Fax 03-3818-0344
info@shinzansha.co.jp

出版契約 No.2018-6668-9-01011 Printed in Japan

Ⓒ編著者, 2018年　印刷・製本／亜細亜印刷・渋谷文泉閣
ISBN978-4-7972-6668-9：012-080-017-N30 C3332
P.240 分類323.916.a005 環境法

JCOPY 〈(社)出版者著作権管理機構　委託出版物〉
本書の無断複写は著作権法上での例外を除き禁じられています。複写される場合は，
そのつど事前に，(社)出版者著作権管理機構（電話 03-3513-6969, FAX 03-3513-6979,
e-mail:info@jcopy.or.jp）の許諾を得てください。

現代法哲学講義〔第2版〕 井上達夫 編著 2018.4 最新刊

〈執筆者〉井上達夫・高橋文彦・桜井徹・横濱竜也・郭舜・山田八千子・浅野有紀・鳥澤円・藤岡大助・石山文彦・池田弘乃・那須耕介・関良徳・奥田純一郎

法律学の森シリーズ
変化の激しい時代に向けた独創的体系書

戒能通厚	イギリス憲法
新　正幸	憲法訴訟論〔第2版〕
大村敦志	フランス民法
潮見佳男	新債権総論Ⅰ　民法改正対応
潮見佳男	新債権総論Ⅱ　民法改正対応
小野秀誠	債権総論
潮見佳男	契約各論Ⅰ
潮見佳男	契約各論Ⅱ（続刊）
潮見佳男	不法行為法Ⅰ〔第2版〕
潮見佳男	不法行為法Ⅱ〔第2版〕
藤原正則	不当利得法
青竹正一	新会社法〔第4版〕
泉田栄一	会社法論
芹田健太郎	国際人権法　2018.6 最新刊
小宮文人	イギリス労働法
高　翔龍	韓国法〔第3版〕
豊永晋輔	原子力損害賠償法

生命科学と法の近未来　米村滋人 編
科学の不定性と社会 — 現代の科学リテラシー
本堂毅・平田光司・尾内隆之・中島貴子 編集

信山社